U0246722

博物文库·生态与文明系列

PR MATES

［法］让-雅克·彼得 主编
Jean-Jacques Petter

［法］弗朗索瓦·德博尔德 绘图
François Desbordes

殷丽洁　黄彩云 译

人类的表亲

北京大学出版社
PEKING UNIVERSITY PRESS

著作权合同登记号 图字：01-2016-5720

图书在版编目（CIP）数据

人类的表亲 /（法）让 – 雅克·彼得主编；殷丽洁，黄彩云译 . — 北京：北京大学
出版社，2019.11
（博物文库·生态与文明系列）
ISBN 978-7-301-30554-6

Ⅰ . ①人… Ⅱ . ①让… ②殷… ③黄… Ⅲ . ①灵长目 – 研究 Ⅳ . ① Q959.848

中国版本图书馆 CIP 数据核字（2019）第 111588 号

Copyright © 2010 by Editions Nathan, Paris - France
Éditions originale: PRIMATES, by Jean-Jacques Petter.

书　　　　名	人类的表亲
	RENLEI DE BIAOQIN
著作责任者	［法］让 – 雅克·彼得　主编　［法］弗朗索瓦·德博尔德　绘图
	殷丽洁　黄彩云　译
策 划 编 辑	周志刚
责 任 编 辑	张亚如
标 准 书 号	ISBN 978-7-301-30554-6
出 版 发 行	北京大学出版社
地　　　　址	北京市海淀区成府路 205 号　　100871
网　　　　址	http://www.pup.cn　　新浪微博：@ 北京大学出版社
微信公众号	科学与艺术之声（微信号：sartspku）
电 子 信 箱	zyl@pup.pku.edu.cn
电　　　　话	邮购部 010-62752015　　发行部 010-62750672　　编辑部 010-62753056
印 　刷 　者	天津图文方嘉印刷有限公司
经 销 者	新华书店
	889 毫米 ×1194 毫米　16 开本　18.5 印张　370 千字
	2019 年 11 月第 1 版　2021 年 10 月第 2 次印刷
定　　　　价	158.00 元（精装版）

未经许可，不得以任何方式复制或抄袭本书之部分或全部内容。
版权所有，侵权必究
举报电话：010-62752024　　电子信箱：fd@pup.pku.edu.cn
图书如有印装质量问题，请与出版部联系，电话：010-62756370

潘文石序

————

获悉殷丽洁和黄彩云把让－雅克·彼得教授主编的 *Primates* 一书翻译为中文，并将由北京大学出版社出版，我由衷地感到高兴。

现存灵长类动物的起源可追溯到 6500 万年以前的白垩纪，是由接近于有胎盘的原始哺乳类从系统进化的底层通过形态学上的不断变化和社会行为结构的复杂化一步步发展起来的。它们依次展示着不同的分类等级：从体型最小、看似最缺乏智慧的树鼩（介于原始灵长类和食虫类之间的小型树栖动物）增大体积和智慧，到眼镜猴、新大陆猴、旧大陆猴、类人猿以及在最近 500 万年间发展到我们这个星球上唯一具有自我认知能力和拥有自由精神的人类。无论是从科学还是从伦理的角度，对于灵长类动物的研究一直是一个格外引人关注的问题。

我第一次在自然栖息地中见到自由生活的非人灵长类动物是在 1988 年年末，在一个暖和的冬日，我走进广西西南部荒无人烟的喀斯特石山热带丛林，目睹了独产于中国的白头叶猴野生种群那令人难忘的团结合作的社会生活。之后，经过 7 年的筹划，于 1996 年组织起一支科学探险队进入广西左江南岸的峰丛洼地和峰林谷地，并选定在崇左市江州区的弄官山下建立一个野外工作站，目的在于对白头叶猴的种群生态学进行长期的研究。

1998 年，殷丽洁在北京大学生命科学学院植物学教研室工作，她来到弄官山的工作站，用 3 年的时间研究白头叶猴的觅食行为，记录了白头叶猴终生以多种植物的叶、芽、花、果和枝条为生，证实它们是一种"可爱的素食主义者"。随后，在 8 年的时间里，她又陆续跟踪、观察并记录 6 个白头叶猴家庭的生活，以"雄性白头叶猴的繁殖策略——对杀婴行为和雄性照料的研究"为题完成了她在北京大学生命科学学院的博士学位论文。在野外工作站期间，她与其他研究员共同发现白头叶猴家族中所展现的合作和利他主义行为是非同寻常的：在每个白头叶猴家庭中，雌性之间的血缘关系几乎都是母女、同胞或半同胞的姐妹；它们共享的家园都是由雌性"世袭"下来的；每个"一夫多妻"家庭中唯一的成年雄性是"入赘"的，在 4 年的"任期"中，它时刻守卫着自己"妻妾"和儿女的安全；在"任期"结束的时候，它便把家园留给"妻妾"和女儿，同时带走全部儿子；过了最强壮年龄段而离家的公猴不单要继续履行爸爸的职责，还充当妈妈的角色，遇到恶劣天气的时候，它会把年幼体弱的儿子抱在怀中度过寒冷的冬夜……

我们还要特别感谢弗朗索瓦·德博尔德博士在《人类的表亲》一书中为读者奉献了数百张图片，它们清晰地展示了现存于世的灵长类动物系统树上一系列不同的进化等级的代表以及它们的地理分布特征。

潘文石
2019 年 6 月 30 日
于广西弄官山研究基地

龙勇诚序

世界上有关灵长类动物的系统科学研究可能最早源于法国。尽管整个欧洲和北美都没有现生灵长类动物分布，但不知为何，法国人却似乎天生就对灵长类动物有着特别的情感。早在18世纪初，法国人就来到亚洲大陆，沿着湄公河一带对野生动植物进行系统的科学考察，并发现了红腿白臀叶猴（*Pygathrix nemaeus*）和白掌长臂猿（*Hylobates lar*）。而那时，林奈（Carolus Linnaeus, 1707—1778）的双名命名法都还未正式公布，因此当时在法国科学院院士布封伯爵（乔治－路易·勒克莱尔，Georges-Louis Leclerc, Comte de Buffon, 1707—1778）所撰写的《博物志》中，这两个物种并无拉丁学名，其拉丁学名是林奈于1771年才给出的。也许是因为18世纪法国贵族圈萌生了科学求索的精神，许多早期被科学描述的灵长类动物模式标本都保存在法国国家自然博物馆中，我国的川金丝猴（*Rhinopithecus roxellana*）和滇金丝猴（*Rhinopithecus bieti*）也在其中。因此，在我看来，法国国家自然博物馆中收藏的这些动植物模式标本就是当年法国贵族科学求索精神的见证。

人类是世间所有生命形式中唯一会询问"我是谁？从哪来？到哪去？"的类群，而这些问题的最终答案将随着灵长类学研究的不断深入而逐渐浮现。所以，一个国家灵长类学研究水平的高低可以体现其文明程度。虽然，迄今为止，中国灵长类学研究的基础仍十分薄弱，但近20年来，70后和80后年轻一代的灵长类学家已经开始在国际灵长类学界崭露头角。他们的科研基础、环境和成就都是我们这些50后和60后当年所无法企及的。我相信，在不久的未来他们必将在国际灵长类学大舞台上"亮剑"！每每想到我国灵长类学界后继有人、前景光明，我的内心总是充满愉悦。中国是北半球现生灵长类动物种类最为丰富的国家，共有28种灵长类动物；而在世界灵长类学领跑的美国、欧洲和日本，仅日本有一种，欧美皆无。前国际灵长类学会主席、日本京都大学灵长类研究所老所长松泽哲郎教授前些天遇到我时还说："我们日本有日本猴，但你们中国没有中国猴。这主要是因为我们日本只有一种猴，就叫日本猴；而你们中国的猴和猿的种类都太多了，不知道应该把哪种猴称为中国猴，把哪种猿称为中国猿。"松泽哲郎教授的这番话让我倍感兴奋，我国的现生灵长类动物资源远胜欧、美、日，国民经济状况如今也已大幅改善。只要我们能坚持下去，总有一天，中国一定会在灵长类科学研究上和欧、美、日并驾齐驱。

这本由法国科学家撰写的《人类的表亲》

图文并茂，涵盖当今世界 509 种现生灵长类动物中的近 300 种，每幅图片都十分精美，充分展现出它们的细微鉴赏特征，完全可作为立志从事灵长类学研究的大学本科生和研究生的入门教材，亦可作为生物学专业学生的选修课程教材或大学生、中学生兴趣学习的参考书。因此，我认为该书中文版的出版可以推动我国灵长类科学研究的发展，并为相关的自然保护事业建立广泛的群众基础。

我有理由相信，神州大地之上将有更多人关注和支持中国灵长类动物保护和科研事业，中华儿女能够越来越主动地去拯救灵长类动物所生活的原始森林。这不仅是我们对弱小的灵长类动物的怜悯，更是华夏生态文明的基石。因为灵长类动物和它们栖息的原始森林都是大自然"原创"的，而人类的生态文明就体现在民众对大自然原创的尊重上！

2017 年 5 月 14 日

译者序

当我看到法文的原版书时，我不由得被它精美的装帧所吸引，封面上一只毛色艳丽的红毛猩猩是那么的漂亮！在我翻译此书的过程中，我又不断地被里面的内容所吸引。无论是行为学家精彩的野外研究日记，还是灵长类动物有趣的行为，都是那么的引人入胜！无论对于专业学者，还是普通读者，特别是对在野外工作的人士以及对野生动物感兴趣的大、中、小学生以及摄影爱好者，它都不失为一本好书。非常感谢北京大学出版社的编辑周志刚找到我来翻译这本书。

一个偶然的机会，我参与了中国广西白头叶猴的野外研究工作，并一发不可收拾地从事灵长类研究十余年。尽管我之前对猿猴有一定的了解，但在翻译这本书的时候仍然为书中描写的各种猴的行为与外貌特征惊叹不已！它们是这么的多样！外貌上，秃猴奇丑无比，而卷尾猴小巧可爱。体重上，现存最小的灵长类动物侏儒倭狐猴体重才几十克，而体重最大的非洲山地大猩猩可重达170千克。手有爪状的，也有指甲扁平的，甚至有的猴还有"第五只手"，如卷尾猴可以利用尾巴末端下面的光滑皮肤抓握，将身体悬挂在树枝上。毛色也从灰不溜秋到色彩极其艳丽。毛色艳丽的如雄性山魈，它的头部、臀部以及后腿有由蓝色、红色和黄色组成的艳丽色彩，随着它们在社会阶层中的地位增高，这些颜色还会变得越发鲜亮。声音也是千奇百怪，夜猴会发出猫头鹰一样的叫声，柳猴发出的声音经常令研究者以为是鸟叫，而吃树叶的叶猴的声音则像驴叫。饮食上，鼬狐猴是唯一严格的食草动物，而黑猩猩却是捕猎能手。生活的区域也是多种多样：藏酋猴和日本猕猴是生活在最北方的灵长类动物，生活在海拔约1800米的山区；长尾叶猴占据了最多样的栖息地，从热带雨林延伸至海拔超过3600米的喜马拉雅山麓；而倭狐猴似乎在任何自然植被类型中都能生存，甚至是在咖啡或丁香种植园里；有些猴还能生活在人类的城镇，如泰国的猕猴。抵御捕食者的花样也是层出不穷：有伪装色、颈部保护盾，群体四散而逃以让捕食者无所适从……最特别的要数懒猴，当感觉到危险时，它便扮成眼镜蛇，发出响亮的嘶嘶声！行为也非常多样，比如绒毛蜘蛛猴会弯曲手臂、环绕彼此以互相安慰。社会结构也包含独居、一夫一妻以及多夫多妻等多种类型，社会化程度也各不相同。

这是一个如此斑斓的世界！它们有血有肉，有情感，有家庭，而我们对它们却了解甚少。

当你在网络上查找它们的信息时，你会发现信息多是与宠物和实验动物相关。如："松鼠猴，是产于南美洲的小型猴类，驯养容易，又能繁殖，是正逐渐宠物化的动物。"再如，在一个全球都在使用的网站上写着："由于松鼠猴体型娇小，不具有攻击性，因此近年来深受全球各地动物园的欢迎，国内不少野生动物园都引进了松鼠猴，与游客直接互动。"每当看到这些内容，原本快乐的翻译工作立马变得沉重起来。希望更多的人能通过此书真正地了解灵长类动物并尊重它们。

猿猴的演化一直是人们关心的热点问题。本书的第一部分对灵长类动物的起源、适应性辐射演化以及各大洲猿猴的比较与关系进行了细致的分析。比如，南美洲卷尾猴的卷尾功能是否与北美洲动物通过巴拿马地峡进入南美洲大陆有关？在灵长类动物的演化过程中，树扮演了怎样的角色？灵长类的体型在演化的进程中是如何变化的？

另一个重要部分是行为学家在野外充满冒险经历的工作笔记。比如，法国国家自然博物馆的让－雅克·彼得教授在马达加斯加发现了当地人认为是恶魔化身的指猴，他机智地破解了当地的"魔咒"，整个过程跌宕起伏。再如，曾任法国发展研究院生物和热带生态方向研究员的罗兰·阿尔比尼亚克在马达加斯加的热带雨林里意外发现了一个新物种。多么幸运！又如，阿莱特·彼得采访了记者和动物电影艺术家安德烈·卢卡斯，卢卡斯为我们讲述了他在为保护山地大猩猩而牺牲的著名动物学家戴安·福西的野外工作站，被一只名叫布鲁图斯的大猩猩扑倒咬伤的故事。此外，法国国家科学研究院的名誉院长克洛德－马塞尔·赫拉迪克提到，一只黑猩猩首领的霸道行为竟引起众怒……

当我看到法国国家科学研究院、法国国家自然博物馆的研究员伊丽莎白·帕热斯－弗亚德研究科氏倭狐猴的工作日记时，我想起了我在中国西南喀斯特地貌的甘蔗林里度过的那些日子。钻甘蔗地时的"沙沙"声是如此真切，一不小心脸和手就会被甘蔗叶划到，被蚊子咬得痛痒的感觉好像依然存在。尤其是看到作者在形容她的向导时写道："接收器的体积非常庞大，天线也很笨重，我没办法一个人带着它们一整晚。因此，西尔万来和我做伴，他负责背包，而我只需要注意手里的天线就可以了。他在定位和跟踪动物方面眼神独到，表现出了非常卓越的观察天赋。由于他曾经为护林员工作过，他可以告诉我科氏倭狐猴经过的每种树木的名称。这些信息太宝贵了！……当西尔万问我说我们的观察将用来干什么的时候，我觉得很不自在。"她的向导简直同我在野外时的壮族向导陈其海如出一辙！我们在一起工作了十多年，他也总是背最重的包；他也总是眼神独到，第一个找到猴；他也总是认得林子里的每种植物，尽管用的是当地的名称，但对我研究白头叶猴的取食行为起了很大作用；他也会问我说我们做这些有什么用，我也是支支吾吾地说不清楚……可惜这一切再也回不来了！我的向导在一场车祸中去世了，他在去世前才刚协助我完成北京大学本科生的野外实习课程。在整理这段译稿的时候，他的身影时不时地闪现在我眼前，令我悲恸不已。

　　这本书的另一个亮点是才华卓越的博物学画家弗朗索瓦·德博尔德对着猿猴活体及上百张照片，结合标本的细节，用 7 年时间完成的 72 张彩色图版。这些图版刻画的灵长类动物的眼神、姿态和毛色的细微变化是如此生动，借助这些图版，读者可以轻易地辨识出众多灵长类动物的外貌特征。

　　翻译灵长类动物分类部分时，优先采用较为通用的中文名。有时也会碰到中文名称不明确的情形，这时我通常会直译，如安第斯山鞍背柳猊。而有一些则在通用的中文名之外，增加了直译的名称，如棕绒毛猴 / 洪氏绒毛猴，蒙塔涅叉斑鼠狐猴 / 琥珀山叉斑鼠狐猴，以方便大家检索查询。

　　感谢我的导师北京大学潘文石教授，是他开启了我对灵长类世界的探索，将我领入灵长类行为生态学的研究领域，使我的工作生涯充满乐趣！如今已八十多岁高龄的他依然坚持在野外基地研究、写书，对野外工作的热忱丝毫未减，令人钦佩！当看到我的译稿时，他非常高兴并答应写序。我知道他一直忙着写书，身体十分劳累，我说别太费心，注意休息。而他不仅仔细翻阅了译稿，对本书进行了介绍，还把我早期加入白头叶猴的研究工作和博士研究生期间的工作也写进了序里。收到他写的序的时候，我正穿着羽绒服站在海拔四千米的青藏高原上观察旱獭的行为，这些文字一下将我拉回到那些同潘老师在广西喀斯特石山中跟踪猴子的炎热日子……感谢中国灵长类学会顾问、前中国灵长类专家组组长、前美国大自然保护协会（TNC）中国办事处首席科学家龙勇诚先生为此书作序，并为有些物种名称提供建议。龙老师一直致力于中国灵长类动物的保护，长期在云南的大山里研究滇金丝猴，退休之后依然战斗在保护的最前沿。感谢西北大学的齐晓光教授和他的学生史新颖审阅物种名录，为本书提供了宝贵意见。感谢王琳女士在我工作忙得焦头烂额之时帮我整理书稿。翻译如此庞杂的一本书难免存在疏漏，望读者谅解并指正。

　　这是一本令人兴奋的书，它既是写给专业人士的灵长类分类工具书，又是野生动物爱好者的科普读物。女儿在看我写的序时说："从序里就能看出你好激动啊！"这可能是一个灵长类学者在看到此书时的本能反应吧。

殷丽洁

2019 年 10 月

目　录

作者名录

让−雅克·彼得（2002年逝世）Jean-Jacques Petter

法国国家自然博物馆教授，曾长期管理巴黎动物园。他对自然保护一直特别感兴趣，在1981年得到了世界自然基金会的金奖章，去世之后，于2002年被载入"世界自然基金会国际荣誉名册"。

罗兰·阿尔比尼亚克 Roland Albignac

大学教授，曾任法国发展研究院生物和热带生态方向研究员。他如今是环境和可持续发展方面的顾问，还是尼古拉·于勒的自然与人类基金会生态观察委员会的成员。

埃马纽埃尔·格伦德曼 Emmanuelle Grundmann

动物行为学和保护生物学博士。她在婆罗洲的森林里研究过红毛猩猩的习性，后主要从事与灵长类动物及它们所栖息的自然环境、生物多样性有关的报道工作。

克洛德−马塞尔·赫拉迪克 Claude-Marcel Hladik

法国国家科学研究院名誉院长。他曾研究过热带地区灵长类动物的进食情况以及人类对不同环境下的自然资源的适应行为。

卡特琳·朱利奥 Catherine Julliot

生态学博士。主要研究法国的棕狐猴、加蓬的飞鼠、马达加斯加的狐猴以及法属圭亚那的吼猴。

萨布丽娜·克里夫 Sabrina Krief

法国国家自然博物馆讲师。她从事的研究与乌干达基巴莱国家公园里黑猩猩食用的药用植物有关，她还致力于类人猿及其自然栖息地的保护工作。

安德烈·卢卡斯 André Lucas

自然科学硕士，记者和动物电影艺术家。他经常去马达加斯加、婆罗洲和非洲中部观察灵长类动物，他在非洲中部与戴安·福西（Dian Fossey）[1]有过合作。

伊丽莎白·帕热斯−弗亚德 Élisabeth Pagès-Feuillade

法国国家科学研究院动物生态学方向研究员、法国国家自然博物馆研究员。基于对热带森林的研究，她培养出自己对于科学和艺术之间关系的独特视角，这也让她对摄影、雕刻和写作特别感兴趣。

让−马克·莱尔努 Jean-Marc Lernould 和 让·弗米尔 Jan Vermeer

法国米卢斯动物园前任园长。　　　　　　曾任法国罗马格镇猴子谷科学主管。

他们审阅并修订了"灵长类动物的分类"一章。

---

[1] 美国女动物学家，主要致力于大猩猩的研究与保护工作，1967年前往非洲卢旺达研究非洲中部山区的大猩猩，1985年被偷猎者杀害。1988年美国导演迈克尔·艾普特为纪念她而拍摄了电影《雾中猩猩：戴安·福西的冒险》。——译者

一位博物艺术家的历程

弗朗索瓦·德博尔德

当我还很小的时候，就和很多孩子一样喜欢模仿猴子，为了跟它们一样到处爬来爬去，甚至故意伸长自己的胳膊。它们如此完美，我被深深吸引，尤其迷恋它们的"杂技"和长臂猿有力的叫声。我喜欢画动物，也酷爱动物。对于6岁的孩子而言，这样的爱好一点都不特别，但这种热情在我身上从未消退，并且一直指引着我的选择。快10岁的时候，我第一次看到了一部介绍生活在野外的红毛猩猩的电影。我被深深地震撼了，从此开始收集关于猴子的书。在这些书里，猴子不再是危险的动物，也不再有着喜剧性的面孔。这一时期，观看那些被囚禁的猴子真的一点都不让我感到愉快。我经常去的巴黎植物园附设一个动物园，生活在那里的一些小而阴暗的笼子里的动物像幽灵一样，眼神涣散，踱来踱去。

博物馆里的宝藏

后来，当我上了高中并成为实用美术专业的一名学生时，我才真正意识到，这些猴子将会在我的生命和工作中处于中心位置。15岁的时候，我发现了威廉·库珀（William Cooper）的作品，他是一位闻名世界的鸟类插画家。他画的鹦鹉、天堂鸟深深触动了我。我决定给他写信，向他请教。渐渐地，我们之间建立了长期的通信关系，变成了好朋友。他的故事让我想要和他一样，沿着奥杜邦和古尔德的足迹，去继承19世纪自然科学中的博物画传统。15岁的时候，我结识了皮埃尔·当德洛（Pierre Dandelot），他是巴黎的法国国家自然博物馆绘画讲坛的教授。他向我传授了动物画艺术的精髓，并为我打开了博物馆收藏的大门。皮埃尔·当德洛当时在非洲哺乳类动物研究方面已经是享有盛名的导师，而且还是灵长类动物方面的专家。我决定在这条道路上追随他，为一群他还没有研究过的猴子——狐猴画插图。由于那时候被捕捉到的狐猴的数量非常稀少，我就去了这个博物馆离巴黎不远的一间实验室，那里收藏有一个狐猴标本。我就是在那里遇到了让-雅克·彼得和他的妻子阿莱特·彼得（Arlette Petter），我们之间立刻就产生了友谊，这种友谊在二十年后，将我们聚在这本书里。

画猴子，从昨天到今天

20世纪六七十年代，猴子在成为博物馆收藏的标本前会在小笼子里生活几个月的时间。因此，一个像皮埃尔·当德洛那样认真的画家就会在多个动物园间来回奔忙，为十多个物种进行精确速写，然后，博物馆实验室里的动物标本剥制师会给它们剥皮。他就可以对这些动

A Propithèque couronné (Propithecus verreauxi coronatus)   B Propithèque de Tattersall (Propithecus tatte...
C Propithèque de Decken (Pro. verreauxi deckeni)
D Propithèque de coquerel (Pro. ver. coquereli)
... de verreaux (Propithecus v. verreauxi)

物的各种细节进行测量和研究。

20 世纪 80 年代，电影、纪录片和图片报道改变了我们对于猴子的看法。在这项计划开始之前，为了更好地准备资料，我决定将电视上放映的所有动物纪录片汇总。我就这样整理出超过 150 种猴子的资料，其中有好几种都极为罕见。值得庆幸的是，如今，被捕猴子的境遇已经大大好转。动物园将孤立的猴子聚集起来，好形成一些繁殖种群。猴子被关起来之后的活动区域大大扩展了，一种新型公园诞生了——首先在荷兰，后来在法国，都有了猴子谷。猴子们在一片非常广阔的空间里嬉戏，其中部分区域会向公众开放。饲养员在游客面前分发食物，好让他们能够观察到猴子的各种神态。能够观察到动物的不同行为举止对于一位画家来说是至关重要的。

写生

为了准备这本书的资料，我参观了欧洲的 35 家动物园，并且收集了超过 170 个物种的上千张照片。直接速写的经历和对细节的钻研培养了我摄影的眼光。受光线、猴子的活动、是否有铁丝网等因素的影响，我希望抓拍的理想姿势通常只能持续几秒钟。借助于长焦镜头和在几百个笼子或者围墙前长达几小时的观察，我成功地收集到了一份全新的资料。我将所有的照片归类、分析，这让我能够为每个物种确立用于绘画的理想姿势和外貌。与此同时，为了发现更多细节和判断每个物种的真实颜色，我还参照了法国国家自然博物馆的收藏。

绘制插图

插图是围绕着一幅或者几幅大的画像组织起来的，配之以好几幅分别描述雌性、幼崽和其他相关物种的小得多的画像。收集到的资料的质量决定了我选择哪些资料用于绘制大型插图。第一步是用铅笔为这 72 幅插图中的每一幅分别画一张非常精细的草图，这需要上百张照片才能做到。随后，我会将轮廓移印到一张纸上，接下来我就可以全神贯注于它们的皮毛颜色和精细之处。仅仅是上色就需要一个星期。和照片不同，插图可以通过相同的明亮度和视角把所有物种的外观统一呈现出来。因此，人们就有可能一眼看出各种猴子的不同并察觉出它们极大的多样性了。

前 言

伊夫·科庞

我总有这样一种印象，那就是我们可以把人类分成两类：喜欢猴子的人和出于同样的理由讨厌猴子的人。从动物学的观点来看，我们和猴子属于同一目。事实上，在观察这些猴子"表亲"时，我们都会被我们与它们之间的相似之处吸引。从人类中心论的角度来看，这些相似之处通常是粗浅的，但又很难让人视而不见。这会让人觉得有趣，抑或是难堪。这本书的作者们，无论是让－雅克·彼得的同事，还是学生，都成了他的朋友，他的妻子阿莱特将我们聚到一起，共同为灵长类动物唱一曲颂歌。他们明显全都属于这两类人中的第一类——喜欢猴子的人，我也是的！

让－雅克·彼得在 2002 年离开我们之前，正在写这本书，这部书能够将历史视角追溯到好几百万年前，就是他的功劳。这种历史视角让我们得以在了解哺乳类爬行动物和早期哺乳动物的"史诗"之外，从白垩纪末期灵长类动物出现起，就关注到灵长类动物的世界。我们还应该感谢他描述了这些"古怪"的哺乳类动物从它们起源的欧美大陆向外扩散的过程。在北大西洋形成之前，它们走向了亚洲和非洲大陆，然后从始新世开始，可能是借助于植物木筏，它们又迁往南美洲和马达加斯加。随着他的这些描述，我们可以看到，宣告前人类以及随后的人类出现的那些几乎不可察觉的特征或趋势也显现了出来：后代寿命的延长、幼儿成熟期的延迟和学习期的延长、个体价值的逐渐脱离以及沟通方式的多样化。它们直立和双足行走的能力及大脑功能也因此得到锻炼和发展，内部结构日趋社会化。书里更让我们激动的是，它还包含了让－雅克·彼得撰写的关于全世界热带地区的猴类和猿类的极大多样性，以及它们的分布和分类的内容。

让－雅克·彼得承袭了三百年前法国国家自然博物馆的先辈流传下来的传统，也即，他也是一位伟大的探险家。由于被灵长类动物吸引，他在 20 世纪 50 年代去了马达加斯加。他在这本书里讲到，正是在这次探险中，他遇到了人们以为早就灭绝了的指猴。在轻描淡写的文字背后，我们不应该忘记使这次艰难的探险获得成功的漫长过程中的任何一步：定位这些动物（夜行性动物），观察它们的生态位 ① 和行为习性，捕获它们，研究它们的身体结构和

---

① 指一个种群在生态系统中，在时间和空间上所占据的位置及其与相关种群之间的功能关系与作用。——译者

怪诞的特征，组织对它们的"保护"，向全世界公布这项研究成果，最后在万塞讷动物园[①]里为它们建立一个热带园。

在这份报告里，另一部分内容让我们得以深入了解动物生态学家职业生活的核心内容，也让我们了解到他们通常不太舒适的工作环境。这部分极具原创性的内容是由阿莱特·彼得根据六位非常优秀的研究者的叙述整理而来的，这六位研究者分别是：伊丽莎白·帕热斯－弗亚德、卡特琳·朱利奥、萨布丽娜·克里夫、罗兰·阿尔比尼亚克、安德烈·卢卡斯和克洛德－马塞尔·赫拉迪克。这些文字，有的是考察日记，有的是采访，都是杰出的科学小品，都是他们自发撰写的，因此，我们应该充分认识到这些文字的价值和稀有性。这样的见证通常都被遗忘在研究所的抽屉里或者实验室的文档里了。我们也不能忽略这些文字的内容：灵长类动物，它们的特性或个性具有惊人的多样性，它们的智力水平、适应能力和反应的天赋也同样令人惊叹。通过这些内容，我们了解到它们中的某些物种是怎样自我治疗，以及它们怎样为我们制造某些药物提供有价值的信息。

此外，灵长类动物的世界是很美好的，美在它们的外形、它们的姿态和成员间的模仿行为，美在它们眼神中的光芒、移动时的特技，以及其他行为举止。在这样一部作品中，我们不应该错过，也不能忘记传达自然的这种优美

雅致。这部书很关注这方面的描述，而其中的插图更是为这部书增光添彩。这些原创性的图画都出自一位伟大的艺术家弗朗索瓦·德博尔德之手。他非常了解该如何运用他的天赋来表现灵长类动物行为举止中的高贵和闪光之处。

感谢所有帮助构思出这部绝妙作品的人。感谢阿莱特·彼得在让－雅克去世之后还有勇气重新拾起这部作品，并立志将这本书做成他期待中的样子。我们必会全力祈祷，将来全世界能对灵长类动物有更全面的认识，好让我们的子孙后代能够去拯救灵长类动物所生活的森林。

在辍笔前，我还想满怀钦慕和挚爱地向让－雅克·彼得表达我的缅怀之情。让－雅克既是一位伟大的科学家，也是一个非常有魅力的朋友，他和在他身旁的阿莱特一样，总是微笑着。我在巴黎和非洲都见识过他对待朋友的友善和关心，以及对待手头研究的乐观和专注。他担任的万塞讷动物园园长一职，以及随之而来的享有盛名的野生动物生态学教授一职，都是由法国国家自然博物馆任命的。让－雅克·彼得就他的个性和能力而言，无疑是最伟大的教授之一，这个博物馆应该因为能把他载入馆史而深感自豪。他的妻子和朋友们为向他致敬而共同完成了这部作品，我也很高兴能够加入其中。向这部书的作者致以敬意。

---

① 万塞讷（Vincennes），又译作万森纳或文森，是法国法兰西岛大区马恩河谷省的一个镇，位于巴黎东部近郊。万塞讷动物园也被译作文森动物园，又名巴黎动物园，隶属法国国家自然博物馆。——译者

魅力无穷的灵长类动物

让-雅克·彼得

一次冒险的开始

从人类文明伊始，人类和灵长类动物的栖息地便有所交叠。我们很容易想象，与它们的首次接触，对我们祖先的哲学思想有多么大的影响。

很久以前，一些人依据貌似科学的观点，将非人灵长类动物视为变异的人类。而另一些人则认为它们是与众不同的，要么视之为神，要么视之为恶魔。

全球概览

在法老时代的埃及，科学和宗教还没有完全分开。祭司们看到生活在他们周围的埃及狒狒，以为它们就像"狒狒兄弟"一样守护着他们的寺庙。事实上，埃及神托特就是一个混合了猴子和生活在寺庙附近稻田中的其他野生动物特征的复合体神；如果有贼潜伏在附近，这些动物都能发出警报。

最初，狒狒象征着尼罗河三角洲的一位守卫圣地的当地神。随后，信徒将这种信仰传播到埃及中部。最后，该神被希腊人吸收进他们的神话，成为众神的使者赫耳墨斯·特里斯墨吉斯忒斯[①]。赫耳墨斯是丈量和解释时间的神，

---

① 赫耳墨斯·特里斯墨吉斯忒斯，意为"非常伟大的赫耳墨斯"。——译者

古埃及人用伊比斯（Ibis）神和埃及狒狒的特征来刻画他们的神——托特。

是神的信差。神化的结果之一就是，在这些动物死后，它们会被制成木乃伊，以资纪念。

在印度北部，有一种与众不同的猴子（印度长尾叶猴，*Semnopithecus entellus*）被称为"圣猴"，它们被视为神猴哈奴曼的化身。传说，

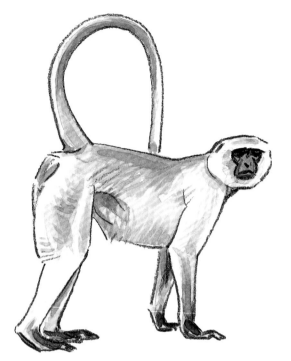

印度"圣猴"（印度长尾叶猴），因被视为神猴哈奴曼的化身而受到印度人民的尊崇。

日本猕猴（日本猴），是当地神话和寓言中的角色，在日本受到尊崇和保护。

在马达加斯加岛的文化传统中，大狐猴（Indri indri）因移动时身体直立，被认为是人类的祖先。

哈奴曼和他的军队帮助王子罗摩（毗湿奴的化身）解救被魔王劫走的未婚妻悉多。因此，从过去到现在，印度长尾叶猴一直生活在这一带的某些寺庙里，并受到极高的崇敬。它们甚至可以随意进入住宅并在街上游荡。尽管它们的出现给人类带来了很多的不便，但当地人依然保护着它们。

就像古埃及的狒狒、日本的猕猴（日本猕猴，*Macaca fuscata*）受到保护一样，世界上不同地区的很多猕猴种群也同样受到了保护。然而，也有些地方认为猕猴是被真主惩罚的远古人类，这无疑是因为猕猴的姿态和行为与人相似。

在全世界，人们对于当地的灵长类动物都怀有较高的敬意和原始的信仰。尽管灵长类动物与人类存在竞争，但和当地的其他动物种群相比，它们已经拥有了特权地位。

在非洲和亚洲，猴类和猿类已经受到了保护。南美洲和中美洲森林里的一些猿猴种群，甚至马达加斯加的大型狐猴（如大狐猴）也是如此。马达加斯加的大狐猴以跳跃时身体能保持直立而闻名。即便到了今日，它们仍然常常被认为是生活在森林里的人类祖先。森林里不时传来它们争夺地盘时的凄厉喊叫和悠长嚎叫，人们认为这是它们在诉说自己孤独的存在。

灵长类动物和人类

在天然缺乏灵长类动物种群的区域，第一批被引入的猿类和猴类大多被视为滑稽的人类模仿者，只有那些看起来最像人类的灵长类动物才被认为尚有些魅力。在人类的意识里，人类自身的形象深入人心，这使得我们这些近亲的一切都被我们认为是可悲的。人类只从负面角度来看待它们的模仿力和智力，几乎一切与灵长类动物有关的事情都被认为是荒诞的。

甚至在大约 150 年以前，著名的博物学家阿尔弗雷德·埃德蒙·布雷姆（Alfred Edmund Brehm）还写道："哺乳类动物中再也找不出像灵长类动物那样不和谐的了……灵长类动物毫无美感可言，相较于其他动物的优势也仅仅是表面的。有人可能认为有四只手令它们优于只有两只手的人类，但事实并非如此。先贤们认为手是最重要的器官，是让我们成为人类的身体特征。但猴和猿的手只是对完美的人手进行的不完美的模仿。"

更近一些，法国著名昆虫学家让－亨利·法布尔（Jean-Henri Fabre），因对昆虫的出色研究、他本人的聪颖精细以及批判性思维能力而备受赞誉。他曾用下列言论来驳斥他的朋友达尔文（Darwin）的"进化论"（transmutationism）："当我们被严肃地告知，'当前的科学发展水平已充分表明，人类是从某种近乎原始的猴子进化而来的'……我们需要仔细审视它们和我们的天性，有什么区别，区分点是什么……最起码，你得看到，在某个地方有某种动物能制作工具，用以增加力量和灵活度；这种动物还能使用火，这是进化的关键。掌控工具与火！这两种能力，可能很简单，却是人类所具有的特征，远比椎骨或臼齿的数量更能体现人类的本质。"

法布尔做出这种过于简单的判断，把一切与现代的、"文明的"人类相比，是因为他忽视了灵长类动物重要的多重适应性。正是这一

点似乎已经可以将人类和非人灵长类动物归为同类。不过，这在他所处的时代还不为多数人所知。最重要的是，演化好像增强了它们在树上移动、跳跃和奔跑的能力。实际上，这些能力在人类演化中同样受到青睐。人类的这些能力同样十分突出，而且由于人类大脑的显著发展，人类获得了在动物界中独一无二的自由度。

现在读来，法布尔的论述是错误的，并多少有点令人诧异。在他的时代，人们对不同灵长类动物种群的行为模式了解甚少。但后来的研究取得了相当大的进展，特别是在对它们的栖息地进行实地研究的基础上对它们的行为进行了细致的分析之后。

现代行为学研究，即动物行为学研究，在借助强大的摄影、摄像、录音技术进行精细观

法国尚蒂伊城堡中的大猴子厅里的装饰画。壁画中的漫画绘于 18 世纪，由法国画家克里斯托夫·于埃（Christophe Huet）绘制而成。

察的基础上，目前已发现普通黑猩猩（*Pan tro-glodytes*）和倭黑猩猩（*Pan paniscus*）知道如何制造工具。它们会使用法布尔所谓的这些"力量和灵活度的加倍器"（multipliers of force and dexterity），很巧妙地获取食物。诚然，它们不使用火，但不可否认，现代人类也花费了相当长的时间来掌握火的用法。

我们这一代人与后来者相比是幸运的，因为我们仍然能够在一切被毁灭之前对它们有所见证。自然界所留下的一些东西，能够帮助我们对自身的起源有一点点了解。如果我们不保护好我们的"兄弟们"——猴类和猿类，那就不可能再观察到它们了。根据很多判断标准，它们几乎并不比我们原始。如果我们不考虑灵长类动物千变万化的自然演替，那么就可能以为人类这一物种是被凭空创造出来的，这就为肆无忌惮的想象开辟出了广阔的舞台。可惜的是，法布尔这样一个有天分的惊世天才，也未能把握住这一点。尽管存在语言差异，但达尔文本人很佩服法布尔关于昆虫本能的研究，并注意到他非凡的分析能力。令人遗憾的是，这两个男人成为朋友的时间太短了，因而法布尔未能在灵长类动物与人性的演化方面获得更好的理解。

与此同时，灵长类动物已经得到了很好的研究。起初，研究是在圈养的条件下开展的，然后是在自然条件下。我们在动物园和实验室进行研究，并辅以在灵长类动物的栖息地实地考察，从而获得了关于这一种群的全方位的大量数据。值得注意的是，这些数据恰好满足了法布尔当初反对达尔文的思想时提出的论据要

求，也为我们积累了关于它们在自然条件下的行为、社会生活、工具和手势语使用等方面的知识。同时，我们还收集到了不同物种在解剖学与生理学方面的详细信息，包括它们的血缘关系、繁殖、感知能力以及为形成复杂的综合体所需的其他各方面信息。

然而，所有这些积累的知识，都缺乏一种指向过去，指向我们遥远祖先的历史纵深。如果谨慎一点说，这样一个视角是由古生物学家提出的。他们的研究结果为了解我们的起源提供了一个指引，那就是，人类的起源可能开始于恐龙被我们现代哺乳动物的祖先取代的时候。

追寻我们的起源

瑞典博物学家卡尔·林奈（Carolus Linnaeus）认为，灵长类动物是哺乳动物之首，它们的主要特征是：大脑容量增大；杂食的齿式，没有任何独有的特化；多数情况下，前肢末端手指上有扁平指甲。事实上，该群体不能被任何独有的特性所定义。最初，人们凭直觉进行分类，之后，研究者经过详细研究得出了更精确的定义，这一定义又将我们从另一类群中分离出来。在现生生物等级中，从各个层面上看，这种分类和定义是正确的。最近的分类是借助于蛋白质化学结构相似性方面的研究，并越来越多地依靠 DNA 序列的对比。

现存的非人灵长类动物如今占据除澳大利亚和新几内亚外世界各地的热带森林。然而，在欧洲、亚洲、北美洲，还有阿根廷，在比它们现代近亲所在的栖息地纬度更高的地方，都已发现属于这一族群的化石。

哺乳动物的解剖学和生理学研究

从 2 亿多年前开始，持续至整个中生代时期，小型哺乳动物与爬行动物并存，并逐步演化出可界定为现代哺乳动物的一些特征。它们的"前辈"，哺乳类爬行动物，出现于石炭纪末期，并在二叠纪与三叠纪时期繁荣起来。它们的一个显著特征使其从爬行动物中分离出来，并与哺乳动物的谱系联系到一起：颞孔的出现。颞孔是位于头盖骨上紧邻眼眶后方的一个单孔。

有一种被称为犬齿龙（cynodont）的爬行动物种群，它们演化出了被认为是最早的哺乳动物——摩尔根兽（我们可以从牙齿、不完整的头骨以及其他的骨骼材料中了解到它）。犬齿龙种族也记录了原始的爬行动物状态演化为哺乳动物形态的一个重大转变——下颌衍生出了一个新的关节。而组成原始爬行动物关节的骨骼（关节骨和方骨）则逐渐退化为两个位于中耳的额外小骨（锤骨和砧骨）。

爬行动物一般不能对温度的变化做出反应。它们在觅食前必须沐浴阳光以增加热量，然后以此作为能量来源。只要生活在温暖的孤立区域，它们就能达到惊人的体型。比如在印度尼西亚的科莫多岛，那里仍能发现著名的"科莫多龙"。此外，爬行动物采取卵生的繁殖方式，容易受外部环境波动的干扰。

与爬行动物相比，哺乳动物祖先的大脑相对较大，它们演化出直接控制身体温度的能力，这也令它们不再那么依赖于外部环境，使它们的感觉器官的功能更加稳定，捕猎更加高效。

在生殖方面，子代的发育最终归于两种途径——或像有袋类哺乳动物一样在育儿袋中发育（此时它们仍处于胎儿状态），或通过母体内的胎盘进行孕育。

第一种哺乳动物的出现

一般而言，任何动物种群中出现的第一个代表（某类型动物的首批成员）都是小体型的。

在白垩纪时期，小型食虫类动物和首种有蹄类哺乳动物已经开始分化。这种食虫类动物演化为灵长类动物，它们能在森林中迅速找到庇护。渐渐地，这种早期的哺乳动物种群变得多样化，体型日趋增大；与此同时，最后一批恐龙灭绝了。这些早期的哺乳动物的遗骨现已被发现，但数量稀少。这些化石显示出了颅骨的典型特征：直接契合的齿骨构成了头骨的下颌，脑腔很大，三块听小骨位于中耳，牙齿分化为门齿、犬齿、前臼齿和臼齿——牙齿的数量和形状是鉴别某个物种的特征。上下牙齿相互吻合（密闭）、接触严密，其互磨的方式区别于其他物种。前后肢骨骼的解剖学结构使其身体能离开地面移动，从而脱离了爬行动物的爬行状态，并且移动更加高效，能量消耗降低。

哺乳动物演化的多样化，基本上仅限于第三纪时期。我们识别这一种群的特征包括：恒温，拥有毛发，以乳汁哺育后代。很明显，这些特征在前中生代时期的珍贵化石中几乎不可能被找到。为了构建远古情景和"定义"灵长类动物的起源，除了必须参考古生物学的研究外，我们还要熟知现代的物种。

早期哺乳动物

从恐龙到灵长类

灵长类动物漫长的演化史始于早期胎盘哺乳动物出现后不久。那时，大型爬行动物正趋于灭绝。以昆虫和其他无脊椎动物为主要食物的小型动物的化石记录了这些早期胎盘哺乳动物的存在。

中生代时期，恐龙统治着地球，在其统治期结束时，小型的哺乳动物种群才得以多样化。这些哺乳动物是行动谨慎的夜行性动物，它们能够在动荡中生存下来，似乎标志着白垩纪的结束。人们提出了很多用以解释恐龙灭绝的假说，其中包括：因地球被一块巨大的陨石撞击而引起气候紊乱；全球火山复苏导致气候变冷，海平面降低；新的食肉动物出现。突发性毁灭假说被物种逐渐消亡需历经数百万年这一说法所反驳。无论何种情况，这都在生态学上留下了一大片空白。与典型的恐龙不同，小型哺乳动物能够在树枝间快速移动，这显示出其巨大的优势。

第一批灵长类动物

要了解这些新兴灵长类物种的生活方式以及它们的分化情况，就不得不等到 19 世纪，将乔治·居维叶（Georges Cuvier）、让 - 巴蒂斯特·拉马克（Jean-Baptiste Lamarck）、查尔斯·达尔文（Charles Darwin）以及追随他们的生物学家的观点，与首批遗传学家的研究结果结合到一起。

种群数量因素无疑在演化过程中起着重要的作用。事实上，阶段性种群隔离反复出现。

理论上，在生物数量不限的情况下，个体可自由繁殖，所有生物繁殖后代的概率都是相等的，任何特定基因的频率也都是稳定的。相比之下，一个种群受到的限制越多，那么连续数代后的基因频率改变得就越多。杂合子具有的选择性表达会逐渐消失，仅留下纯合子一种可能的表达方式，因而经受了很强的自然选择。这就是为什么每当一种环境导致了"隔离"，生殖就会受到限制，种群就会沿着不同的轨迹发展。

两个始新世灵长类动物群落已被确认：始镜猴科和兔猴科。

■ 始镜猴科，生活在东南亚的夜行性动物，与眼镜猴有关。它们的骨骼化石与现代眼镜猴相似，并因极其适应跳跃而与其他小型灵长类动物区分开来。始镜猴曾一度繁荣，十分多元化，被认为是人类谱系演化中的祖先来源。5000 万年前，其典型成员就已出现在亚洲。

■ 兔猴科，因在法国凯尔西的磷矿层（石灰磷酸盐的自然堆积物）、北美洲以及最近在埃及的法尤姆沉积层中发现的众多化石而为人所知。

尽管只有牙齿证据，但也表明，在始新世，这些早期的灵长类动物存在很多种类，并朝着不同的方向演化。希望后续的古生物发掘及调查研究能够解开关于它们的至今仍悬而未决的谜题。

大约在 5000 万年前，世界上某些地区的森林就已被这两类灵长类动物占据。据推测，在身体结构及对森林生活的感知能力方面，它们已经有了很好的适应性，大脑的扩张之旅已经开始起航。但这些早期的灵长类动物与我们相隔的时光太过漫长，因此，我们当然仍无法探知它们精确的演化过程。

专家们一直在争论眼镜猴相对于其他灵长类动物所处的位置。眼镜猴是什么时候从通往高等灵长类动物的谱系中分离出来的？是从猴还是从猿中分离出来的？是出现在原猴（狐猴和懒猴）分支之前还是之后？

人们一直都在推测，原始的非洲大陆灵长类动物是如何到达马达加斯加或南美洲的。动物行为学家，即研究动物行为的科学家，在对以往事件的情景重建上仅能起到一点作用，他们只能在自身研究的基础上，结合古生物学家对动物生活的描述来进行想象。

在距离开罗 60 英里^①的法雍，人们发现了具有 32 颗牙齿的"真正的"旧世界猴化石，这些化石可追溯至 3000 万～4000 万年前。此外，还有一种化石具有 36 颗牙齿，它所显示出的特征很容易使人联想到南美洲和中美洲地区的具有 36 颗牙齿的新世界猴（阔鼻猴）的特征。最初的类群包括小体型动物（如渐新猿）、大体型动物（如埃及猿），还有一些介于这两种体型之间的动物。现代高等灵长类动物主要类型的起源都已经涵盖在内。拥有 36 颗牙齿的物种所在的科被命名为副猿科。古生物学家在南美洲进行的研究表明，在玻利维亚一处地点发现的牙齿化石，几乎和在法雍发现的一样古老。

灵长类动物的扩张

最初，灵长类动物的扩张发生在欧洲及北美洲。彼时，两大洲还连在一起，构成一块巨大的陆地。在北美洲，人们发现了数量众多的兔猴；这种兔猴也曾在巴黎及凯尔西被发现。最近，在马达加斯加发现了类似的灵长类动物，但仅在第四纪沉积物中才有，如此一来就不得不提到它们的起源问题。

关于高等灵长类动物（猿猴类）有一个类似的问题：有没有一种可能，新世界猴（阔鼻猴）直接演化自北美洲原猴类，而独立于旧世界猴（狭鼻猴）的起源之外？如果是这样，那么这两类高等灵长类动物之间最终的相似之处，就应归因于趋同进化^②了。但这种假设很快就因其极高的相似度而被放弃了。然而，南美洲，这片展现新世界猴的多样化发展的专属特区，在一亿多年前就已经从非洲分离了出来。因此必须承认，直接迁移说被排除，动物区系^③交换就得要求动物乘着由天然植物形成的"木筏"在岛与岛之间漂流。在玻利维亚发现的化石形态可能就是这样源自非洲的。

现存的灵长类动物分为三个类群：

■ 原猴（狐猴和懒猴），分布于马达加斯加、非洲大陆以及亚洲的广大区域中。相比于其他灵长类动物，它们的特征比较原始。例如，大脑欠发达（通常小脑背侧裸露）；鼻子更细长；一个颞窝或孔洞与眼眶汇合在一起（使得头骨形成一个"眼镜"形的特有印记）；眼眶更靠侧向；某些生有腹股沟乳头（位于腹部下方）；多数情况下有三瓣上臼齿；下门齿平伏并在下颌骨前形成一个凹形；第二脚趾有爪。但

---

① 英里，长度单位，1 英里约为 1.61 千米。——译者

② 趋同进化，指不同来源的线系因同向的选择作用和同向的适应进化趋势而形成相似的表型。——译者
③ 动物区系，指在历史发展过程中形成且在现代生态条件下存在的诸多动物类型的总体。——译者

与其他哺乳动物相比，它们表现出一定的"进化"特征，例如，大脑一定程度上增大，几乎所有趾都具扁平趾甲，身体趋于直立。

■ 眼镜猴，分布于东南亚。它属于中级进化水平的物种，眼眶前向，几乎被骨骼从颞窝中完全分离出来，"眼镜"印记消失了。因为处于一个中间等级，眼镜猴先后被以两种不同的方式分类。在传统的分类中，眼镜猴因保留有一定的原始特征，同狐猴和懒猴一起被归入原猴亚目。因此，这些灵长类动物通常被统称为"原猴类"。在后来旨在更直接地反映演化关系的分类中，眼镜猴与高等灵长类动物（猴、猿、人）因为有共同的祖先而被归入简鼻亚目。这是本书在下一节中所采用的分类方法。

■ 高等灵长类动物（猿猴类），广泛分布于热带地区，甚至还分布于一些低温地区。它们分布于除马达加斯加、澳大利亚、新西兰之外的世界各地。这种高度进化的类群的成员的特征是：大脑更为发达，多数鼻子缩短，眼眶与颞窝完全分离（前向眼窝圆润，呈杯状），所有趾上通常都具有扁平趾甲。

这部分将重点介绍狐猴，因为这类灵长类动物为我们提供了一个简单而近乎完整的独立动物种群的演化模型。

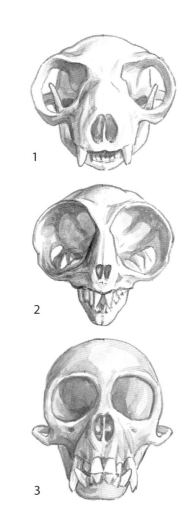

现存灵长类动物三种主要群体的眼眶对比：
1. 狐猴和懒猴类似眼镜的开放式眼眶（鼬狐猴）；
2. 眼镜猴几乎封闭的眼眶（西里伯斯眼镜猴）；
3. 猿猴类，或者说"高等灵长类"完全封闭的眼眶（侏长尾猴）。

马达加斯加的狐猴的演化

尽管关于狐猴起源的假说并不可靠，但这一灵长类动物种群为分析和研究提供了唯一的机会。我们现在必须有所研究，不然就太晚了，因为人类对自然栖息地的破坏速度太快了。

随着冈瓦纳古大陆解体，马达加斯加岛最终被一条 250 英里宽的海峡隔开，从非洲大陆分离出来了。两块陆地之间的部分也许有段时间没有被海水淹没。可以想象，马达加斯加的狐猴的祖先是由海路抵达的。它们乘着植物"木筏"漂浮而来，随后，在马达加斯加岛的隔离状态下经历了多样化演替。在缺乏有利的风和洋流的情况下，这样的物种迁移现象或许是极为罕见的。

马达加斯加的原猴，或者说狐猴，呈现出可能发生在这片岛屿范围内的一种适应性辐射（adaptive radiation）。这个术语描述的是一系列物种的集合，推测它们来源于共同的祖先，通过个体特征的可遗传的改变而发展成不同的物种。现实中，在隔离状态下无法进行特征演化。特征网络不可分割，我们无法说清一种特征是否有助于其他特征的发展。对过去的重塑能揭示出演化的轨迹，而一系列的特征，例如大脑的发展或为适应跳跃而进行的四肢的特化，就沿着这些轨迹逐渐得到加强。根据物种竞争的解释，这些轨迹的发展要么是在"深思熟虑"之后内在地发展为群体的属性，要么是选择压力下的明显结果。很容易想象，一种特定类型的动物可以在资源丰富的环境中立足，在那里，它没有遭遇任何障碍，繁殖并演化出非常多样的类型，最初的起源被有效地辐射开来。

目前，马达加斯加是唯一将原猴的这种多样性奇迹般保留下来的国家，也是世界上迄今为止原猴多样性最丰富的国家。这个岛上没有可以追溯至始新世的化石。但是，现在仍存活着的多种多样的狐猴，以及那些具有代表性的亚化石（也就是最近才形成的化石），它们的起源时间想必至少可以追溯到始新世。在马达加斯加的某些类似的栖息地中，似乎有可能依然存在具有初级演化特征的灵长类动物。这样的栖息地有很多类型，在那里，仍可观察到它们在特定环境中的生活方式。

对狐猴进行的生理研究与行为观察，对为了解有关物种的多样化机制而进行的化石研究

从运动方式看狐猴体态的多样性：
1. 大鼠狐猴（*Cheirogaleus major*）；2. 倭狐猴（*Microcebus murinus*）；3. 科氏倭狐猴（*Mirza coquereli*）；4. 东部毛狐猴（*Avahi laniger*）；5. 环尾狐猴（*Lemur catta*）；6. 维氏冕狐猴（*Propithecus verreauxi*）。

起到了补充作用。解释固然重要，但我们必须通过精确的观察尽可能地接近事实，使这些解释尽可能地合理。

演化简史

发生在马达加斯加岛上非常早期的适应性辐射，或许开始于一片相对有限的区域。多种狐猴并存于一片非常狭窄的区域。但这片狭窄区域内发生的适应性辐射的复杂程度，却与非洲大陆、亚洲、南美洲广大地区的不相上下。

它们原始的适应性体现在很多方面。在解剖学上，狐猴具有种类繁多的形态：

- 体型瘦长的小型哺乳动物（鼠狐猴属），

像可在平坦的地面上疾行的小型食肉动物一样，它们可沿大树枝奔行；

■ 以跑和跳为主要运动方式的小型狐猴，移动迅速，但很快会力竭，因此它们必须及时找到庇护所（倭狐猴属）；

■ 腿部明显长于手臂，以跳跃为主要运动方式的狐猴（叉斑鼠狐猴属、科氏倭狐猴）；

■ 大腿宽而粗壮（鼬狐猴属）或大腿细长（毛狐猴属），采用跳跃的运动方式而不再奔跑的狐猴；

■ 采用四足跳跃的方式运动的狐猴（美狐猴属、驯狐猴属）；

■ 腿部修长、躯干直立且头部转动自如，以跳跃为主要运动方式的狐猴（冕狐猴属、大狐猴属）。

亚化石是指近代死亡并得以保存下来的生物遗骸，所以其骨骼仍未矿化。亚化石往往比现今仍存活的生物体型更大。（这不足为奇，小型动物的骨架更加易碎，因此不太可能保留下来。）在马达加斯加发现的是与驯狐猴属、美狐猴属或者大狐猴属有亲缘关系的亚化石物种。在某些方面，这些头骨与"类人猿"的外观更类似。

狐猴在生理方面也存在差异：有些种类能够积累大量的脂肪储备，在白昼缩短的季节进入蛰伏状态，要么蛰伏几个月（鼠狐猴属），要么每次间歇性地蛰伏几天（倭狐猴属）。所有狐猴都是季节性繁殖的，交配发生于昼长变短或变长时，分娩发生的时间取决于怀孕期的长短，物种体型大小不同，怀孕期也不同。后代可能会被置于巢穴中，有需要时，会被母亲用嘴携带（鼠狐猴属、倭狐猴属）；也可能是

紧紧依附在树枝上（驯狐猴属）；或者蜷缩在母亲的腹部度过第一周（环尾狐猴属、驯狐猴属、领狐猴属、美狐猴属）。

所有的狐猴视觉都很发达，无论是昼行性的（大狐猴属、冕狐猴属、美狐猴属），还是夜行性的（小型种类如鼠狐猴科，中型种类如鼬狐猴属、毛狐猴属）。中等体型的狐猴中实际上有一种中间模式被称为全日行动物（cathemerality），无论是在夜间还是白天，都可活动（驯狐猴属、美狐猴属）。狐猴在叫声及气味标记腺体方面也表现出显著的变异度，原猴亚目所拥有的多样性远远超过高等灵长类动物。

在马达加斯加的狐猴中发现的社会组织类型也是多种多样。夜行性种类（鼠狐猴科、鼬狐猴属）表现出很少的合群行为，它们的社会交往仅限于识别邻居，除了繁殖或争斗，彼此很少接触。虽然如此，它们仍然可以形成夜宿群体，特别是在冬季，聚集在树洞中来度过一段蛰伏的时间。昼行性狐猴生活在家庭群（大狐猴属、驯狐猴属）或大群中（环尾狐猴属）。以大型亚化石为代表的种类大概也是如此，具有昼行习性并生活在社会群体中。

倭狐猴（*Microcebus murinus*）

我们已经推断出，这种源自非洲大陆种群的动物是通过植物漂浮到马达加斯加的。倭狐猴这一物种一直大量栖息在马达加斯加的森林中，在这里，它们具有特殊的意义。有关染色体结构的细胞遗传学研究表明，这种体型微小的、相对原始的夜行性狐猴，或者说整个属的祖先，可能更接近马达加斯加适应性辐射开始

时的最原始的类型。在那里，它们共同的祖先很少暴露于捕食者，尤其是猛禽面前。在当时，非洲大陆的猛禽数量可能比马达加斯加的要多得多。

如倭狐猴之类适应性强的动物，完全能够在面积有限的陆地上生存下来。事实上，它们甚至可能在到达它们的新岛屿之家之前，就已经被隔离在非洲大陆和马达加斯加之间的陆地分裂段上了。小型"木筏"就可承载它们，它们也很容易找到果实及树皮下的幼虫来吃，并紧紧依附在小树枝之上。树干的孔洞为它们提供了庇护所。此外，倭狐猴的生理能力类似于它的近亲鼠狐猴属 [肥尾鼠狐猴（ *Cheirogaleus medius* ）和大鼠狐猴（ *Cheirogaleus major* ）]，为它们在冬季因禁食而造成的影响提供了特殊的抵抗力。它们在灵长类动物中独一无二，可以长时间处于昏睡中。它们的体温随外界气温的变化而做出相应改变，在此期间，可以保持非常低的能量消耗。因此，它们很容易在艰难的条件下生存下来。的确，窝在树干里或蜷缩在树根部，鼠狐猴属完全能一睡就是几个月。

一旦倭狐猴被隔离于马达加斯加的"假想着陆区"，它们的先辈会毫无疑问地迅速繁衍。现代倭狐猴在圈养时如果吃得好，就很容易繁殖，每年会生下两三个后代，有时甚至是四个。因此，这种小型动物拥有较长的寿命。个别生活在巴黎的国家自然博物馆生态学实验室中的个体能生存超过十年。此外，它们似乎在任何自然植被类型中都能生存，甚至能生存在耕地中，例如咖啡或丁香种植园里。倭狐猴这一物种，以其强大的生命力为标志，其生存

能力似乎比它们那些体型更大、更特化的亲属还要强，那些亲属更容易因栖息地的破坏而受到伤害。

辐射演化的现状

在马达加斯加，热带雨林分布于东部，干燥落叶林在西部，半干旱多刺灌木林在南部和西南部。目前已发现了三十余种狐猴，它们分属几个科下的 14 或 15 个属：

- 小型夜行性物种 1 或 2 个科（4 或 5 个属，根据所采用的不同分类方法），重 80 ~ 500 克；
- 中型夜行性物种 1 个科（1 个属，至少包含 5 个种或亚种），重约 1000 克；
- 体型稍大的昼行性物种 1 个科（5 个属），重 1000 ~ 4000 克；
- 1 个科，包括：中型夜行性物种 1 个属，重 1000 ~ 2000 克，大型昼行性物种 2 个属，重 4000 ~ 5000 克；
- 中型夜行性物种 1 个科（只有 1 个属），重 2000 ~ 3000 克。

辐射演化还包括已知的亚化石物种，散布于现存科中的 9 个属。

和这些灵长类动物一起生活的是食虫类、啮齿类和食肉类动物，它们本身代表着一系列古老的、多样的生命。这些适应性辐射中的一些成员在 1000 ~ 2000 年前灭绝了。考虑到马达加斯加的自然演化，我们有理由相信，如果没有近期才到达这里的人类所带来的破坏，那些已发现的亚化石动物种群中的许多种类，就仍会生活在这片岛屿的森林中与平原上。估计

约有 15 种狐猴在人类到达后消失了。

世界其他地区的代表性灵长类动物

马达加斯加的狐猴的近亲包括生活在非洲中部和南部的原猴类，即灌丛婴猴。灌丛婴猴外观与马达加斯加的倭狐猴属相似，但至今仍未发现可将这两个类群联系到一起的化石。分类学家以头骨的某些特征为基础来区分它们。

懒猴，是与灌丛婴猴有亲缘关系的另一种原猴类，在亚洲有广泛的地理分布。它们远古的起源有待进一步考证，但它们与非洲的树熊猴和金熊猴有着较近的亲缘关系。在亚洲的古生物学研究也许会揭示出这些非洲大陆物种与它们广泛分布于马达加斯加的对应物种（例如鼠狐猴、倭狐猴以及叉斑鼠狐猴）之间的联系。

最近，在埃及的法雍地区发现了与灌丛婴猴和树熊猴有关的化石，而在巴基斯坦的沉积岩中发现的几颗牙齿也许属于与鼠狐猴科的动物存在较近的亲缘关系的属。

在非洲大陆和亚洲，原猴面临着与高等灵长类动物之间的竞争，而且它们不具备在马达加斯加所见到的那种适应的动力。非洲大陆是灵长类动物最丰富的大陆，分布很广泛的有 4 个科 / 亚科：婴猴科（灌丛婴猴）、懒猴科（树熊猴和金熊猴）、猕猴亚科（颊囊猴）以及人科（类人猿，有时归入猩猩科）。颊囊猴已经分化出许多物种。在亚洲，灵长类动物就没有那么多样。在亚洲发现的灵长类动物的 3 个科在非洲大陆都具有代表性成员，这佐证了在两个大陆之间所发生的物种迁移。

南美洲灵长类动物的辐射演化发生得最晚，大约发生于 2500 万年前。虽然人们在北美洲发现了原猴化石，但今天仍然没有在南美洲发现这类物种。相应地，南美洲灵长类动物物种的多样性也比其他大陆更为有限。

灵长类动物的适应性与森林的作用
环境的影响

灵长类动物的演化起源于遥远的爬行动物类群，其演化轨迹是很不同寻常的。当它们的先祖在对树栖生活的适应中经历了极端的分化之后，其中的一个族群返回陆地生活，它们的大脑则获得了终极发展。这种演化轨迹是由自然选择推动的。

正如法国人类学家安德烈·朗加内（André Langaney）所指出的，在查尔斯·达尔文出生之时，法国人类学家让 – 巴蒂斯特·拉马克就已经出版了他的《动物哲学》一书。达尔文后来的很多想法其实已经被拉马克或多或少地阐述清楚了。因此，在我们的脑海里，应该将这两位先辈关联起来，因为他们都对物种演化史方面的研究做出了重要贡献。在解释全球范围内的物种演化，以及"自然选择"对于物种形态和特征可能的多样化影响方面，无论任何时代，都没有比他们的观点更具解释力的观点了。

在发展过程中，连续的遗传变异导致了不同生命形式的形成，这些生命形式又不断地受到"环境筛选"的作用。因为某种原因而不能适应周围环境的个体会被迅速淘汰。这种筛选可能包含某种自然因素，例如恶劣的气候，或者生物因素，比如天敌或危险的食肉动物的存在。根据不同的选择因素，淘汰的速度也有所不同。如果该因素的影响不太残酷，那么这些物种就可利用现有的可能性进行适应。马达加斯加的鼠狐猴、倭狐猴以及非洲大陆的灌丛婴猴就是通过保留夜行的习性而在食肉动物的压力下幸存下来的。

这种筛选倾向于这样一些物种，它们具有守卫领域的行为模式，即对它的种群、食物和繁殖起到限制和保护作用的行为模式。实际上，这有利于对环境资源的保护，避免过度利用。

森林栖息地

从一开始，热带雨林——一种拥有近乎源源不断的繁衍能力的栖息地——有利于灵长类动物种群的发展壮大。在热带雨林中，灵长类动物全年都可以获得果实、树叶以及昆虫。在某些特殊的地方存在着真正的"演化实验室"。如在马达加斯加和非洲大陆现存的热带雨林区，在那里，仍可在接近第一批灵长类动物所经历的自然条件下，观察这些丰富的自然资源及其使用情况。人们可以通过观察它们的活动范围、种间竞争、捕食压力推断出不同物种的演化轨迹，同时估算其食物来源的多样和丰富程度。雨林栖息地确实为生活在那里的动物提供了多样化演替的可能性，减少了竞争且有利于新物种的出现。

灵长类动物占据了森林的所有区域：花朵繁多、昆虫繁盛的巨树冠盖，长有各种树叶和果实的大树枝，更为开阔、受到阳光照射且遍布某种特定植被的隙地，光照较少的斜坡及溪边的潮湿地块，以及紧贴地面的灌木丛和在林间倒下的巨大枯木。由于每一个可用的生态位都可能被占用，因而竞争减少了，多样化得到

了发展。比起干燥林，雨林中的物种更为丰富。洪溢林，如在亚马逊河流域的洪溢林，以及红树林，也能为不同种类的灵长类动物提供家园，但这种森林类型明显较少。

多样化发生于每一个功能领域：生理和心理机能、日常和全年活动规律。在马达加斯加，人们可在同一林区发现七八种体型介于倭狐猴和大狐猴之间的灵长类动物。它们也和其他一些没有竞争关系的哺乳动物生活在一起，如食虫动物、啮齿类动物和蝙蝠。在亚洲的一些森林里，在同一片区域里能发现多达八种灵长类动物；在非洲大陆，甚至可多达十七种！在任何已知区域，灵长类动物与其他哺乳动物的多样化程度都不相上下。

灵长类动物的种类在赤道地区最多，并随着纬度增高而减少，与植物种类的丰富度变化模式类似。如果在位于同纬度的不同大陆之间进行比较，那么所发现的同种植被生境有：雨林、在冬天至少会损失部分枯枝层的干燥林、沿河而生的细长带状的长廊林、树木繁茂的热带草原、干旱或半干旱地带。一般说来，在这些不同栖息地生活的动物类型是相似的，动物区系的多样性是相当的。然而，栖息于南美洲森林中的灵长类动物在多样性方面要逊于栖息于非洲和亚洲同一类型森林中的灵长类动物。新热带地区的灵长类动物中几乎没有专一的食叶动物，也没有真正大体型的种类，只有一个夜行性的属。与非洲相比，这里几乎没有亲缘关系非常近的物种共栖。这种现象也许与新世界猴的辐射演化有关，其距今只有2500万年，远不及其他洲灵长类动物的辐射演化古老。

全球高等灵长类动物多样性最为丰富的栖息地之一就是刚果民主共和国的伊图里森林。不同层次的灵长类动物栖息在这片森林里，图中从左至右、从上而下分别是：乌斯塔莱红疣猴（*Piliocolobus foai oustaleti*）、安哥拉疣猴亚种（*Colobus angolensis cottoni*）、东非黑白疣猴刚果亚种（*Colobus guereza occidentalis*）、施密特红尾长尾猴（*Cercopithecus ascanius schmidti*）、丹氏长尾猴（*Cercopithecus denti*）、青长尾猴（*Cercopithecus mitis stuhlmanni*）、灰颊冠白睑猴约翰斯顿亚种（*Lophocebus albigena johnstoni*）、树熊猴（*Perodicticus potto*）、塞内加尔婴猴（*Galago senegalensis*）、阿吉利白眉猴（*Cercocebus agilis*）、德氏长尾猴（*Cercopithecus neglectus*）、尔氏长尾猴（*Cercopithecus lhoesti*）、枭面长尾猴（*Cercopithecus hamlyni*）、黑猩猩东非亚种（*Pan troglodytes schweinfurthi*）、东非狒狒（*Papio anubis*）。[改编自《中非灵长类动物博物志》（*Histoire naturelle des primates d'Afrique centrale*），安妮·戈蒂埃–北恩（Annie Gautier-Hion）、马克·柯霖（Marc Colyn）、让–皮埃尔·戈蒂埃（Jean-Pierre Gautier），1999。]

对环境的适应

那些仅仅发生在森林里的灵长类动物辐射演化，必然会表现出对于树栖运动的适应性。这种运动必须是快速的，因而要求它们的手脚适于抓握树枝，体重适中。在猿类中，前肢通常比后肢进化得更好。灵长类动物有一种摆臂的嗜好，这是它们特化的移动方式。这种方式可以让它们悬挂在树枝下移动。这种嗜好在一些新世界猴（吼猴、蜘蛛猴、绒毛猴）中被充分地表现出来。相反，在原猴亚目中，除了指猴属和已确定的亚化石狐猴（如古原狐猴）外，一般后肢更为发达。它们存在一种很明显的向跳跃的运动方式发展的趋势（科氏倭狐猴、叉斑鼠狐猴、拥有细长踝关节区的鼬狐猴、拥有细长股骨的大狐猴）。但对于懒猴和指猴来说，它们却无后肢优势。通常情况下，灵长类的手脚形状非常多变。如，手指呈爪状（指猴和狨），脚修长并附有短跗（踝区），手指有扁平指甲，拇指日益突出，同时食指大幅缩短（懒猴）。

在终年潮湿的地区，如马达加斯加东部或赤道非洲，树木生长得相当高，并形成一大片水平树枝网，为动物的移动提供了便利的通道。在一年有部分时间处于干燥期的地区，树木生长得不那么高，而且往往会周期性地变得光秃秃的。而在非常干燥的地区，植被就会变得多刺，不再长传统类型的叶片，只长小的鳞片状叶子，并且长成带有分枝的枝状大烛台的形状，而缺乏横向枝条。马达加斯加的狐猴变得非常适应这种类型的植物（龙树）。在这种类型的森林里，狐猴显得尤为特别。在树与树之间纵横跳跃时，它们白色的身影从蔚蓝的天空中掠过，景象尤为壮观。

体型的增大

随着演化的进程，物种体型经常会增大。这种趋势有利于节约能量：热量消耗减少了，因为它的身体表面积并不会随体积而等比例增加。生活在寒冷地区的动物，在体型方面比它们在热带地区的同类要大（伯格曼法则）。美洲狮提供了一个完美的例证。栖息在加拿大北部和阿根廷南部的美洲狮比在这种哺乳动物分布中心区的美洲狮体型要大。大多数灵长类动物生活在热带地区，但体型大的恰恰是那些生活在冬季寒冷的地区（如山区）的灵长类物种，如黑猩猩、大猩猩、长臂猿、狒狒、猕猴。

当森林动物体型有所增大时，采用直立的身体姿态有利于其在树与树之间跳跃，这一点可从马达加斯加的大狐猴科中看出。当某些小型动物也已进化为直立体位时，这种只在大型物种中才有的跳跃式移动所带来的效率才真正地被我们理解了。

这种采用直立体位的趋势导致了身体结构的一系列改变：

■ 枕骨大孔位于头骨下方；

■ 头骨体积增大，以便于在树干上很好地保持平衡，并为大脑扩张做好准备；

■ 胸腔肋骨进化；

■ 鼻子缩短，眼睛前向。

体型增大和以跳跃为主要运动方式，可使这些动物从不会这种运动方式的天敌口中逃脱。

随着体重的增加，想要进行运动就需要不断地增加肌肉力量。跳跃 15 ~ 30 英尺 [①]，这是马达加斯加的大狐猴能达到的极限，但在这些灵长类动物栖息的、不同类型的森林中，它也不是不会遭遇危险。当遭遇追捕时，大狐猴会在树与树之间以跳跃的方式逃离，直到筋疲力尽时才被迫下到地面。在地面时，其步法没有太多的改变，表现出的是介于树栖和直立行走之间的一种跳跃式运动方式。这种方式一般是拥有长腿、善于跳跃的灵长类动物采用的运动方式。

掌握良好的跳跃技术，需要一个长期的、充满危险的学习过程。因此，年幼的动物在开始独立时，经常会面临各种意外。如果一只幼小的动物跌落在开阔的地面上，那么它无法从四足天敌的口中逃脱。这一点在马达加斯加的一个传说中有所提及。传说，大狐猴父母会将它们的后代扔下去，看看它们能否抓紧树枝从而生存下来。如果一只雌性在怀孕期快结束的时候经常面临骚扰，那么这种跳跃式的运动方式很可能会导致其流产。在马达加斯加，直升飞机在森林上方低空飞过而引起猴群恐慌的现象越来越常见，可能已成为冕狐猴某个亚种种群数量减少的重要原因。

体型的增大促使体重增加，进而改变了动物的生活方式和饮食习惯，如摈弃对于树梢的利用，而树梢一般都是结果实的地方。于是，这些动物只能吃生长于树干上的果实，如面包树的果实，这样的果实易于摘取。生活在马达加斯加南部森林中的狐猴可以花几个小时在地面上收集落下的果实，比如，罗望子树的果实，这是它们很喜爱的一种食物。在地面上时，它们双足跳跃，身体直立，手臂举过头顶。这种跳跃技术可使它们快速到达树上的安全地带。环尾狐猴也会在地面上度过相当长的时间。

新世界猴以树栖为主，仅有少数例外。比如卷尾猴，通常不会下到地面上来。相比之下，旧世界猴的一些种类，如狒狒和赤猴，非常适应地面生活，爬到树上不过是为了休息。

在马达加斯加现存的所有狐猴中，都未发现使用摆臂的运动方式的。使用这种运动方式的灵长类动物，其前肢，特别是下臂，明显拉长，与使用跳跃运动方式的刚好相反。摆臂的"冠军"是长臂猿和合趾猿，其所表现出的是真正的臂行法。猩猩和蜘蛛猴很少使用这种运动形式。摆臂有利于保持直立体位，但这种演化轨迹有一个很大的弊端，那就是无法腾出手来作为他用。

在森林栖息地中，树栖动物只能在相对坚固的枝干上运动，但目前，森林被过度开发，退化日益严重，大型树木正在消失。马达加斯加的森林曾经比现在更为繁茂，我们可以在法国博物学家阿尔弗雷德·格朗迪迪埃（Alfred Grandidier）和夏尔·朗贝东（Charles Lamberton）出版的书中清楚地看到这一点。这也解释了早期的马达加斯加狐猴的一些身体特征。亚化石遗骸已证明，早期狐猴的体重明显重于现存狐猴。不同狐猴（古狐猴、巨型狐猴、中原狐猴、古原狐猴、巨指猴）的亚化石头骨尺寸介于比它们现代近亲的头骨大百分之十到大一倍之间。事

---

① 英尺，长度单位，1 英尺约为 0.305 米。——译者

实上，一些已灭绝的巨狐猴物种，其头骨与有蹄类哺乳动物的头骨相似，比现存最大的狐猴的头骨还要大十倍。它们的四肢形态表明，它们实际上是树栖物种。它们当然可以很容易地横穿地面，和如今马达加斯加岛上的大狐猴、冕狐猴、指猴，非洲大陆和亚洲的狒狒与猿一样。即使不考虑人类活动，森林中大型树木的减少也可以导致大狐猴祖先第一次运动姿势的特化，使得它们在树与树之间跳跃，而不是在树枝上移动。大型狐猴要面对一种天敌，即当时生存于马达加斯加岛上的一种马岛獴属的灵

猫，其体型比现代的马岛獴要大得多。

对于主要生活在地面上的亚洲和非洲物种来说，树木仍然意味着庇护所。的确，印度的长尾叶猴几乎从不离开树冠，它们在上面狼吞虎咽地吃着树叶，直到撑得像一个快要分娩的孕妇。黑猩猩也会在树冠上筑巢。

唯有大猩猩在森林地面上会感到安心，因为它们的体型足以对捕食者造成威胁。陆地生活对于像它们这种拥有令人敬畏的体型的动物来说没有什么危险。尽管如此，它们一样会受到捕食者的惊吓，尤其是在晚上。因此，许多

阿拉伯狒狒（*Papio hamadryas*）在陡峭的岩石上过夜，以躲避捕食者。

马达加斯加的狐猴的主要天敌：
1. 马岛獴；2. 环尾獴；3. 宽尾獴；4. 仓鸮。

适应了陆地生活的灵长类动物都会寻找树木或者岩石，在树上或岩石上睡觉，埃塞俄比亚的狒狒就是如此。每天晚上，这些狒狒都会慢慢地穿越陡峭悬崖边的一片岩石区。它们在占主导地位的雄性的带领下一起移动。这些雄狒狒是真正的领导者，在安顿好自己后，它们甚至会给其他狒狒留下最好的位置。个别的狒狒会守在一块凸出地表的岩石上，时刻保持警惕，难以安然入睡。陆地捕食者无法靠近它们。

某些其他种类的灵长类动物也会生活在捕食者极少的极端栖息地中，如赤猴和狮尾狒。它们的雄性就像阿拉伯狒狒一样，极具嫉妒心，一直徘徊于雌性附近。如有必要，还使用武力。

捕食者

与所有成员切身利益相关的是要避开捕食者，但捕食者在保持环境平衡方面却发挥出了积极的作用。

有两名经济学家，先是托马斯·马尔萨斯（Thomas Malthus），然后是阿尔弗雷德·索维（Alfred Sauvy），他们证明，任何种群的无限制发展都将破坏它们的栖息地，并由此造成其生存所需食物的短缺。例如，我们知道，过度放牧之后，土壤的生产力可能需要几年才能恢复，因此，限制种群增长就变得尤为重要。由此看来，捕食者对于整个系统的生存来说必不可少。此外，就个别物种而言，捕食者在它们的演化过程中施加了一种无可避免的压力，限制了它们向太多样化的方向分化。因此，要想描述物种在其栖息地的行为，对于捕食者的研究必不可少。

在多数情况下，一种捕食者的生存依赖于多个被捕食物种。专注于较小的猎物，可使捕食者更容易获得食物。尽管如此，演化也可促使捕食者专攻一种猎物，并形成适合该物种的狩猎模式。但若捕食者只依靠单一的某个物种，它会发现自身处境艰难。一个典型的例子就是非洲食猴鹰（即冠鹰雕，*Stephanoaetus coronatus*），它会突然俯冲而下，将没有防备的猴子抓在爪下。食猴鹰只有这一种食物来源，因而它只能竭尽全力来捕捉这种善于逃脱的猎物。

马达加斯加栖息着狐猴的一种天敌——马岛獴（*Cryptoprocta ferox*），它的捕猎效率很高。如果我们忽略掉它的原始特征，那么它看起来就像一只能在地面和树枝上快速奔跑和跳跃的小豹。

小而敏捷的猫鼬，如环尾獴（*Galidia*）和宽尾獴（*Galidictis*），会沿着树枝奔跑，捕猎鼠狐猴和倭狐猴，以及其他猎物。但狐猴会跳进植物丛中躲避，或在中空的树干中寻求庇护，这就使得抓捕它们变得困难起来。

猛禽对于小型的狐猴物种来说是可怕的捕食者。与仓鸮（*Tyto alba*）通常捕食的啮齿类动物体型相似的倭狐猴属虽然很机敏，但在仓鸮高超的捕猎技术下，也会沦为它们的猎物。由于使用了特殊的声呐定位系统，仓鸮能在深夜精确地探测到狐猴，并无声地俯冲而下。从其反刍颗粒中发现的大量颅骨碎片可以判断出，这种捕食者是最近才来到马达加斯加的，是造成许多倭狐猴属动物死亡的主要原因。在退化不是十分严重的森林里，被捕食造成种群数量的减少是由这些狐猴的高繁殖率进行"补偿"的，但必须追问的是，如果这种外来的侵入者、非常特化的猫头鹰更早地出现在马达加斯加，这些小型物种是否会发生演化。

防御和驱避策略

森林栖息地的构成非常多样：高低不同的树木、藤本植物、树皮、枯木、腐殖土以及各种树叶，这有利于动物快速逃窜和隐藏。小型

一只树熊猴（*Perodicticus potto*）的防御姿势和一只面部酷似带着眼镜蛇面具的懒猴（*Loris tardigradus*）。

物种可藏身于大型食肉动物无法接近的细枝上。非洲的侏长尾猴是游泳健将，在受到威胁时甚至会跳入水中遁走。

在非洲的小体型原猴亚目中，某些行动缓慢的种类演化出了原始的防御技术。例如，树熊猴，原猴亚目中的一种夜行性灵长类动物，是典型的独居动物，行动缓慢，栖息在树枝上，以昆虫、小型爬行动物以及果实为食。它的手指上长有粘性胶垫，因此，它能紧握树枝。颈背具有由厚皮覆盖着的发达颈椎，并形成一片类似"盾"的结构。当受到食肉动物攻击时，它会用一连串的撕咬袭击对方，并用这块"保护盾"撞开捕食者，使其逃离。

在亚洲的森林里，懒猴也是行动缓慢且抓握能力很强的灵长类动物。这种原猴的腋下生有防护腺，当感觉到危险时，它会突然立起来，还会发出一种非常响亮的嘶嘶声。在昏暗的夜色下，它波浪形的身体移动方式，加上头部的斑纹，使它活像一条眼镜蛇。

虽然这是目前生存所需，但作为极端特化的结果，这些物种无疑被锁进了"演化的死胡同"。在这样的分化程度下，它们很难改变这样一系列显著的特殊身体结构而进一步演化。

值得一提的是，在夜行性的毛狐猴身上发现了一种原始的策略。它们生活在由3~4个成员组成的家庭群体中，睡觉时一起挤在隐于树叶之中的树杈上。在受到轻微的惊扰时，猴群会突然四散而逃，每个成员会在树枝之间沿不同方向迅速跳跃逃走，使捕食者完全不知该往何处去追（对于观察者也是一样）。在任何情况下，当树栖性灵长类动物在一片它们非常

熟悉的区域沿树枝移动时，哺乳类食肉动物捕获它们通常需要消耗不少的精力。这些食肉动物在运动和视觉能力方面不像灵长类动物那样训练有素，而这些能力需要通过反复练习精准抓握物体或紧抓树枝跳跃才能获得。

在马达加斯加的狐猴中，驯狐猴（驯狐猴属）是最典型的中等体型的猴子。其体型使其容易暴露于捕食者，如食肉类哺乳动物、鸟类和蛇的面前。但其单色调的毛发、不固定的活动习惯、活动时爱穿过枝繁叶茂的地方的倾向，以及年轻成员在出生后的第一年仍留在家族群体中的社会组织形式，无疑对其避免被捕食起到了相当有效的作用。

在森林中，小型灵长类动物这种不显眼的体色为它们提供了伪装。事实上，作为主要在夜间活动的原猴，它们不需要在颜色上有所展示。大型物种不需要这种伪装，它们演变出了昼行习性，体色更为多样。实际上，它们的体色与在阳光下的暴晒程度存在着某种联系。若日光强烈，浅色毛发可以起到保护作用；反之，若日光微弱，暗色能最大程度地提高热量的吸收率。非洲旧世界猴的分类反映出其体色类型的多样，这种演化的多样性是为了适应阳光入射率各不相同的当地气候而形成的。

捕食者过剩

过度捕食具有灾难性的影响。例如，300万年前，很多精力充沛的、原属于北美洲动物区系的食肉动物，在巴拿马地峡形成后入侵南美洲。南美洲由于长期保持隔离状态，因而曾经是特有的、均衡发展的动物区系的家园，该

动物区系能在利用南美洲栖息地的同时又不对它产生致命的破坏。而在北方外来种的突袭之下，许多物种灭绝了。

幸存者主要是某些适应树栖环境的物种，如适应性辐射演化出的灵长类动物，北美洲的食肉动物无法在树枝间有效地捕猎它们。某些新世界猴（吼猴属、蜘蛛猴属、绒毛蜘蛛猴属、绒毛猴属）发展出特化的、可用于抓握的卷尾，使得它们能在最高的树冠上安全地四处移动。也许，这种变化的发生恰逢此次入侵之际。

如果从自然保护的角度，而不是从对这种罕见的自然灾难进行研究的角度来看，这似乎更有趣，我们也更迫切地需要关注稳定的自然栖息地，如马达加斯加岛上那些在人类到达之前就保留下来的和至今仍存在的很少的原始区域。在此类栖息地中，捕食者和猎物平行演化，从而变得和谐互补，不会发生引起物种灭绝的残酷冲击。

有一种隶属于树栖性灵猫的捕食者，它们接近于今天的哺乳类食肉动物的祖先，与隐肛狸存在亲缘关系。它们登陆马达加斯加岛的时间与第一批狐猴登陆的时间相同，也经历了某种辐射演化。这种相对未特化的动物能够像狐猴一样专以果实和昆虫为食，或猎食小型脊椎动物。毫无疑问，得益于生理结构上的适应性，它们很容易适应乘坐植物"木筏"迁徙。一旦它们在新的生活区立足，种化（新物种形成）的过程将会促使它们猎杀新的树栖性猎物，如小型的夜行性狐猴种类。渐渐地，这种捕食者将会演化出多种形式。

因此，我们或许可以观察到很早之前就已

形成的捕食者与猎物之间的平衡关系，每种捕食者都对应特定的猎物。从它们最初的扩张开始，灵长类动物就得益于树栖这一宝贵的优势，从而有时间发展出躲避捕食者的技能，使它们与天敌之间的博弈得以平稳进行。

灵长类动物的领域和社会组织

社会化的生活方式有利于抵御捕食，因为当捕食者出现时，族群能迅速警觉。另一方面，采用社会化的生活方式需要一个食物供应相对充足的环境。对于草食动物来说，这没有什么太大问题。

生境

在某种特定环境中对某种动物进行研究后，动物行为学家将动物个体、家庭或较大的社会群体经常活动的区域定义为"家域"（home range），这是取食和养育后代所需的地域范围。例如，一个倭狐猴属"家庭"（母亲和它新出生的幼崽）所需的资源约为 2.5 英亩 [①] 的森林超过一年所产出的动植物资源。当然，家域的实际大小因森林而异。

大多数灵长类动物是不折不扣的素食主义者，某些小型物种（眼镜猴、德米多夫倭丛猴）例外。单个灵长类物种用以取食的家域一般在 25 ～ 250 英亩之间。个别物种拥有较大的家域，并在其中积极捕食其他动物。

"领域"（territory）是常驻个体的活动区域，在此区域内它们会积极抵御同一物种的入

---

① 英亩，面积单位，1 英亩约为 0.41 公顷。——译者

侵。领域面积也会因物种而异。实际上，马达加斯加的鼠狐猴和倭狐猴，非洲大陆的灌丛婴猴，亚洲的懒猴，以及其他准独居原猴，它们的领域是可以相互重叠的，一只雄性可以停留在几只雌性的领域内并阻止竞争者进入。

昼行性灵长类动物主要生活在社会群体中，领域由群体成员共享。群体的社会结构依据栖息地资源的丰富度来调节成员密度。任何特定的社会组织体系都必须确保长期的稳定，因此，整个社会群体在抵御天敌的同时，也保护了自然栖息地。

在马达加斯加的狐猴中，小型物种是夜行性的，一般独占领域，而大型物种是昼行性的，生活在家庭群或较大的群体中。因此，随着体型的增长，整个社会组织结构由分散型向社交型转变，而这种转变更有利于栖息地的保护。

社会组织

在灵长类中，社会组织的模式极其多样，包括：

- 独居，雄性和雌性分居于不同而又在一定程度上相互重叠的领域（灌丛婴猴、树熊猴、倭狐猴、猩猩）；
- 成对生活，雄性和雌性生活在同一领域内，相互配合行动，无论是否在繁殖期（大狐猴、伶猴、长臂猿）；
- 生活在由两只以上的成年雄性和一定数量的雌性所组成的稳定团体中。个体成员一起行动，但群体结构非常多变（美狐猴、吼猴、蜘蛛猴、长尾猴、猕猴、黑猩猩）。

依据物种和栖息地的面积，大一点的群体一般包含 6～50 个成员。群体成员的变化相对频繁，尤其是在青壮年迁出时。雌性多于雄性的群体的出现，会导致形成只有雄性组成的单身汉群体。雄性和雌性的出生数量相当，所以肯定有一定数量的雄性会被排除在外，并且只能生活在栖息地的边缘地带。这些外围雄性会受到不同程度的虐待并且会营养不良，容易受到食肉动物的捕食。然而，不时会有外围雄性替代已在群体中确立地位的某只雄性。

新世界猴中没有独居的种类。相比之下，在非洲大陆，似乎只出现了独居种和群居种。而在马达加斯加，夜行性狐猴物种独居或成对生活，它们从没有形成过较大的群体。

灵长类动物中某些属（驯狐猴属、美狐猴属、领狐猴属、侏儒属、狮面狨属、柳狨属、长鼻猴属、叶猴属）既有成对生活的物种，又有群居的物种。眼镜猴属是唯一一个既有独居的物种又有成对生活的物种的属。

母亲照顾后代的方式与它们所生活的社会群体的类型密切相关。任何随大部队同行的雌性都必须在生育后就携带着自己的孩子，幼崽很适于紧紧抓住母亲的皮毛。相比之下，独居的灵长类动物，在母亲不在的情况下，其后代只能留在巢穴里。

无论是在新世界猴中，还是在旧世界猴中，我们都能看到不同种的个体组成大群体的情况，它们一起逗留于同一处果实资源丰富的地方。虽然它们不会刻意沟通，但每种猴子都会理解其他猴类发出的声音信号，这是它们为逃避捕食而被赋予的本能。

灵长类动物的社会性和识别信号

生活在社会群体中的大型物种脑容量更大，社会化程度更高。它们的后代成熟期较晚，这使得它们拥有更长的学习期。灵长类动物社群发展的复杂程度与群体中每名成员的个体价值大小有关。

有声交流，尤其是涉及领土维护时，是极为重要的。

有声交流

灵长类动物的听觉非常发达，因而声音交流对它们而言是一种非常有效的沟通方式。实际上，它们的生存往往依赖于对于声音的感知以及对于警报声所蕴含意义的理解。它们一听到警报声就会立即逃跑。警报声里似乎包含了很详细的信息，诸如危险源、应逃跑的方向，等等。

如遇危险，缺乏特殊防御方法的小型动物一般很少使用声音信号。比如倭狐猴这一物种，它们以超声波进行沟通，这种信号源对于不能识别该信号的捕食者来说，是很难用来对猎物进行定位的。

高频声波在森林中会被迅速削弱。然而，这种声波在倭狐猴的小领域内却非常适用。倭狐猴会发出不同频率的叫声以规避自然声音的掩蔽效应。当听力受到风雨影响时，灵长类动物会特别警觉。然而，据发现，生活在一片较大的领域内的大型灵长类动物很少会畏惧捕食者，对它而言，低频的叫声会更为有效，因为这种声音在森林中更具有穿透力。

有声交流有助于增强团队凝聚力。观察一群处于警觉状态的昼行性狐猴，你会看到一幅有趣的景象：狐猴沿着树枝四散逃去，所有的狐猴都会看向发现危险的方向，反复地摇动尾巴并发出具有恐吓意味的、焦虑的咕噜声。如果威胁仍在继续，这种咕噜声会逐渐增强，达到极点。非洲的长尾猴也是如此。

这种行为能够很好地被生活在同一区域的其他物种所理解。这样的表现，可能是为了恐吓捕食者，而对于某些中等体型的物种来说，诸如马达加斯加的桑河驯狐猴（*Hapalemur occidentalis*）或者非洲的侏长尾猴（*Miopithecus talapoin*），这种行为则没有什么意义。对它们来说，一声警觉的呼叫或微小的声音都是危险的信号，足以触发它们逃走。

观察灵长类动物的研究者注意到，它们经常会在特定情况下发出相同的声音。因此，可以通过观察个体在发出声音时的行为将发音归类。任何重复模式都可看作是旨在为某一物种种群提供帮助，而非为个体自身服务。如果用一台磁带录音机录音，然后分析叫声频率，我们就会发现灵长类动物的声音体系相对有限，近缘种之间差别不大。

年幼动物的叫声是与成年动物的行为相对应的。在多数情况下，离开母亲的狐猴发出尖叫是非常有效的，会影响整个族群。为响应这种警报，族群会做好抵御捕食者的准备。相比之下，年幼的驯狐猴——习惯于在树枝上保持不动而令人难以察觉——当母亲靠近时，它会发出一声微小的声音以示存在。

最常用的是那些用于警示的叫声，比如

在某些灵长类动物中，强有力的吼声是由特殊的发声器官将声音放大的：1. 吼猴；2. 大狐猴；3. 合趾猿。

个体在拒绝与其他个体交往时，宣示领域主权时，或求救时都可能发出这种叫声。行动谨慎的物种，如驯狐猴，会发出一系列微弱的、重复的叫声，向族群中的其他个体表明自己的存在，并且不会引起附近的其他物种或捕食者的警觉。这些频率和强度不同的叫声，就像语言，提供了关于族群成员活动的信息。如果族群成员相对分散，叫声就会比较响亮。警报声也类似于面临严重威胁时进行沟通的语言，甚至，似乎还能区分出靠近的是陆地捕食者还是空中攻击者。如果危险度增加，整个族群都会齐声高叫。

在领域面积增大时，宣示领域的叫声也变得更加响亮。它们用最小的力气向邻居发出信号，表明此地区已被占用，以阻止任何侵入的企图。事实上，很有意思的是，当整个族群发出恐吓的叫声时，这种叫声在声音结构上与守卫领域的叫声是非常相似的。因此，这种叫声有两个作用：一是抵御捕食者，如吓跑不时接近母亲、伺机抓捕幼崽的疯狂猛禽；二是通过优化空间组织和限制种群数量来维护领域。

随着演化的进行，这两个作用变得越来越重要。例如，随着能发出危险信号的个体数量增加，这个族群也会更加安全。这显然促进了社会生活，随后，交流的方式变得更加多样化。

同样地，表示拒绝接触的叫声，声音开始微弱然后逐渐加强。宣示领域的叫声也是用这种表现方式。此外，求救呼叫是遭遇致命危险的信号，很少使用。我们也在性行为中观察到了一种特殊的叫声。

叫声的类型大约有15种，存在多种变体和中间形式。越来越多的观察表明，这些变体所表达的意义实际上很有限。

这里所要讨论的例子主要是驯狐猴的声音体系，这样的声音体系也见于一些旧世界猴和新世界猴中。其中，宣示领域的叫声是最为多样的。在一些属中（大狐猴属、吼猴属、长臂猿属、猩猩属），特殊的发声器官促进了叫声的形成，并大大增强了声音的力量。这类灵长类动物的领域通常很大。一只15岁大的雄猩猩能使自己的声音传播1~2英里的距离，以使附近的年轻雄猩猩逃离。

"地球上最早的大狐猴，也许是我们遥远的祖先……它们用来自另一个世界的奇怪发音，唱着我们无法察觉的、忧郁的歌，就像那些海洋动物，如果把它们的声音放大，我们便可以听到。"这段文字来自帕特里克·格兰维尔（Patrick Grainville）的小说《火焰树》，它唤起了人们对于马达加斯加大狐猴（有时也被称为"森林之狗"）叫声的回忆。它们整个族群发出的叫声可在方圆半英里的范围内听到。这也会使人联想到鼬狐猴悲哀的叫声。它们的叫声很难被称为一首歌，这种在夜间表明它们存在的信号会在森林中传播相当远的距离。在马达加斯加西部，叉斑鼠狐猴和科氏倭狐猴都会以大力齐呼的方式庆祝夜幕的降临。

倭狐猴拥有大量的相对简单的超声波叫声"词汇"，仅仅通过观察倭狐猴的这种行为，人们就已经可以感觉到语言在灵长类动物的演化过程中所起到的重要作用。这种具有征服性的、被熟练掌握的并以一种较低频率发出的清晰声音，代表了某种可以传播"文化"之元素的语言的早期发展。

但从实际控制发声及发射超声波到将其作为语言来使用，还需要漫长的过程！一般来说，根据我们对哺乳动物演化的了解，我们可以得出以下结论：虽然用于交流的声音变得越来越复杂，但在声音被熟练运用的那一刻，它归根到底总是与知觉相关。

气味识别

灵长类动物的嗅觉信号是多种多样的。这些信号有助于个体识别某个地方，分析某个目标，或评估某个果实的成熟度。除此之外，特别是在原猴亚目中，它们也可以将气味标记与某个地点相对应，在极少情况下，还可以与某个同伴相对应。这种标记是用某种独特而持久的气味分泌物做出的。

小型夜行性灵长类动物，如马达加斯加的鼠狐猴科、非洲的婴猴科——进化程度最低的灵长类动物——嗅觉使用广泛。它们以尿液和粪便沉渣或者特殊腺体的分泌物作为识别领域的标记。

很多哺乳动物，尤其是食肉动物，以尿液或粪便作为气味标记。这是最基本的标记形式，所有的灵长类动物都会使用。无论是倭狐猴，还是德米多夫倭丛猴，这两个物种都会将尿撒到一只手上，然后涂抹到树枝上（涂尿行为）。美狐猴会用浸润着尿液的头顶摩擦树枝及同伴的皮毛。鼠狐猴属贪婪地大吃熟透的果实，其粪便随尾巴根部拖拽而涂抹于树枝上。其肛门就在尾巴根部，使得粪便可沿个体在领域内行进的主要路径散播。

以靠近身体孔窍（肛门、泌尿系统、生殖器官）的特定腺体的分泌物进行标记也是很普遍的，并可伴随尿液标记。在倭狐猴这一物种中，雄性依靠在物体上摩擦其阴囊腺来标记领域，褐美狐猴、鼠狐猴属、驯狐猴属、冕狐猴属和毛狐猴属也表现出相同的行为。科氏倭狐猴也使用这种标记方式，它会不时发出阵阵气味用以标记。

一些灵长类物种具有专门的胸腺或臂腺。腺体形态加上特殊结构（刷状或角质距状）有助于稳固气味，使其更加长久。桑河驯狐猴身上有两种腺体清晰可见，一个位于前臂内部，角质乳突区扩张形成一个刷形，另一个位于肩膀的前部。这两个腺体通过肘部弯曲进行接触，并使混合后的分泌物浸润这片刷形区域。之后，它们会用腺体摩擦树枝，并用全身的力量做出横扫动作，让树皮产生较深的伤痕，使得这种分泌物浸透渗入。环尾狐猴还会运用位于手臂上、脖子底部或下巴下面的特殊腺体。马达加斯加的冕狐猴在紧抱树干时，会在身体直立的推力的作用下用颈腺摩擦树皮，并不时地停下来嗅一嗅被标记的地方。个别的新世界猴有胸部标记腺。标记也可以用唾液来进行，在这种情况下，动物会咬到树干基质层。

犁鼻器（雅各布森器官）位于鼻腔内卷轴般的鼻甲骨下方，用于气味的探测。它的作用似乎是利用其发达的感官细胞来检测特定的化学物质。然而，这个器官在人类中几乎消失了。相比之下，我们经常观察到狐猴把鼻子紧贴到一棵树上，以相当长的时间"阅读"浸润其中的气味信息。

在体型较大的灵长类动物种类中，嗅觉的作用被视觉所掩盖了。这在赤猴属、猕猴属、狒狒属、狮尾狒属、大猩猩属和黑猩猩属中尤为明显。

在类人猿（长臂猿、猩猩、大猩猩和黑猩猩）中，标记行为更为谨慎，接近于人类。在通常情况下，嗅觉似乎没有那么重要。然而，我曾经研究过一只温顺的小猩猩的行为，每次我去看它，它都会在征得同意的情况下，习惯性地拉起我的手去触摸它的鼻子。

人类的嗅觉已经退化了，至少在意识层面退化了。但在某种行为上显然是留存了一些痕迹。例如，沿地中海地区的某些臀部摇摆舞就使人联想到群体标记。在这些舞蹈中，男人会在同伴附近摇动一条浸润他腋窝气味的围巾。许多谚语也提到了嗅觉感受，将它与对喜欢的或"讨厌"的人所产生的吸引或拒绝接触等情绪反应联系起来。

在一些人群中，告别的姿势涉及腋下气味的传递。然而，在现代文明觉醒后，所有这些习惯性做法都在迅速消失，而向抑制个体气味的另一个方向发展。

触觉交流

猴类和猿类的情感交流依赖于触觉。触觉交流不仅使用手，正如预想中的，还使用口、鼻、舌头，甚至是牙齿。在类人猿中，其发达的下唇被广泛应用于此。

理毛行为（grooming）普遍采用的是将手指插入同伴皮毛中耙梳的方式。用这种方式理毛的高等灵长类动物（猿猴类）远多于原猴亚目。后者下切牙的水平牙冠呈勺状，它们用下切牙完成同样的行为。（事实上，这样的牙齿排列，让它们能刺穿果实并刮出它们赖以生存的果浆。）

狐猴在梳理体毛的过程中，所要清洁的身体部分主要是臀部和头部，这种行为确实起到了灭虱的作用，用这种方法能清除体外寄生虫。猴类和猿类似乎只在彻底的目测检查和慎重的思考之后才进行此类行为。

事实上，在猴类或猿类族群中，梳理体毛的行为频繁发生，它的社会功能是显而易见的。每当有可能爆发冲突时，这种行为就是试图和解的信号。这种行为通常表明个体之间存在关联，无论个体性别为何；也反映了一种和平的关系。当然，人与人之间的握手、抚摸和社交性亲吻也属于同一范畴。

触摸是最直接的缓和信号。实际上，这是一种社会关系的自然表现。它不能被忽略。尽管声音信号可被操控，但它不会那么直接，而且可能更频繁地被部分个体使用。至于视觉信号，它似乎是最谨慎和最精确的，但也是最难以辨认的。

社会生活方式的优缺点

维系一个社会团体需要持久的、用于表示和解的信号，和解是必不可少的。和解信号在不同的物种中有着不同的发展程度，当然几乎都不会在最严重的侵犯和伤害中展现。

在猴类和猿类社会中，在任何既定时间内，个体的一般行为取决于"盟友"群体的组成。个体很少独自面对入侵者，假如冲突升级，亲人和盟友会提供支持。假如两个个体卷入争端，那么第三个就会发挥调解作用。

但社会生活需要约束。群体内的等级制度不可能被所有成员接受。因此，继荷兰行为学家让·凡·霍夫（Jan van Hoof）之后，我们也在探寻个体能够在社会生活中得到什么好处。最为明显的益处就是能够更有效地抵御天敌，这得益于族群所发出的众多信号和警报。因此，随着社会群体规模的增长，族群可以为年幼成员提供更好的保护。其代价就是雌性的生殖能力随群体规模的增长而下降了。觅食问题也更不明确。食物来源的确更易被发现，但个体在群体内部也会面临竞争。

最后一点，灵长类动物社会有一些我们能识别出的显著特点，因为它们到处都是人类社会的特征：必然会存在的"老大"和为占据这个地位而进行的争斗；毫无疑问地伴随社会生活而来的幸福感；群体成员之间需要和谐共事，和解和妥协必不可少——因为在河流的另一边或在森林空地之外存在着另一个群体。

灵长类动物的智力

人类对猴类和猿类的心智能力（mental capacity）很着迷，已经多次尝试教授猿类尤其是黑猩猩人工语言。

人类语言实际上是一种符号的编码系统。依据美国人类学家、语言学家爱德华·萨丕尔（Edward Sapir）所述，没有这些符号，就没有思想的发展与完善。一些研究人员（特别是在美国佐治亚州亚特兰大埃默里大学的耶基斯中心致力于灵长类动物研究的人员）据此设计了一种通讯代码，用符号来代表不同的对象，主要涉及食品和饮料。虽然这种方式与真正意义上的语言使用相距甚远，但黑猩猩在测试时却表现出了卓越的记忆能力。无论如何都值得注意的是，这种训练要求实验对象有一种集中注意力的能力，而小型灵长类动物物种是肯定不具备这种能力的。

也许，我们应该留心一位马达加斯加樵夫所说的话："如果它们不说话，那是因为它们没什么特别的话要说！"

实际上，这种研究的目的不是教授黑猩猩某种语言，期待它们告诉我们它们对世界的看法。其目的首先是要找出它们是否具有使用符号的能力，然后用一种为此目的而设计的测试电板来测试它们是否具有区分概念的能力，如"相同"和"不同"。一旦做到了这一点——是的，当某个"单词"被理解透彻后——下一步就是在各种语境中使用这个"单词"。依据戴维·普瑞迈克（David Premack），一位从事动物智能研究的美国心理学家所说，只有灵长类动物才具有这种非凡的能力。人们不能忘记因这些研究而成名的那些猿——莎拉（Sarah）、瓦肖（Washoe）、可可（Koko），等等——尽管作为优秀学生，它们从未做到过100%的成功！

在传统的方式中，测试要以食物奖励为基础，这通常反映了动物的一种原始特征。为获得可口的食物，在给定的地方按下一个按钮或一个踏板。这种举动很快就会学会，甚至倭狐猴（以及许多其他动物）都能学会。

还有各种各样的其他测试也对灵长类动物的智能做出了评估。例如，目标看后即被隐藏，测试主体必须随后找出它们；或者在一个熟悉的地方，它们必须对给出的新物体做出反应，如此等等。在诸如此类的测试中，年轻的动物总是比成年的动物表现得更为积极，响应得更为迅速。有些黑猩猩甚至显示出能从镜子里认出自己的能力。

灵长类动物在测试中所显示出的能力，其中最令人惊奇的是，有的动物会通过转移教练的注意力来隐瞒自己的意图，或者为能独享奖励而说服同伴离开。这种心理成熟度几乎令人难以置信！

灵长类动物的分类

让-马克·莱尔努，让·弗米尔

给灵长类动物分类，我们首先需要确定并列出生活在世界上不同栖息地的各种类群，之后，我们必须根据它们的相似性和演化关系对它们进行分类（在本书中所提出的分类仅限于非人灵长类动物）。生物分类最初基于对物理特征的观察。每种被发现的动物都会得到一个**属**名和一个**种**名。后者使其与任何可辨别出不同点的相邻种区分开来。如果在形态或颜色上只有细微的差别，那就创建一个**亚种**。在森林栖息地中经常有这样的情况，一个地理区域被某个天然屏障——如河流——阻断，与另一个地理区域隔离开来。

属由共有多个物理特征的种组成，这些特征可能并不总是外部可见的，例如，它们可能体现在骨骼内或齿式中。

属之上形成**科**，科之上有时形成**总科**。其他的细分类，如**亚科**或**亚属**，使得分类更为细化。

因此，分类明确了亲缘等级，而且分类要依据基本特征以及它们所具有的价值才能做出。

在更深入的研究之后，一个属可能被"修正"，它所包含的种会被重新划分。有时会因为某些特殊种而产生新的属名。相比之下，种名更为稳定。它可以被亚种名补充。亚种名在适当的时候可以转化为种名，但这个亚种名通常仍会被继续保留，以保留相关种之间存在的联系。

近年来，对一些肉眼不可见的特征（如细胞核中成分的化学结构）的研究，揭示了一些种之间以前被隐藏的关联，从而可以进行补充性修正。如果一个属的物种分布广泛，我们就有可能找到形成该属众多种的不同的地理环境。这样，这一系列物种所在的属（长尾猴属、猕猴属、狨属、柳狨属，等等）也就普遍反映了这些灵长类动物族群令人眼花缭乱的多样性。

不同灵长类动物族群在大陆上并不是均匀分布的。有些类群在某些地区蓬勃发展，而其他类群在那里却无法立足。因此，马达加斯加岛被绝大多数原猴类占据，而将其他灵长类动物排除在外；南美洲是世界上所有的新世界猴的家园，而将其他高等灵长类动物排除在外；澳大利亚完全没有非人灵长类动物；而非洲大陆和亚洲（此外还有过去的欧洲和北美洲）却成为原猴亚目和狭鼻猴类的庇护所。这些分布是与地理环境以及地区之间可能存在的联络通道有关的。

48～60页所提出的灵长类动物物种的简要分类仅限于本书图版中说明的种类。

地图显示每个物种的大致分布。数字对应着地图上的分布区域和图版上的动物插图编号。亚种的分布包含在主要物种的分布中，并没有在地图上标示出来。

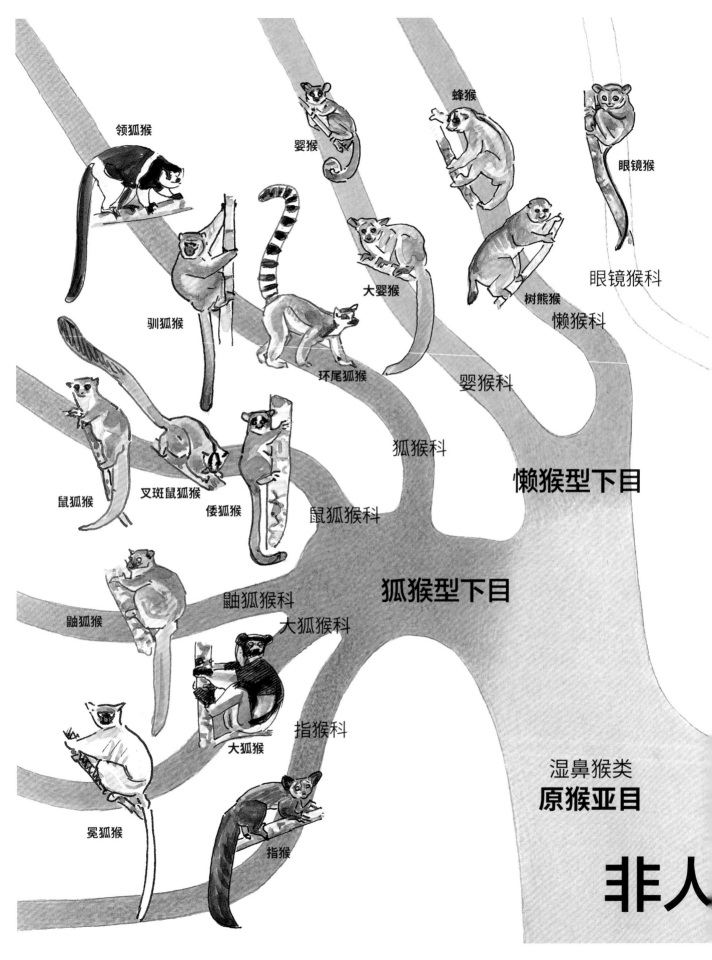

领狐猴

婴猴

蜂猴

眼镜猴

驯狐猴

大婴猴

眼镜猴科

树熊猴

懒猴科

环尾狐猴

婴猴科

狐猴科

鼠狐猴

叉斑鼠狐猴

倭狐猴

鼠狐猴科

懒猴型下目

鼬狐猴科

大狐猴科

鼬狐猴

大狐猴

指猴科

狐猴型下目

湿鼻猴类

原猴亚目

冕狐猴

指猴

非人

狮面狨

松鼠猴

僧面猴

狨

卷尾猴

狨亚科

卷尾猴亚科

夜猴

秃猴

伶猴

卷尾猴科

夜猴科

僧面猴亚科

悬猴亚科

绒毛猴

僧面猴科

蜘蛛猴亚科

蜘蛛猴科

吼猴

阔鼻小目
新世界猴

跗猴型下目

长尾猴

狒尾狒

猕猴

类人猿下目

狭鼻小目
旧世界猴和猿

猕猴亚科

白臀叶猴

疣猴

疣猴亚科

干鼻猴类
简鼻亚目

猴科

猴总科

长臂猿

人猿总科

长臂猿科

灵长类

人科

猩猩

亚目	亚目
原猴亚目 STREPSIRRHINI	**原猴亚目** STREPSIRRHINI

下目	下目
狐猴型下目 Lemuriformes	**狐猴型下目** Lemuriformes

总科	总科
狐猴总科 Lemuroidea	**狐猴总科** Lemuroidea

科	科
鼠狐猴科 Cheirogaleidae	**鼬狐猴科** Lepilemuridae

属	属
毛耳鼠狐猴属 *Allocebus* 1种・图版1・62～63页 毛耳鼠狐猴（*Allocebus trichotis*）	**鼬狐猴属** *Lepilemur* 24种・图版3・66～67页 马岛鼬狐猴/诺西比鼬狐猴（*Lepilemur dorsalis*） 白足鼬狐猴（*Lepilemur leucopus*） 棕尾鼬狐猴（*Lepilemur ruficaudatus*） 小齿鼬狐猴（*Lepilemur microdon*） 埃氏鼬狐猴（*Lepilemur edwardsi*） 鼬狐猴（*Lepilemur mustelinus*） 北鼬狐猴（*Lepilemur septentrionalis*）

属

倭狐猴属 *Microcebus*

17种・图版1・62～63页

侏儒倭狐猴（*Microcebus myoxinus*）
赤色倭狐猴（*Microcebus rufus*）
倭狐猴（*Microcebus murinus*）

属

巨鼠狐猴属/科氏倭狐猴属 *Mirza*

2种・图版1・62～63页

科氏倭狐猴/科氏巨鼠狐猴（*Mirza coquereli*）

属

鼠狐猴属 *Cheirogaleus*

7种・图版2・64～65页

肥尾鼠狐猴（*Cheirogaleus medius*）
大鼠狐猴（*Cheirogaleus major*）

属

叉斑鼠狐猴属 *Phaner*

4种・图版2・64～65页

马索拉叉斑鼠狐猴（*Phaner furcifer*）
蒙塔涅叉斑鼠狐猴/琥珀山叉斑鼠狐猴（*Phaner electromontis*）

亚目

原猴亚目
STREPSIRRHINI

下目

狐猴型下目
Lemuriformes

总科

狐猴总科
Lemuroidea

科

狐猴科
Lemuridae

属

驯狐猴属 Hapalemur

5种·图版5·70～71页

金竹驯狐猴（Hapalemur aureus）
阿劳特拉湖驯狐猴（Hapalemur alaotrensis）
桑河驯狐猴（Hapalemur occidentalis）

属

大竹狐猴属 Prolemur

1种·图版5·70～71页

大竹狐猴（Prolemur simus）

属

环尾狐猴属 Lemur

1种·图版6·72～73页

环尾狐猴（Lemur catta）

属

美狐猴属 Eulemur

11种·图版6～9·72～79页

红领美狐猴（Eulemur collaris）
白领美狐猴（Eulemur albocollaris）
白头美狐猴（Eulemur albifrons）
红额美狐猴（Eulemur rufus）
红腹美狐猴（Eulemur rubriventer）
蓝眼黑美狐猴（Eulemur flavifrons）
褐美狐猴（Eulemur fulvus）
褐美狐猴马约特岛亚种（Eulemur fulvus mayottensis）
冠美狐猴（Eulemur coronatus）

桑氏美狐猴（Eulemur sanfordi）
獴美狐猴（Eulemur mongoz）
黑美狐猴（Eulemur macaco）

属

领狐猴属 Varecia

2种·图版10·80～81页

黑白领美狐猴×红领狐猴杂交种（Varecia variegata × rubra）
领狐猴黑白亚种（Varecia variegata subcincta）
领狐猴指名亚种（Varecia variegata variegata）
领狐猴南方亚种（Varecia variegata editorum）
红领狐猴（Varecia rubra）

亚目

原猴亚目
STREPSIRRHINI

下目

狐猴型下目
Lemuriformes

总科

狐猴总科
Lemuroidea

科

指猴科
Daubentoniidae

属

指猴属 Daubentonia

1种·图版4·68～69页

指猴（Daubentonia madagascariensis）

<table>
<tr><td>

亚目
原猴亚目
STREPSIRRHINI

下目
狐猴型下目
Lemuriformes

总科
狐猴总科
Lemuroidea

科
大狐猴科
Indridae

属
大狐猴属 Indri

1种 · 图版11 · 82~83页

大狐猴北部亚种（Indri indri indri）
大狐猴南部亚种（Indri indri variegatus）

属
毛狐猴属 Avahi

8种 · 图版11 · 82~83页

东部毛狐猴/蓬毛狐猴（Avahi laniger）
西部毛狐猴（Avahi occidentalis）

属
冕狐猴属 Propithecus

9种 · 图版12和13 · 84~87页

冕狐猴（Propithecus diadema）
冠冕狐猴（Propithecus coronatus）
克氏冕狐猴（Propithecus coquereli）
瓦氏冕狐猴（Propithecus deckeni）
埃氏冕狐猴（Propithecus edwardsi）
佩氏冕狐猴（Propithecus perrieri）
金冠冕狐猴（Propithecus tattersalli）
维氏冕狐猴（Propithecus verreauxi）
丝绒冕狐猴（Propithecus candidus）

</td><td>

亚目
原猴亚目
STREPSIRRHINI

下目
懒猴型下目
Lorisiformes

总科
懒猴总科
Lorisoidea

科
懒猴科
Lorisidae

属
蜂猴属 Nycticebus

3种 · 图版33 · 168~169页

普通蜂猴（Nycticebus coucang）
蜂猴（Nycticebus bengalensis）
倭蜂猴（Nycticebus pygmaeus）

属
懒猴属 Loris

2种 · 图版33 · 168~169页

懒猴（Loris tardigradus）
灰懒猴（Loris lydekkerianus）

属
树熊猴属 Perodicticus

1种 · 图版51 · 212~213页

树熊猴（Perodicticus potto）

属
金熊猴属 Arctocebus

2种 · 图版51 · 212~213页

金熊猴（Arctocebus calabarensis）
小金熊猴（Arctocebus aureus）

</td></tr>
</table>

亚目
原猴亚目
STREPSIRRHINI

下目
懒猴型下目
Lorisiformes

总科
懒猴总科
Lorisoidea

科
婴猴科
Galagidae

属
尖爪丛猴属 *Euoticus*

2种・图版52・214~215页

南方尖爪丛猴/西非尖爪丛猴（*Euoticus elegantulus*）

属
大婴猴属 *Otolemur*

3种・图版52・214~215页

粗尾婴猴（*Otolemur crassicaudatus*）

属
婴猴属 *Galago*

20种・图版52・214~215页

阿氏婴猴（*Galago alleni*）
德米多夫倭丛猴（*Galago demidoff*）
蓬尾婴猴（*Galago moholi*）

亚目
简鼻亚目
HAPLORRHINI

下目
跗猴型下目
Tarsiiformes

科
眼镜猴科
Tarsiidae

属
眼镜猴属 *Tarsius*

7种・图版32・166~167页

邦加眼镜猴/霍斯菲尔德眼镜猴（*Tarsius bancanus*）
菲律宾眼镜猴（*Tarsius syrichta*）
西里伯斯眼镜猴（*Tarsius spectrum*）

亚目
简鼻亚目
HAPLORRHINI

下目
类人猿下目
Simiiformes

小目
阔鼻小目
Platyrrhini
新世界猴

科
卷尾猴科
Cebidae

亚科
狨亚科
Callitrichinae

属
卢氏倭狨属 Callibella
1种·图版14·110～111页
卢氏倭狨（*Callibella humilis*）

属
跳猴属 Callimico
1种·图版14·110～111页
跳猴（*Callimico goeldii*）

属
侏狨属 Cebuella
1种·图版14·110～111页
侏狨（*Cebuella pygmaea*）

属
狨属 Callithrix
6种·图版15·112～113页
黑羽狨/黑冠耳狨（*Callithrix penicillata*）
黄冠狨/黄头狨（*Callithrix flaviceps*）
普通狨（*Callithrix jacchus*）
白头狨（*Callithrix geoffroyi*）
库氏狨（*Callithrix kuhlii*）
白羽狨/黄冠耳狨（*Callithrix aurita*）

属
长尾狨属/微狨属 Mico
14种·图版16和17·114～117页
亚马逊狨/白肩狨（*Mico humeralifer*）
黄肢狨（*Mico chrysoleuca*）
黑尾狨（*Mico melanura*）
银狨（*Mico argentata*）
白狨（*Mico leucippe*）
马氏狨（*Mico marcai*）
萨塔尔狨（*Mico saterei*）
阿卡瑞狨（*Mico acariensis*）
马尼科雷狨（*Mico manicorensis*）
毛埃斯狨（*Mico mauesi*）

属
柳狨属 Saguinus
17种·图版18～21·118～125页
烙印柳狨（*Saguinus inustus*）
黑柳狨（*Saguinus niger*）
赤掌柳狨（*Saguinus midas*）
金须柳狨（*Saguinus tripartitus*）
长须柳狨（*Saguinus mystax*）
白足柳狨（*Saguinus leucopus*）
安第斯山鞍背柳狨（*Saguinus fuscicollis leucogenys*）
双色柳狨（*Saguinus bicolor*）
白须柳狨（*Saguinus melanoleucus melanoleucus*）
斑柳狨（*Saguinus geoffroyi*）
马氏柳狨（*Saguinus martinsi*）
威德尔氏鞍背柳狨（*Saguinus fuscicollis weddelli*）
皇柳狨（*Saguinus imperator subgrisescens*）
白唇柳狨（*Saguinus labiatus*）
狨顶柳狨（*Saguinus oedipus*）
黑须柳狨（*Saguinus nigricollis*）

属
狮面狨属 Leontopithecus
4种·图版22·126～127页
金臀狮面狨/黑狮面狨（*Leontopithecus chrysopygus*）
金狮面狨/金狨（*Leontopithecus rosalia*）
金头狮面狨（*Leontopithecus chrysomelas*）
黑脸狮面狨（*Leontopithecus caissara*）

亚科

卷尾猴亚科
Cebinae

属

卷尾猴属 *Cebus*

12种·图版23·128～129页

白额卷尾猴（*Cebus albifrons*）
金腹卷尾猴（*Cebus xanthosternos*）
黑帽卷尾猴（*Cebus apella*）
白颊卷尾猴（*Cebus capucinus*）

属

松鼠猴属 *Saimiri*

5种·图版24·130～131页

黑松鼠猴（*Saimiri vanzolinii*）
黑帽松鼠猴／黑冠松鼠猴／亚马逊松鼠猴
（*Saimiri boliviensis peruviensis*）
松鼠猴（*Saimiri sciureus sciureus*）
松鼠猴哥伦比亚亚种（*Saimiri sciureus albigena*）

下目

类人猿下目
Simiiformes

小目

阔鼻小目
Platyrrhini
新世界猴

科

夜猴科
Nyctipithecidae

亚科

夜猴亚科
Aotinae

属

夜猴属 *Aotus*

8种·图版25·132～133页

鬼夜猴／灰腹夜猴（*Aotus lemurinus*）
黑夜猴／黑头夜猴（*Aotus nigriceps*）
夜猴／三道纹夜猴（*Aotus trivirgatus*）

亚目
简鼻亚目
HAPLORRHINI
下目
类人猿下目
Simiiformes
小目
阔鼻小目
Platyrrhini
新世界猴
科
蜘蛛猴科
Atelidae
亚科
蜘蛛猴亚科
Atelinae
属

绒毛猴属 *Lagothrix*

2种·图版26·134～135页

黄绒毛猴／黄尾绒毛猴（*Lagothrix flavicauda*）
银绒毛猴（*Lagothrix lagotricha poeppigii*）
哥伦比亚绒毛猴（*Lagothrix lagotricha lugens*）
棕绒毛猴／洪氏绒毛猴（*Lagothrix lagotricha lagotricha*）
秘鲁绒毛猴／灰绒毛猴（*Lagothrix lagotricha cana*）

属

绒毛蜘蛛猴属 *Brachyteles*

2种·图版26·134～135页

北绒毛蜘蛛猴（*Brachyteles hypoxanthus*）
南绒毛蜘蛛猴（*Brachyteles arachnoides*）

属

蜘蛛猴属 *Ateles*

7种·图版27·136～137页

白颊蜘蛛猴（*Ateles marginatus*）
黑掌蜘蛛猴（*Ateles geoffroyi*）
棕头蜘蛛猴（*Ateles fusciceps robustus*）
白额蜘蛛猴／长毛蜘蛛猴（*Ateles belzebuth*）
朱颜蜘蛛猴／圭亚那蜘蛛猴（*Ateles paniscus*）
秘鲁蜘蛛猴／倭蜘蛛猴／黑蜘蛛猴（*Ateles chamek*）

属

吼猴属 *Alouatta*

9种·图版28·138～139页

鬃毛吼猴／长毛吼猴／披风吼猴（*Alouatta palliata*）
帚吼猴／玻利维亚红吼猴（*Alouatta sara*）
黑吼猴／黑金吼猴（*Alouatta caraya*）
红吼猴／委内瑞拉红吼猴／哥伦比亚红吼猴
（*Alouatta seniculus*）

亚目
简鼻亚目
HAPLORRHINI
下目
类人猿下目
Simiiformes
小目
阔鼻小目
Platyrrhini
新世界猴
科
僧面猴科
Pitheciidae
亚科
僧面猴亚科
Pitheciinae
属

僧面猴属 *Pithecia*

5种·图版29·140～141页

白僧面猴／白足僧面猴／白狐尾猴／巴西僧面猴
（*Pithecia albicans*）
白脸僧面猴／白脸狐尾猴（*Pithecia pithecia*）
露水僧面猴／露水狐尾猴（*Pithecia irrorata*）
僧面猴／狐尾猴（*Pithecia monachus*）

属

秃猴属 *Cacajao*

3种・图版30・142～143页

黑脸秃猴（*Cacajao melanocephalus*）
白秃猴（*Cacajao calvus calvus*）
赤秃猴（*Cacajao calvus rubicundus*）

属

丛尾猴属 *Chiropotes*

2种・图版30・142～143页

红背丛尾猴（*Chiropotes chiropotes*）
白鼻丛尾猴（*Chiropotes albinasus*）

亚科

悬猴亚科

Callicebinae

属

伶猴属 *Callicebus*

29种・图版31・144～145页

白领伶猴（*Callicebus torquatus*）
花面伶猴／大西洋伶猴（*Callicebus personatus*）
棕伶猴（*Callicebus brunneus*）
芦苇伶猴／白耳伶猴（*Callicebus donacophilus*）
红伶猴／铜色伶猴（*Callicebus cupreus*）

亚目

简鼻亚目
HAPLORRHINI

下目

类人猿下目
Simiiformes

小目

狭鼻小目
Catarrhini
旧世界猴和猿

总科

猴总科
Cercopithecoidea

科

猴科
Cercopithecidae

亚科

猕猴亚科
Cercopithecinae

属

猕猴属 *Macaca*

22种・图版34～37和64・170～177页；238～239页

冠毛猕猴（*Macaca radiata*）
狮尾猴（*Macaca silenus*）
豚尾猴（*Macaca nemestrina*）
短尾猴／红面猴（*Macaca arctoides*）
斯里兰卡猕猴（*Macaca sinica*）
食蟹猴（*Macaca fascicularis*）
黄褐猕猴（*Macaca ochreata*）
台湾猕猴（*Macaca cyclopis*）
黑克猕猴（*Macaca hecki*）
熊猴／阿萨姆猴（*Macaca assamensis*）
明打威猕猴（*Macaca pagensis*）
汤基猕猴（*Macaca tonkeana*）
藏酋猴（*Macaca thibetana*）
日本猕猴（*Macaca fuscata*）
摩尔猕猴（*Macaca maura*）
黑冠猕猴／黑猴（*Macaca nigra*）
猕猴／恒河猴／黄猴（*Macaca mulatta*）
地中海猕猴／巴巴利猕猴／叟猴（*Macaca sylvanus*）

属
赤猴属 Erythrocebus
1种・图版53・216~217页
赤猴（Erythrocebus patas）

属
长尾猴属 Cercopithecus

25种・图版53~59・216~229页

青长尾猴（Cercopithecus mitis stuhlmanni）
科尔布白领长尾猴（Cercopithecus albogularis kolbi）
斯泰尔斯白领长尾猴（Cercopithecus albogularis erythrarchus）
红耳长尾猴（Cercopithecus erythrotis）
阳光长尾猴（Cercopithecus solatus）
枭面长尾猴指名亚种（Cercopithecus hamlyni hamlyni）
枭面长尾猴卡胡兹山亚种（Cercopithecus hamlyni kahuziensis）
尼日利亚白喉长尾猴（Cercopithecus erythrogaster pococki）
赤腹长尾猴（Cercopithecus erythrogaster erythrogaster）
黑鼻红尾长尾猴（Cercopithecus ascanius atrinasus）
怀特塞德红尾长尾猴（Cercopithecus ascanius whitesidei）
施密特红尾长尾猴（Cercopithecus ascanius schmidti）
小白鼻长尾猴（Cercopithecus petaurista petaurista）
比特氏小白鼻长尾猴（Cercopithecus petaurista buettikoferi）
坎氏长尾猴（Cercopithecus campbelli）
德氏长尾猴/白臀长尾猴（Cercopithecus neglectus）
丹氏长尾猴（Cercopithecus denti）
尔氏长尾猴（Cercopithecus lhoesti）
高山长尾猴（Cercopithecus preussi）
斯氏长尾猴（Cercopithecus sclateri）
邬氏长尾猴（Cercopithecus wolfi）
狄安娜长尾猴（Cercopithecus diana）
金长尾猴（Cercopithecus kandti）
德赖斯长尾猴（Cercopithecus dryas）
东部大白鼻长尾猴（Cercopithecus nictitans nictitans）
西部大白鼻长尾猴（Cercopithecus nictitans martini）
白额长尾猴（Cercopithecus mona）
红尾髭长尾猴（Cercopithecus cephus cephus）
戈托髭长尾猴（Cercopithecus cephus ngottoensis）
冠毛长尾猴（Cercopithecus pogonias）
宽白眉长尾猴（Cercopithecus roloway）

属
绿猴属 Chlorocebus
6种・图版60・230~231页

黑脸绿猴（Chlorocebus sabaeus）
贝尔山绿猴（Chlorocebus djamdjamensis）
坦塔罗斯绿猴（Chlorocebus tantalus）
青腹绿猴指名亚种/南非青腹绿猴（Chlorocebus pygerythrus pygerythrus）
肯尼亚黑长尾猴/肯尼亚青腹绿猴（Chlorocebus pygerythrus johnstoni）

属
侏长尾猴属 Miopithecus
2种・图版61・232~233页

侏长尾猴（Miopithecus talapoin）
加蓬侏长尾猴（Miopithecus ogouensis）

属
短肢猴属/沼泽猴属 Allenopithecus
1种・图版61・232~233页

短肢猴/沼泽猴（Allenopithecus nigroviridis）

属
白眉猴属 Cercocebus
6种・图版62・234~235页

白领白眉猴（Cercocebus torquatus）
金腹白眉猴（Cercocebus chrysogaster）
阿吉利白眉猴（Cercocebus agilis）
白颈白眉猴（Cercocebus atys lunulatus）
冠毛白眉猴（Cercocebus galeritus）
白枕白眉猴（Cercocebus atys atys）

属
冠白睑猴属 Lophocebus
3种・图版63・236~237页

灰颊冠白睑猴指名亚种（Lophocebus albigena albigena）
灰颊冠白睑猴喀麦隆亚种（Lophocebus albigena osmani）
灰颊冠白睑猴约翰斯顿亚种（Lophocebus albigena johnstoni）
黑冠白睑猴（Lophocebus aterrimus）

属
狒狒属 Papio
5种・图版65和66・240~243页

东非狒狒/绿狒狒/橄榄狒狒（Papio anubis）
豚尾狒狒（Papio ursinus）
几内亚狒狒（Papio papio）
草原狒狒/黄狒狒（Papio cynocephalus）
阿拉伯狒狒/埃及狒狒（Papio hamadryas）

属	银色乌叶猴（*Trachypithecus cristatus*）
狮尾狒属 Theropithecus	紫脸叶猴（*Trachypithecus vetulus*）

属

狮尾狒属 Theropithecus

1种 · 图版66 · 242 ~ 243页

狮尾狒（*Theropithecus gelada*）

属

山魈属 Mandrillus

2种 · 图版67 · 244 ~ 245页

鬼狒（*Mandrillus leucophaeus*）
山魈（*Mandrillus sphinx*）

亚科

疣猴亚科
Colobinae

属

长鼻猴属 Nasalis

2种 · 图版38 · 178 ~ 179页

豚尾叶猴（*Nasalis concolor*）
长鼻猴（*Nasalis larvatus*）

属

白臀叶猴属 Pygathrix

3种 · 图版39 · 180 ~ 181页

灰腿白臀叶猴（*Pygathrix cinerea*）
黑腿白臀叶猴（*Pygathrix nigripes*）
白臀叶猴/红腿白臀叶猴（*Pygathrix nemaeus*）

属

仰鼻猴属/金丝猴属 Rhinopithecus

4种 · 图版40 · 182 ~ 183页

滇金丝猴（*Rhinopithecus bieti*）
川金丝猴（*Rhinopithecus roxellana*）
越南金丝猴（*Rhinopithecus avunculus*）
黔金丝猴（*Rhinopithecus brelichi*）

属

长尾叶猴属/灰叶猴属 Semnopithecus

7种 · 图版41 · 184 ~ 185页

缨冠长尾叶猴（*Semnopithecus priam*）
南平原长尾叶猴（*Semnopithecus dussumieri*）
喜山长尾叶猴（*Semnopithecus schistaceus*）
北平原长尾叶猴/印度长尾叶猴（*Semnopithecus entellus*）

属

乌叶猴属 Trachypithecus

17种 · 图版42 ~ 44 · 186 ~ 191页

西戴帽叶猴（*Trachypithecus pileatus*）

银色乌叶猴（*Trachypithecus cristatus*）
紫脸叶猴（*Trachypithecus vetulus*）
郁乌叶猴（*Trachypithecus obscurus*）
白头叶猴（*Trachypithecus poliocephalus leucocephalus*）
金头乌叶猴（*Trachypithecus poliocephalus poliocephalus*）
德氏乌叶猴/德拉库尔乌叶猴（*Trachypithecus delacouri*）
黑叶猴（*Trachypithecus francoisi*）
越南乌叶猴/河静乌叶猴（*Trachypithecus hatinhensis*）
爪哇乌叶猴，黑色和红褐色亚种（*Trachypithecus auratus*）
菲氏叶猴（*Trachypithecus phayrei*）
黑乌叶猴（*Trachypithecus johnii*）
金色乌叶猴（*Trachypithecus geei*）

属

叶猴属 Presbytis

11种 · 图版45 · 192 ~ 193页

爪哇叶猴（*Presbytis comata*）
黄手黑脊叶猴（*Presbytis melalophos melalophos*）
托马斯叶猴（*Presbytis thomasi*）
纳土纳岛叶猴（*Presbytis natunae*）
南部黑脊叶猴（*Presbytis melalophos mitrata*）
赤褐色黑脊叶猴（*Presbytis melalophos nobilis*）
栗红叶猴（*Presbytis rubicunda*）
三色印尼叶猴（*Presbytis femoralis cruciger*）

亚科

疣猴属 Colobus

5种 · 图版68 · 246 ~ 247页

安哥拉疣猴坦桑尼亚亚种（*Colobus angolensis palliatus*）
花斑疣猴（*Colobus vellerosus*）
东非黑白疣猴乞力马扎罗亚种（*Colobus guereza caudatus*）
东非黑白疣猴刚果亚种（*Colobus guereza occidentalis*）
东非黑白疣猴肯尼亚山亚种（*Colobus guereza kikuyuensis*）
黑疣猴（*Colobus satanas*）
西非黑白疣猴（*Colobus polykomos*）

亚科

红疣猴属 Piliocolobus

9种 · 图版69 · 248 ~ 249页

西方红疣猴（*Piliocolobus badius badius*）
乌斯塔莱红疣猴（*Piliocolobus foai oustaleti*）
彭南特红疣猴（*Piliocolobus pennantii*）
红腹红疣猴（*Piliocolobus badius temminckii*）
桑给巴尔红疣猴（*Piliocolobus kirkii*）

亚科

绿疣猴属 Procolobus

1种 · 图版69 · 248～249页

橄榄绿疣猴（Procolobus verus）

亚目

简鼻亚目
HAPLORRHINI

下目
类人猿下目
Simiiformes

小目
狭鼻小目
Catarrhini
旧世界猴和猿

总科
人猿总科
Hominoidea

科
长臂猿科
Hylobatidae

属

合趾猿属 Symphalangus

1种 · 图版46 · 194～195页

合趾猿（Symphalangus syndactylus）

属

冠长臂猿属 Nomascus

5种 · 图版46 · 194～195页

北白颊长臂猿（Nomascus leucogenys leucogenys）
南方白颊冠长臂猿（Nomascus leucogenys siki）
红颊冠长臂猿（Nomascus gabriellae）
西黑冠长臂猿（Nomascus concolor concolor）

属

白眉长臂猿属 Hoolock

2种 · 图版47 · 196～197页

西白眉长臂猿（Hoolock hoolock）

属

长臂猿属 Hylobates

7种 · 图版47～49 · 196～201页

婆罗洲白须长臂猿（Hylobates agilis albibarbis）
戴帽长臂猿（Hylobates pileatus）
白掌长臂猿马来亚种（Hylobates lar entelloides）
白掌长臂猿指名亚种（Hylobates lar lar）
黑掌长臂猿（Hylobates agilis）
银白长臂猿（Hylobates moloch）
克氏长臂猿（Hylobates klossii）
灰长臂猿（Hylobates muelleri）

科

人科
Hominidae

属

猩猩属 Pongo

2种 · 图版50 · 202～203页

婆罗洲猩猩（Pongo pygmaeus）
苏门答腊猩猩（Pongo abelii）

属

大猩猩属 Gorilla

2种 · 图版70 · 250～251页

山地大猩猩（Gorilla beringei beringei）
东部低地大猩猩（Gorilla beringei graueri）
西部大猩猩（Gorilla gorilla）

属

黑猩猩属 Pan

2种 · 图版71和72 · 252～255页

倭黑猩猩（Pan paniscus）
黑猩猩指名亚种（Pan troglodytes troglodytes）
黑猩猩西非亚种（Pan troglodytes verus）
黑猩猩东非亚种（Pan troglodytes schweinfurthi）

马达加斯加灵长类动物

马达加斯加是一个大陆岛，一个单独的世界，一个巨大的生物多样性的"实验基地"。它是从冈瓦纳古大陆这片地球历史初期的独特超大陆分离而来的，1亿6500万年前，马达加斯加与非洲板块分离，8800万年前，又与印度洋板块分离。在此之后，它就一直是一片孤立的土地，也因此在几百万年后成为一群独特的、令人惊奇的动物的故乡。狐猴就是其中最有代表性的动物。鼬狐猴、指猴、环尾狐猴、毛狐猴和大狐猴都只在这里生活，在这片岛屿多样化的生态系统中，它们得到了很好的保护。这片广阔的"红色岛屿"的南部是干旱气候，在一片无边无际的剑麻作物中散布着灌木林——这种剑麻被用来制造缆绳和地板覆盖层。不过，在一些小山丘的顶峰，也存在着树木繁茂的真正的小型天堂，这里最显著的特点是有一些其他任何地方都没有的动植物，狐猴是这里的王。潮湿而又郁郁葱葱的大片热带森林覆盖着东海岸。在这些不同类型的森林里，除了狐猴之外，还生长着几乎全部已知品种的猴面包树。在这片大杂烩般的森林中还有另一种独特的风景，即"黥基"石林[①]。这里有着大片被侵蚀的石灰岩，一些狐猴会来这儿进行大冒险，比如冕狐猴和环尾狐猴就会来这儿寻找食物。

如果说马达加斯加如今是狐猴的王国，这可并非一直如此。以前，狐猴生活在欧洲大陆北部、中国和北美大陆，那时，马达加斯加主要生活着一些恐龙。根据发掘出的化石进行判断，人们相信狐猴的祖先一开始是穿越了非洲大陆，然后在各种不同的环境下定居下来。它们中的一小拨不知怎的就到达了马达加斯加。随着时间的推移，演化发生了，它们的形态和生理发生变化，因而适应了各种奇怪的环境，新的物种跟着就出现了。自恐龙灭绝后，马达加斯加就不再有大型食肉类动物，这对于这些在当时并不比一只鼩鼱或者一只老鼠大多少的狐猴来说是非常幸运的。在非洲大陆上，它们的同类却是另一种命运。不仅食肉类动物觉得它们很合自己口味，大型猴类也逐渐出现，并且成为狐猴瘦小的祖先们很可怕的竞争对手。今天，我们在马达加斯加能够看到千变万化的狐猴类物种，它们是在狒狒、长尾猴、疣猴、蜘蛛猴、狨和猕猴的祖先在到达欧洲、亚洲、北美洲和非洲大陆之前，第一批行走在这些地方的灵长类动物的后代。马达加斯加是一个真正的"失乐园"，是一段物种演化史的见证者。

[①] 黥基，Tsingy，又译为磐吉，是马达加斯加的方言词，意为"无法赤脚行走的地方"。马达加斯加首都塔那那利佛以西约300公里处，是黥基·德·贝马拉哈自然保护区（Tsingy de Bemaraha Strict Nature Reserve），以形状独特的喀斯特石针林著称。——译者

下目
总科
科

狐猴型下目 LEMURIFORMES

狐猴总科 LEMUROIDEA

鼠狐猴科 Cheirogaleidae

　　鼠狐猴科包括 5 个属，成员具有稠密的长毛、3 对乳头和突出的大眼睛。眼睛为夜行原猴类的典型类型，拥有由一层细胞构成的反光膜，反光膜反射光并可在夜间增强视力。这些灵长类动物全部为树栖性的，通过奔跑和跳跃在树间移动。家域根据物种和栖息地类型，面积从 5 ~ 12.5 英亩不等，通常由一只雄性和几只雌性共享。虽然它们的叫声主要由高频音组成，却十分多样。在 9—10 月的交配季节里，雄性的睾丸增大 4 ~ 5 倍。在冬天，也即马达加斯加的干旱季节，几种鼠狐猴会冬眠。它们的新陈代谢变慢，停止取食，进入一种迟缓状态，大约持续 5 ~ 6 个月。

毛耳鼠狐猴和倭狐猴[①]

属 毛耳鼠狐猴属 | *Allocebus* | 1 种 | 图版 1

　　毛耳鼠狐猴的分布范围非常小，位于马达加斯加东北部靠近安通吉尔湾的一小片雨林中。取食昆虫、果实，以及木本、藤本植物的汁液和其他分泌物。它们用树叶在树洞中建造巢穴并在里面冬眠。它们比数量较少的毛狐猴稀有得多，而且受到森林砍伐的严重威胁，曾经一度被报道灭绝。但在 20 世纪 90 年代，一个小种群被重新发现。这个物种的头盖骨完全不同于倭狐猴或鼠狐猴，但在某些方面类似叉斑鼠狐猴。

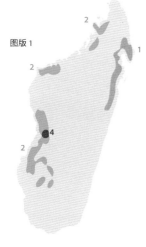

图版 1

属 倭狐猴属 | *Microcebus* | 17 种 | 图版 1

　　倭狐猴属包括最小的现生灵长类。侏儒倭狐猴（*Microcebus myoxinus*）保持着轻量级的纪录，平均重约 1 盎司[②]（30 克），这也解释了它的名字为什么叫侏儒倭狐猴。随着寒冷季节的到来，倭狐猴属开始通过增加食物摄取以储备脂肪，特别是尾部脂肪。这样，它们能在寒冷季节活动减少之前，将体重翻一倍。但是，与鼠狐猴不同，它们不冬眠。倭狐猴属过着相对独居的生活，尽管不同个体的家域大多数部分重叠。它们频繁地用尿液和特殊腺体的气味分泌物标记自己的领域。这种标记不仅有助于阻止竞争者，而且对于雌性而言，还有助于周围的雄性在恰当的时间感受到性信号。

属 巨鼠狐猴属 / 科氏倭狐猴属 | *Mirza* | 2 种 | 图版 1

图版 1

　　巨鼠狐猴属，体型明显大于倭狐猴属，生活在干燥林中。取食果实、花、树的汁液、昆虫和其他小型无脊椎动物。有些时候，它们的饮食主要由含糖的分泌物组成。这些分泌物来自吸食汁液的小昆虫，如蚜虫和水蜡虫。科氏巨鼠狐猴在寒冷季节活动减少，但它们不积累任何脂肪用以度过这段时期。

图版 1

1. **毛耳鼠狐猴（*Allocebus trichotis*）** 体长：13 ~ 14cm + 尾长：15 ~ 19cm，体重：80g。

2. **科氏倭狐猴 / 科氏巨鼠狐猴（*Mirza coquereli*）** 体长：20cm + 尾长：33cm，体重：305g。

3. **赤色倭狐猴（*Microcebus rufus*）** 体长：12.5cm + 尾长：11.5cm，体重：50g。

4. **侏儒倭狐猴（*Microcebus myoxinus*）** 体长：6cm + 尾长：10cm，体重：30g。

5. **倭狐猴（*Microcebus murinus*）** 体长：12.5cm + 尾长：13.5cm，体重：109g。

---

① 英文中将毛耳鼠狐猴属（*Allocebus*）、鼠狐猴属（*Cheirogaleus*）称为 Dwarf Lemur，而将倭狐猴属（*Microcebus*）、科氏倭狐猴属（*Mirza*）称为 Mouse Lemur。——译者

② 盎司，重量单位，1 盎司约为 28.35 克。——译者

下目 **狐猴型下目 LEMURIFORMES**

总科 **狐猴总科 LEMUROIDEA**

科 **鼠狐猴科 Cheirogaleidae**

鼠狐猴和叉斑鼠狐猴

属 鼠狐猴属 | *Cheirogaleus* | 7 种 | 图版 2

　　鼠狐猴属会在夜晚急速地穿过森林去寻找它们赖以为生的果实和昆虫。它们沿着树枝奔跑，频繁地用粪便和尿液形成条痕状标记。在冬眠［也即 4 月至 9 月或 11 月（不同的种有所不同）］之前，它们会积累厚厚的脂肪层，然后在雨季开始的时候苏醒。它们是唯一真正冬眠的灵长类动物。在这段昏睡的日子里，它们的体温下降了 40 华氏度，只有 60 华氏度①，并且体重减少一半。它们独居，只有在交配季节才聚在一起。怀孕期 2.5 个月，双胎或三胎。在最初的 3 周内，母亲用嘴叼着幼崽随身携带，直到幼崽可以独立活动和跟随在母亲周围。通过发出防御性的哼声和哨音彼此交流。

属 叉斑鼠狐猴属 | *Phaner* | 4 种 | 图版 2

　　叉斑鼠狐猴不同于鼠狐猴科其他动物的特征在于，其后肢比前肢更长。这与这些灵长类动物特别适合跳跃有关。跳跃是生活于原生林和次生林中的它们首选的移动方式。独居或成对生活，家域约 10 英亩。雄性在颈部生有腺体，这是为了用气味给雌性留记号，而不是为了标记领域的边界。取食果实、花和昆虫（如蚜虫和水蜡虫）的分泌物，此外，还大量取食木本、藤本植物的汁液和其他分泌物。白天，它们睡在中空的树干中或由树叶做成的巢中。叉斑鼠狐猴会发出几种有力的鸣叫，雌性和雄性相互呼应，形成二重唱。

图版 2

1. **大鼠狐猴（*Cheirogaleus major*）** 体长：25cm+ 尾长：27.5cm，体重：235 ~ 470g。

2. **肥尾鼠狐猴（*Cheirogaleus medius*）** 体长：20cm + 尾长：20cm，体重：140 ~ 215g。

3. **马索拉叉斑鼠狐猴（*Phaner furcifer*）** 体长：23 ~ 28cm + 尾长：28 ~ 37cm，体重：460g。

4. **蒙塔涅叉斑鼠狐猴／琥珀山叉斑鼠狐猴（*Phaner electromontis*）** 体长：23 ~ 28cm + 尾长：28 ~ 37cm，体重：460g。

图版 2

图版 2

① 60 华氏度约为 15.6 摄氏度，100 华氏度约为 37.8 摄氏度。——译者

下目
总科
科

狐猴型下目 LEMURIFORMES

狐猴总科 LEMUROIDEA

鼬狐猴科 Lepilemuridae

　　鼬狐猴，共有 24 个种，且全部归入鼬狐猴属一个属，几乎分布在马达加斯加的全部森林中。它们与巨狐猴（*Megaladapis*）的亲缘关系较近。巨狐猴是 3000 年以前生活在岛上的大体型的陆生亚化石狐猴，重量在 90 ~ 180 磅[1]之间。鼬狐猴是严守领地的夜行性动物，也是专一的食草动物，仅仅取食树叶、果实、种子、树皮和花。

鼬狐猴

属 鼬狐猴属 | *Lepilemur* | 24 种 | 图版 3

　　鼬狐猴是夜行性动物。它们通过缓慢地在枝桠上爬，或者在树干之间快速跳跃来四处移动。它们通过伸展其强有力的后肢来完成这样的移动，移动时身体保持直立。主要取食树叶和花，并且像兔子一样重新摄取自己的粪便。它们的有效家域小，保卫家域的手段是通过许多不同的叫声宣告自己的存在及与邻居战斗。在不允许当地人狩猎的特定区域，鼬狐猴的种群密度每平方英里[2]可达 75 ~ 150 只。

　　鼬狐猴的交配季节在 5—8 月，怀孕期 5 个月，单胎，幼崽在 10 月到次年 1 月出生。新生幼崽不能抓住母亲的毛皮，因而被放置在窝里、中空的树洞中，或树杈上，直到它们可以四处移动和依附在母亲身上。

图版 3

图版 3

1. 白足鼬狐猴（*Lepilemur leucopus*）体长：25cm+ 尾长：25 ~ 27cm，体重：540 ~ 580g。
2. 埃氏鼬狐猴（*Lepilemur edwardsi*）体长：28cm+ 尾长：28cm，体重：1kg。
3. 小齿鼬狐猴（*Lepilemur microdon*）体长：35cm+ 尾长：30cm，体重：1kg。
4. 鼬狐猴（*Lepilemur mustelinus*）体长：35cm+ 尾长：30cm，体重：1kg。
5. 棕尾鼬狐猴（*Lepilemur ruficaudatus*）体长：28cm+ 尾长：21cm，体重：800g。
6. 北鼬狐猴（*Lepilemur septentrionalis*）体长：28cm+ 尾长：25cm，体重：700g。
7. 马岛鼬狐猴/诺西比鼬狐猴（*Lepilemur dorsalis*）体长：25cm+ 尾长：27cm，体重：小于 1kg。
8. 鼬狐猴亚种，无图和数据。

---

① 磅，重量单位，1 磅约为 0.45 千克。——译者
② 平方英里，面积单位，1 平方英里约为 2.59 平方千米。——译者

下目　**狐猴型下目 LEMURIFORMES**

总科　**狐猴总科 LEMUROIDEA**

科　　指猴科 Daubentoniidae

指猴

属 指猴属 │ *Daubentonia* │ 1 种 │ 图版 4

　　指猴属曾经也有一个大体型的典型种。现存的种周身的毛发几乎都是黑色的。它们有一些非常与众不同的特征明显区别于其他狐猴，包括拥有有力的门齿（仅有两个，而不是 4 个，齿式是上下各一），以及非常细、像探针一样的中指，用于从小裂缝和小洞中抠出少量食物。指猴是夜行性动物，通过沿着树枝攀爬四处移动，有时也在地面上穿行。白天，它们待在用小树枝搭建的巨大的窝里，以免受到捕食者的攻击。它们那长长的、毛发浓密的尾巴有两个作用：在移动时保持平衡和在窝里时包裹身体。

　　指猴的饮食十分多样，主要取食昆虫，但也吃树的汁液和果实。它们很善于咬开椰子的硬壳吸取果汁，并用中指刮食果肉。中指还可用于从树皮下抠出昆虫的幼虫。指猴可以锁定树皮下的幼虫得益于它听力高度灵敏的大耳朵。当受到惊吓时，指猴会发出典型的两阶段的鼻哼声，并频繁地重复一段时间。这个物种是夜行性动物，独居。怀孕期 5 个月，单胎，幼崽在最初的几周内待在窝里以获得保护，接下来的两年将依附于母亲身上。

图版 4

1. 指猴（*Daubentonia madagascariensis*）体长：40cm+ 尾长：40cm，体重：2.5kg。

图版 4

1

下目

总科

科

狐猴型下目 LEMURIFORMES

狐猴总科 LEMUROIDEA

狐猴科 Lemuridae

尽管狐猴科的动物主要是昼行性的，但也有在夜间活动的。中等大小，身体细长，后肢一般长于前肢，适于跳跃，长尾有助于保持平衡。许多物种的幼崽从出生起就可以抓住母亲的皮毛，依附在母亲身上。大多数群居，通常由几只雄性和几只雌性组成一个群体单元。

竹狐猴

属 驯狐猴属 | *Hapalemur* | 5种 | 图版5

驯狐猴中等大小，皮毛呈绿棕色，略带红色。它们的主要特征之一是，食物主要由竹子组成，它们的俗名竹狐猴也由此而来。它们以竹笋为主要食物，但也取食茎和成熟的树叶。其中一些食物包含高水平的氰化物，驯狐猴如何中和这些毒素依然是个谜。事实上，这类食物的能量明显很低，所以它们每日不得不摄入几乎是它们体重3倍的食物。驯狐猴生活在小的家庭群中，领域为25～200英亩的浓密森林。领域的边界用位于前臂下面的腺体标记。怀孕期4.5个月，单胎或双胎。母亲最初用嘴叼着幼崽，直到幼崽可以抓紧母亲的皮毛。幼崽先依附在母亲腹部，然后在背部。驯狐猴能发出很多种声音，叫声从用于维持小家庭群凝聚力的、虚弱而固定的重复咕噜声，到有力的持久的"creeee"警戒叫声，非常多样。

属 大竹狐猴属 | *Prolemur* | 1种 | 图版5

大竹狐猴在许多方面与驯狐猴属相似，不同之处在于，它们本质上是夜行性狐猴。这个物种的许多成员几乎专门取食位于浓密的原生林中心地带的竹子。它们的家域十分广阔，可达250英亩。它们积极地用臀部腺体标记它们的家域。雄性还会用另一个靠近颈部的腺体标记。为了在树枝上留住自己的气味，雄性会把前臂弯曲至肩膀，使得手腕上的小毛刷被颈部附近的腺体所分泌的气味物质充满。然后，它们在支撑物上摩擦手臂来进行标记。大竹狐猴比驯狐猴属更具社会性。一个群包括4只到约30只个体。

图版5

图版5

1. 大竹狐猴（*Prolemur simus*）体长：45cm+ 尾长：44cm，体重：2.1～2.4kg。

2. 桑河驯狐猴（*Hapalemur occidentalis*）体长：28cm+ 尾长：30～40cm，体重：1kg。

2b. 驯狐猴亚种，无图和数据。

3. 阿劳特拉湖驯狐猴（*Hapalemur alaotrensis*）体长：28cm+ 尾长：30～40cm，体重：890～930g。

4. 金竹驯狐猴（*Hapalemur aureus*）体长：40cm+ 尾长：40cm，体重：1.5kg。

下目
总科
科

狐猴型下目 LEMURIFORMES

狐猴总科 LEMUROIDEA

狐猴科 Lemuridae

环尾狐猴和美狐猴

属 环尾狐猴属 | *Lemur* | 1 种 | 图版 6

环尾狐猴属仅包含 1 个种，即环尾狐猴，这可能是最为人熟知的一种狐猴。这种昼行性灵长类动物生活在由一只占统治地位的雌性领导的、20～30 只个体组成的大群中。领域面积为 15～50 英亩或更大，防御时对竞争群表现猛烈。领域边界是用位于前臂下方和生殖器周围的腺体分泌的多种气味物质在树干和树枝上标记的。此外，处于统治地位的雌性会毫不犹豫地猛烈攻击它们的邻居，而且在这样的争斗中，幼崽经常掉落或留下致命的伤口。气味在交配季节也是非常重要的。雄性忙于所谓的"气味战争"，它们会疯狂地在对手的头上摇动它们浸润了前臂气味的长长的环纹尾巴。环尾狐猴善于鸣叫，叫声从强有力的警戒叫声，到用于维护群体凝聚力的微弱的类似猫叫的叫声，非常多样。

属 美狐猴属 | *Eulemur* | 11 种 | 图版 6～9

美狐猴属包括 11 个种，在马达加斯加分布广泛，十分常见。它们主要在白天活动，但也可以在夜间的部分时间活动。大多数种的皮毛具有性二型性，雄性和雌性明显不同，特别是颜色。一个极端的例子是黑美狐猴：雄性的皮毛是单一的乌木色，而雌性的皮毛则大部分是褐色，腹部和耳朵四周呈白色。所有种都群居，尽管群的规模根据种的不同从几只到大约 20 只不等。家域的边界用气味腺体标记。褐美狐猴取食多样，包括果实、花、树叶、种子、树皮和树的汁液，此外，还有多种昆虫和小型脊椎动物。一个值得注意的食物来源是有毒的多足类动物。红腹美狐猴在吃这种动物之前，会用手摩擦它们以去除它们有毒的分泌物。

图版 6

1. 红腹美狐猴（*Eulemur rubriventer*）体长：40cm+ 尾长：50cm，体重：2.1～2.3kg。

2. 环尾狐猴（*Lemur catta*）体长：42cm+ 尾长：60cm，体重：2.7kg。

图版 6

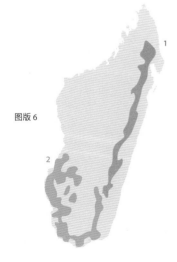

下目　**狐猴型下目 LEMURIFORMES**

总科　**狐猴总科 LEMUROIDEA**

科　狐猴科 Lemuridae

美狐猴

属 美狐猴属 | *Eulemur* | 11 种 | 图版 6 ~ 9

图版 7

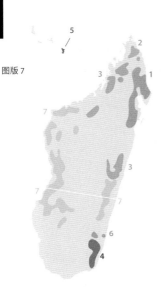

图版 7

1. 白头美狐猴（*Eulemur albifrons*） 体长：39 ~ 42cm+ 尾长：50 ~ 54cm，体重：2 ~ 2.6kg。

2. 桑氏美狐猴（*Eulemur sanfordi*） 体长：38 ~ 40cm+ 尾长：50 ~ 55cm，体重：1.8 ~ 2kg。

3. 褐美狐猴（*Eulemur fulvus*） 体长：40 ~ 50cm+ 尾长：50 ~ 55cm，体重：2.2 ~ 2.5kg。

4. 红领美狐猴（*Eulemur collaris*） 体长：39 ~ 40cm+ 尾长：50 ~ 55cm，体重：2.1 ~ 2.5kg。

5. 褐美狐猴马约特岛亚种（*Eulemur fulvus mayottensis*） 体长：40 ~ 50cm+ 尾长：50 ~ 55cm，体重：2.1 ~ 2.5kg。

6. 白领美狐猴（*Eulemur albocollaris*） 体长：39 ~ 40cm+ 尾长：50 ~ 55cm，体重：2 ~ 2.5kg。

7. 红额美狐猴（*Eulemur rufus*） 体长：35 ~ 48cm+ 尾长：45 ~ 55cm，体重：2.2 ~ 2.3kg。

下目　**狐猴型下目 LEMURIFORMES**

总科　**狐猴总科 LEMUROIDEA**

科　狐猴科 Lemuridae

美狐猴

属 美狐猴属 | *Eulemur* | 11 种 | 图版 6 ~ 9

图版 8

1. 獴美狐猴（*Eulemur mongoz*）体长：35cm+ 尾长：48cm，体重：1.6kg。
2. 冠美狐猴（*Eulemur coronatus*）体长：34cm+ 尾长：45cm，体重：1.7kg。

1♀ +j

1♂

2♀

2♂

下目　**狐猴型下目 LEMURIFORMES**

总科　**狐猴总科 LEMUROIDEA**

科　狐猴科 Lemuridae

美狐猴

属 美狐猴属 │ *Eulemur* │ 11 种 │ 图版 6 ~ 9

图版 9

1. 黑美狐猴（*Eulemur macaco*）体长：41cm+ 尾长：55cm，体重：2.4kg。

2. 蓝眼黑美狐猴（*Eulemur flavifrons*）体长：41cm+ 尾长：55cm，体重：2.4kg。

图版 9

1♂

2♀

2♂

1♀

下目 **狐猴型下目 LEMURIFORMES**

总科 **狐猴总科 LEMUROIDEA**

科 **狐猴科 Lemuridae**

领狐猴

属 领狐猴属 | *Varecia* | 2种 | 图版 10

　　领狐猴体型较大，皮毛浓密，黑白色块相间，有的还有棕褐色块。它们极易受到栖息地破碎化的威胁，幸存于完整的原始森林保护区，由 5 ~ 10 只个体组成小群。每群领狐猴都通过鸣叫，通过对入侵者发动具有攻击性的威胁行为，以及通过气味标记边界来保卫其约 25 英亩大的领域。领狐猴很容易通过它们那可以传播很远距离的警戒叫声和强有力的吠叫声来识别。与大多数其他狐猴种类不同，雌性领狐猴每年在约 100 天相对短的怀孕期之后产下两个幼崽。在出生后最初的几周，幼崽被放在由树叶和毛发做成的窝里保护起来，直到它们可以抓住母亲的皮毛依附在母亲身上，随母亲在森林里四处移动。领狐猴取食果实、种子、树叶和花蜜。取食时，大多数时候采用头朝下像蝙蝠一样挂在树上的姿势。

图版 10

图版 10

1. **领狐猴黑白亚种**（*Varecia variegata subcincta*） 体长：50cm+ 尾长：60cm，体重：3.5kg。

2. **领狐猴指名亚种**（*Varecia variegata variegata*） 体长：50cm+ 尾长：60cm，体重：3.5kg。

3. **领狐猴南方亚种**（*Varecia variegata editorum*） 体长：50cm+ 尾长：60cm，体重：3.5kg。

4. **黑白领美狐猴 × 红领狐猴杂交种**（*Varecia variegata × rubra*） 体长：50cm+ 尾长：60cm，体重：3.5kg（未在地图上标示）。

5. **红领狐猴**（*Varecia rubra*） 体长：50cm+ 尾长：60cm，体重：3.5kg。

下目
总科
科

狐猴型下目 LEMURIFORMES

狐猴总科 LEMUROIDEA

大狐猴科 Indridae

　　大狐猴科包括 3 个属 18 个种，全部喜食树叶，主要以树叶为食。几乎生活在马达加斯加的所有森林中，通过在树枝之间及树干之间跳跃的方式四处移动，跳跃时身体保持直立。多数为昼行性动物，但是毛狐猴不同，为夜行性动物。

大狐猴和毛狐猴

属 大狐猴属 | *Indri* | 1 种 | 图版 11

　　大狐猴，马达加斯加人称之为 "babakoto"，意思是 "森林中的人"，是现存原猴亚目中体型最大的灵长类动物（原猴亚目包括灌丛婴猴、懒猴和树熊猴等）。它们的歌声也是动物王国中最令人印象深刻的。领域警戒的叫声是一种长长的有力的咆哮声，听起来既悲哀，又悦耳。群中的几个成员会自发地齐唱，并且经常被一个或多个邻群重复吟唱。大狐猴成对生活，后代和它们一起生活。雌性占统治地位，怀孕期约 4.5 个月，单胎。大狐猴栖息于马达加斯加东北部的雨林中，主要取食树叶、果实和种子。与其他狐猴相比，大狐猴的尾巴非常短。

属 毛狐猴属 | *Avahi* | 8 种 | 图版 11

　　毛狐猴名字的由来是因为它们有着像羊毛一样浓厚、稠密、柔软的毛。它们是夜行性动物，白天则团成一团，紧贴在树枝上。成对生活，经常伴有 1 ~ 2 个不同年龄的后代。下巴下面的腺体产生气味物质，用于标记一对个体约 5 英亩大的共同领域。它们的叫声，一种被调到非常高的音调的哨声，也是标记领域的信号。

图版 11

图版 11

图版 11

1. 大狐猴南部亚种（*Indri indri variegatus*）体长：60cm+ 尾长：5cm，体重：7.1kg（雌），5.8kg（雄）。

2. 大狐猴北部亚种（*Indri indri indri*）体长：60cm+ 尾长：5cm，体重：7.1kg（雌），5.8kg（雄）。

3. 东部毛狐猴／蓬毛狐猴（*Avahi laniger*）体长：29cm+ 尾长：26 ~ 27cm，体重：1.3kg（雌），1kg（雄）。

4. 西部毛狐猴（*Avahi occidentalis*）体长：29cm+ 尾长：26 ~ 27cm，体重：1.3kg（雌），1kg（雄）。

下目　**狐猴型下目 LEMURIFORMES**

总科　**狐猴总科 LEMUROIDEA**

科　**大狐猴科 Indridae**

冕狐猴

属　冕狐猴属 ｜ *Propithecus* ｜ 9 种 ｜ 图版 12 和 13

　　冕狐猴在马达加斯加语中俗称 "Sifakas"，以其行为优雅著称，特别是它们在地面直立穿行时，像芭蕾舞演员在表演 "追赶舞步"。每天清晨，群里的成员在开始取食之前，都会露出它们的腹部晒会儿太阳。主要取食树叶、果实和树皮。用下巴下面的气味腺体标记领域，也会用尿液标记。邻群之间的对抗经常在领域边界发生，伴随着喉咙里发出的类似狗叫的叫声。雌性的性接受期只有几个小时。怀孕期约 4 个月，单胎。幼崽紧握母亲的皮毛，由母亲携带，一开始在母亲腹部，随后在后背。

图版 12

图版 12

1. 冠冕狐猴（*Propithecus coronatus*）　体长：42～50cm+ 尾长：50～60cm，体重：约 4kg。

2. 瓦氏冕狐猴（*Propithecus deckeni*）　体长：42～50cm+ 尾长：50～60cm，体重：约 4kg。

3. 克氏冕狐猴（*Propithecus coquereli*）　体长：42～50cm+ 尾长：50～60cm，体重：约 4kg。

4. 维氏冕狐猴（*Propithecus verreauxi*）　体长：42～45cm+ 尾长：56～60cm，体重：3.5～3.6kg。

5. 金冠冕狐猴（*Propithecus tattersalli*）　体长：45～50cm+ 尾长：45cm，体重：约 3.3kg。

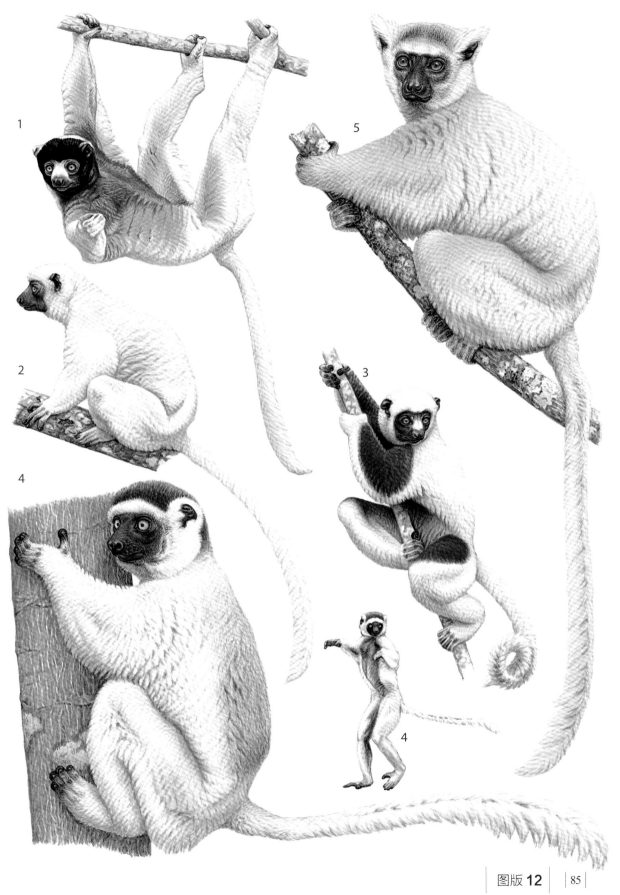

图版 13

下目　**狐猴型下目 LEMURIFORMES**

总科　**狐猴总科 LEMUROIDEA**

科　大狐猴科 Indridae

冕狐猴

属 冕狐猴属 | *Propithecus* | 9 种 | 图版 12 和 13

图版 13

1. **埃氏冕狐猴**（*Propithecus edwardsi*） 体长：47cm+ 尾长：50～60cm，体重：5.9～6.3kg。

2. **佩氏冕狐猴**（*Propithecus perrieri*） 体长：42～50cm+ 尾长：50～60cm，体重：4～4.4kg。

3. **冕狐猴**（*Propithecus diadema*）体长：48～52cm+ 尾长：46.5cm，体重：5.6～7.2kg。

4. **丝绒冕狐猴**（*Propithecus candidus*） 体长：42～50cm+ 尾长：50～60cm，体重：4～5kg。

寻找一种机警的狐猴：科氏倭狐猴

伊丽莎白·帕热斯-弗亚德

昨晚在穆龙达瓦下飞机之后，我感受到了位于马达加斯加西部偏僻乡下和城市之间的小旅馆的奇特魅力。来接我的同事借此机会去置办了补给，买了些罐头、电池、汽车与自行车的备用零件，这些都马上要用完了。

在去市场的路上，我很惊讶地发现，笔直的街道都通向死胡同：街道尽头有时候是混凝土，有时候是沙子和水。城市之外的地方，土地、海洋和大气，与那装点着海滩、生机勃勃的红树林带和谐地融为一体。红树的根部，既是"育儿所"，又是养鱼塘，哺育着淡水和咸水中的新生命，保护着土地、海洋与大气这三者间脆弱的边界。

在去森林的路上，我兴致十足，浮想联翩。不幸的是，不久后我就呼吸困难了。我们的低速四轮驱动越野车的后车门关不严实，一股混杂着汽油排气和粉末状的硅石、红土的连续气流充满了驾驶舱。我快要窒息了！

几个小时之后，我们到达了阿纳拉贝。从头发到鼻孔，再到眼睛和耳朵，我们的脸都被灰尘镀成了铜色，而且这种红色的粉尘还钻进了关得严严实实的箱子的最深处！

到达目的地

—到达研究站——我们在让·德奥尔姆（Jean de Heaulme）的地盘上留宿的地方——我就骑上了一辆嘎吱嘎吱响的自行车，朝矮猴面包树奔去。车轮沿着一条很陡的上坡路滑行着，我在坡顶惊愕地发现了一些很怪异的树。它们是猴面包树。这些猴面包树非常矮小，几乎侏儒化了，扭曲得要匍匐到地上，就像是在这片布满石子又干旱的土地上存活使它们精疲力竭了一样。它们似乎在轻微地颤动，在正午的强烈日光下，蒸发出了一些水汽。

研究站靠近一个剑麻种植园。这种绿色的植物一眼望不到边，占领了这片橙红色的土地，森林仿佛被龙舌兰推到了远处。在满是狐猴的植被区，我发现了一片树木成行的十字公墓，不由得毛骨悚然。但当我非常好奇地走近时，这种毛骨悚然的感觉就逐渐消失了。在赭红的底色下，即将变成绳索和地毯的纤维线卷显得很沉重，正在太阳下晾晒。

这是一间很小的工厂，工厂里一直回响着钳子的噪声，白色的纤维和绿色的浆料正在被分离和清洗。一辆卡车运输着刚刚从某个地方砍下来的新鲜叶子，剑麻的纤维还闪着光。

在这儿，人的世界与森林的世界，这两个世界共存着。因为有来自全世界的研究者到这儿研究狐猴，它们从几十年前就被保护起来了。就我而言，我是法国国家自然博物馆布吕努瓦实验室，由让－雅克·彼得领导的原猴亚目研究小组的成员，我的工作将成为研究穆龙达瓦的夜行性狐猴这个联合项目中的一部分。

除了负责人夫妇之外，亚伯拉罕、罗兰、皮埃尔和我现在是这个研究站仅有的几个居住者。厨子、工人和他们的家人都住在村子里。在我到达之后，我和这些人的联系非常少。当同事们走后，我一个人待着的时候，我会按照我的老习惯去森林里。我在森林里比在研究站和村子里更加自在，这两个地方对我来说一直是"未知之地"。

夜行、树栖，总是如此

今天晚上是我在踏足这片"红色岛屿"之后，第一次感受到宁静的时刻。这也是我和马达加斯加的森林的第一次接触，我想要一个人慢慢品味这种感觉。在宁静中，我可以自由自在地去征服这片森林。

我想要研究的狐猴，科氏倭狐猴，比它那体型微小的同类——倭狐猴要大一点，且更不为人所知。科氏倭狐猴是一种夜行性动物，和我之前在加蓬研究的穿山甲，那种被鳞片覆盖，以白蚁和蚂蚁为生的哺乳动物一样。这给我们带来了一些不便，我们长期缺乏睡眠，且与村子和研究站里的居民作息很不一致。

我终于能够在野生灵长类动物生活的自然环境下研究它们了。此外，我还事先装备有能够用无线电追踪器追寻它们的发射器。这个发射器是借助一个能计算出动物实时的准确位置的定向接收器和一个定向天线来实现它的功能

的。鉴于这次研究的科学成果将发表于马达加斯加的一个期刊上，并在法国出版一本书，我想在不偏离本书初衷的前提下，在这里先谈一谈森林和在其间居住的人（包括观察员），再转向这种不为人所知的灵长类动物。

观察的条件非常棒。森林一点也不令人震撼或者让人觉得危险；"林斑线"[①]，这些将森林分块并划成样方[②]的小道，比加蓬更为密集（这里围成样方的小道长40米，加蓬的长100米），树木的高度低得多，树叶的密度也小得多，一个简单的手电筒就够了。满月的光亮甚至还能让昼行性的狐猴在夜间活动和觅食。在这样的地方和这样的季节，稀疏的森林为我们观察灵长类动物和鸟类提供了便利，比在非洲大陆还要方便些。它们不那么认生，不会害怕爆裂声、树叶的簌簌声、骚动、气味，也不会被我偷偷摸摸靠近带来的照明光吓跑。

在这片多沙的硬叶林里行走就像是在散步一样。我没有因为一个人在夜里而感到任何不安，但是也没有什么能真正使我感到新奇。多么遗憾呐！不过，这片森林里还是藏有一些神奇的东西，在拐过一条小路后，我慢慢发现了它们。太阳落山之后，似乎有一些奇怪的剪影钻进了树林里，比如说无限膨胀的藤条的影子好像变成了葡萄酒瓶，露兜树这种小灌木的轮廓仿佛是人在踩高跷。

---

① 林斑线，文中的林斑线是为了做研究而人为开辟出的直线型的林间小径，与高纬度地区或高山之上由于低温（月平均气温最高在7℃以下）等因素而不形成森林的界线——林线不同。——译者
② 样方，quadrat，原指用于调查植物群落数量而随机设置的取样地块，书中指用于观察动物而开辟出的直线型的林间小径所围成的平方区。——译者

最让人惊叹的是猴面包树！它们的叶子全都掉下来了，随着我的脚步声簌簌作响。整棵树光秃秃的，又非常巨大，很不匀称，它们庞大的体型仿佛可以压倒一切。其中的一棵树下面有一个很大的洞，另一棵树旁边有一些木桩，好方便人们爬上去找一些营养丰富的果子。这些树为雄性倭狐猴提供了多个可用于监视领域的观察点。

一株很小的常绿植物吸引了我的目光。它从形状来看像圣诞树，从其浓密的叶丛来看像绿色的瓶子，上面栖息着许多昆虫。我多么想在那里看到我追寻的那双闪亮的眼睛啊！这些珍品对于我来说就像是昙花一现的礼物，是我悄悄品味夜晚的美好时的小惊喜。

森林交响曲

马达加斯加是一个除人类以外，没有其他大型食肉类动物出现过的岛屿。逃到野外的瘤牛是我唯一听说过和看到过的大型野生哺乳动物。这里从早到晚，没有猛兽的咆哮，没有牛的哞叫，没有象或犀牛的叫声，也没有与非洲相称的狮吼，或是能与亚马逊的吼猴叫声相匹敌的声音。没有什么叫声能让人血液冰凉，毛骨悚然，或者是让一股奇妙的电流沿着脊椎划过，激起人的警惕并让身体的所有感官都保持清醒。

森林里仅仅回响着叉斑鼠狐猴或者鼬狐猴相互应和的叫声。它们是夜行性狐猴中最吵闹的，而我研究的倭狐猴则行动非常谨慎。这些叫声对我来说就是一种挑衅，因为还没有任何一只科氏倭狐猴身上带着发射器，我不得不很痛苦地去寻找它们。

如果我可以完全自由地做出选择，我不会选择这片冬天时会有一半叶子脱落的半落叶林，而更愿意到这座岛屿东北边的森林，那里雨水充沛，树木繁茂，生活着神秘的指猴——科学家以为早就灭绝了的物种。又或者我会选择最南边的森林，那里无比干旱，生长着许多多刺灌木，优美的冕狐猴在那儿的土地上和灌木林里非常顺利地演化着，可以用两足跳跃的方式在多刺灌木间和地上行走。无论你是野性美的爱好者，寻求奇特性或优雅之美，还是经验丰富的科学家或摄影爱好者，狐猴都可以让你们当中最为挑剔或最为腻烦的人感到满意。

第一个激动人心的成果：
捕捉到了一只雄性科氏倭狐猴

"胜利、喜悦、欢欣"，这是我沉浸在喜悦中时写的一封短信的标题。我最终捕捉到了一只非常优美的雄性科氏倭狐猴。它发出的臭味比布吕努瓦实验室里的那些还要可怕。它有三个睾丸！它去年就被我的同事抓到过，是我在实验室的记录里看到过的 6 号雄性科氏倭狐猴。这是一次真正的胜利，并不是偶然的结果，因为陷阱是精心准备的，中午刚布置好，19 点的时候它就被抓到了。

这个主意是我的向导埃德蒙想出来的。他造了一个可以爬十米高的梯子，把这个装置安装在树枝上，我曾看到过这只雄性科氏倭狐猴在那儿梳理毛发。灵长类动物都太狡猾了，它们不会把爪子放在会导致陷阱门关上的小棍上，因此，诱饵要用连接着触发系统的线围住。香蕉圈是如此富有诱惑力，它就这样被抓住了。

明天我们将在我看到过雌性科氏倭狐猴的地方再次展开抓捕行动，那个地方更高，但仍然是可行的。我原本想把这只雄性留在陷阱里，把它放到它邻居的领域里，并在旁边布置第二个陷阱，但后来我放弃了这个想法。因为如果它们有领域意识，我就可以一举两得，但是这将会给它们带来太多的干扰。

我太激动了，我的笔迹都开始凌乱起来："终于，我可以开始认真工作了。我们希望发射器能够起作用，因为我暂时还没有任何小型的无线电追踪器。幸运的是，科氏倭狐猴比倭狐猴要大，因为发射器的零件是我们焊接的，有点重。我很激动，我的手在皮手套里都被汗浸湿了。我不愿意冒着它可能会从一个太松的捆绑带里逃离的风险，但也觉得没必要系得太紧，一个指头可以在它的肚子和带子间滑动是最合适的松紧度。我把发射器绑在它的腰上，并把它放在笼子里，然后它便没法再正常行走了。它摇摇晃晃地就像喝醉了一样！我想等到凌晨看它能否适应。鉴于它有着又长又强壮、善于跳跃的大腿，我觉得这应该没有什么问题。"

幸好我没有立刻把它放走，因为清晨的时候，我发现它撕碎了捆绑带，摆脱了发射器。没有其他办法了，只能把发射器放在它的脖子周围，并通过拿掉两个电池中的一个来减轻重量。不过，这个电池只能保证不到10天的续航。太短了！我怎么才能在这么短的时间内看出它的邻里关系呢？

发射器环绕在这只科氏倭狐猴脖子四周，

但它却好像没有发觉。我后来发现，有些动物根本就不会去触碰这个发射器，也没有动物试图把它扯下来。

一旦本次观察活动结束，就需要为它们解开发射器，因此下次就需要重新捕获。每次捕获的动物都是原来捕获过的！我因此观察到，重新捕获一只动物要容易得多，这可能是因为它们已经尝到了作为回报的食物的美味。

为使用无线电追踪器而拥有的行动伙伴

为了追踪这只科氏倭狐猴，我找了一位能帮助我使用无线电的助手，西尔万。他曾隐晦地向我请求过这个职位，我很后悔当时把他那封文字优美又感人的信还给了他。

他从外表来看并不像一个猎人，而更像一位知识分子。瘦高、年轻、热情，他是唯一向我自荐的人，毕竟灌木林，尤其是夜间的灌木林，让村民和工人们都感到害怕。西尔万本来很想继续读高中，但是这对于海边的居民来说太难了：太远，而且太贵。我很欣赏他丰富的思想和敏锐的思维。和他在一起，我们的交流涉及的范围很广，且充满了惊喜。

接收器的体积非常庞大，天线也很笨重，我没办法一个人带着它们一整晚。因此，西尔万来和我做伴，他负责背包，而我只需要注意手里的天线就可以了。他在定位和跟踪动物方面眼神独到，表现出了非常卓越的观察天赋。由于他曾经为护林员工作过，他可以告诉我科氏倭狐猴经过的每种树木的名称。这些信息太宝贵了！

我们尽可能在不偏离林斑线的前提下去观

察，每个人负责一片样方，这样就快多了，也隐蔽多了，位置也很容易被编码并记录到地图上。通常情况是，我们甚至都不需要商量就可以步调一致，但有时候我们也会走向对立的方向。先发现科氏倭狐猴的人会用单音节词来告知对方，这个人通常都是西尔万，尤其是在一开始的时候。很快，我们就只在跟丢了的时候才会用到设备。这种情况下，科氏倭狐猴要么是很快地跑远了，要么是一动不动地藏起来了。这时候就需要跑去寻找接收器，做个标记，然后就可以再一次把它固定放在某个地方了。

穿得暖暖和和地来做夜间观察

午夜之后非常冷，我不得不裹上外套来做观察，等待着动物们苏醒。在这些潮湿的夜晚，它们似乎和我一样被冻僵了，很晚才醒过来，在分开之前要犹疑好久，而且还把自己的活动范围降到了最小限度。科氏倭狐猴一动不动地待在自己巢窝的入口附近时，我就坐在它正下方的地上。观察者和被观察的对象都同样蜷成了一个球，我急切地想看到它开始活动，这样我自己也能暖和一点。

没有成熟的果子，昆虫也非常少，科氏倭狐猴此时的处境艰难且悲惨。它们可能不得不沦落到去舔食群居的同翅类昆虫幼体产生的含糖分泌物（当我们惊扰这些昆虫的时候，它们会分泌一些液体到树枝上，这些液体会凝结成一层白色的东西），而它们也不是唯一需要依靠这份珍贵的天赐食物的动物。不过叉斑鼠狐猴对这些含糖分泌物就很不感兴趣，它们更偏好树胶，这种从刺槐的伤口流下来的有弹性的分泌物。刺槐的树干上会定期出现这种创伤。

就像牧羊人依靠他饲养的动物的奶来维系生活，橡胶种植园园主收割橡胶作为生活来源一样，这些灵长类动物也有它们特殊的食物选择和策略！对于它们来说，重要的是要在这个食物短缺的季节里找到一些可再生的食物来源。

西尔万和我现在的生活节奏是十天夜间工作和四天休息——部分原因是我要去帮忙修林间小道。西尔万可以回到贝卢-齐里比希纳看望他的家人，我则利用白天补觉。今天下午，在午休补完觉之后，我誊写了之前的笔记：关于雄性科氏倭狐猴被捕获以来的移动情况的记录。在我的地图上勾勒出它不断增加的小段运动轨迹很有趣。这些运动轨迹勾勒出这只科氏倭狐猴的主要活动范围，其中，被捕获对它来说是一次真正的不凡经历。

今天是星期天，森林里没有任何工作的迹象。平静的一天，太过寂静了。视线范围内都看不到一个马达加斯加人，甚至狗和鸟也都很安静。一种可怕的沮丧之感油然而生，我感觉到孤独就像一个笼子一样把我困住了。我跑到最近的柑橘种植园里，柠檬树、橙子树、柚子树、芒果树、番荔枝让我找回了平静的状态。之前还有一次，我头晕目眩得一下子动弹不得了。在快要崩溃的时候，写作将我从这种空虚的状态中解救出来了。我胡乱地堆叠词语，没有韵律，也没有逻辑。然后，这些词语开始成句。渐渐地，我又在现实世界里站稳脚跟了。

今天下午却相反，一切都很顺利，这多亏

了有午睡啊！

一直以来，我们都只能看到这只带着发射器的小动物单独活动，它很瘦小；然而昨天，西尔万和我很幸运地看到了它和一只雌性在一起玩耍。事实上，我们只能一边透过树叶隐约看到，四只眼睛在一盏昏暗的灯的映照下跳跃、转动，一边据此做出猜测。我高兴极了！多亏了对被捕捉到的这些个体的观察——观察记录我将在下面列出来——我甚至能察觉和知晓夜晚、树叶下和较远的地方隐藏着的东西。

它们在一起互相理毛并嬉戏了 90 分钟，在这样难以找到食物又寒冷的六月的夜晚，这得耗费多大的体力啊！更让人惊讶的是，它们休息的时候在进行性交活动。这并不是一种求爱行为，而是成年动物间的社交游戏。

我对被捕获的科氏倭狐猴的记录如下：

■ 如果雄性试图在雌性愿意接受之前强行交配，它会被很用力地推开，但是雄性可以通过理毛和玩耍建立一种肉体的联系。

■ 当一对夫妻之间建立了特殊关系之后，雄性能够更好地在无需战斗的情况下让其他科氏倭狐猴离开。

■ 这种夫妻间的关系增加了成年雄性对于即将诞生的幼崽的容忍度。

终于获得了有用的结果！

我现在观察到了七只科氏倭狐猴。随着夜晚观察的推进，我们注意到它们既独居，又群居：在不同的时期和不同的地方会采取这两种不同的活动类型。

在前半夜的时候，科氏倭狐猴蛰居于它的

经过多个夜晚的观察，我们能很明显地看出科氏倭狐猴既独居，又群居，据不同的时期和地点而定。

活动区域的中心。这些区域界限分明，它就是在那片区域里找到主要食物来源的。它们的食物包括带蜜腺的花朵、果实、昆虫和同翅类昆虫幼体的分泌物。第一只戴着我们的发射器的雄性科氏倭狐猴把这片中心区域的一部分与一只雌性分享，又在这片区域周围拓展了另一片地方。

我们可以把这部分区域看作是它的领域，它在这个范围内通过追捕、与同类大声应和、发出攻击性的叫声等形式抵御其他雄性的入侵。这只在被捕几天后就被释放的雄性科氏倭狐猴非常积极地标记这块土地，三次赶走了在它短暂不在时乘虚而入的其他同类。

其中一只被捕获的雌性，比第二只雄性（即和它一起被捕获的一只科氏倭狐猴幼崽）早一天被释放，它也用尿液作了一些标记，发出一些重复性的叫声来吸引另外一只雌性邻居和一只年幼的雄性。它们试图和它保持和平相处的关系，这应该与动物之间的结盟有关。所有个体，无论年幼还是已成年，它们的家域间的界限是非常分明的。两只睡在一起的年轻雌性，比如一位母亲和它的女儿，它们每天晚上都会分开去探索一片不同的森林。

在后半夜，科氏倭狐猴表现得更加爱好交际。它会向四周进行大范围的活动，在那里，它会遇到一些年幼的或成年的同类。雄性和雌性会互相梳理毛发，或者轮流梳理，有时候也会一起玩耍。它们用后爪悬挂在同一根树枝上，头位于低处，相互扭打，相互缠绕，将对方朝不同方向快速扭曲来"比武"。我们能在晚上看到它们两只闪亮的眼睛在晃动，这多亏了它们的反光膜，这是一种能够将透过视网膜的部分光线反射回视网膜上，让猫的眼睛发光的东西。

当食物变得不那么充裕的时候，科氏倭狐猴就需要用更多的时间来让自己吃饱，也不能每天都离开自己的领域。当食物很充足的时候，它会花些时间来拜访邻居，它们的领域可能会跟邻居的有部分交叠。这种独居活动和群居活动发生在不同的时间和空间里，能够让它们灵活地适应不同的环境和季节。

在逗留期快结束时"加把劲"

夜晚的时候，我会很小心地走路，并一边观察着，把时间用在追随戴着无线电发射器的科氏倭狐猴和研究它们的邻居上。目前，有三只新的科氏倭狐猴需要观察。白天，我从一个任务奔向另一个，利用晚上获得的信息来准备接下来的任务，并试图保证自己能休息一小会儿。

为了能够覆盖当地这21只科氏倭狐猴的全部领域，并把我研究的这片区域的观察条件统一起来，我扩展了样方区的范围。一旦被追踪的动物想要去拓展新的区域或者与外面的同类会面，我们就会开辟一些林斑线。有两三个小组负责修这些小路，我经常会为了让界标按照指南针的方向排齐而跑来跑去。一晚上几个小时的睡眠对于我来说已经足够了。

有一个问题一直让我很苦恼：我能获得足够多的成果来出版吗？一切都会在最后两周见分晓。实际上，我马上就该回去了，这从我的信件里也能看出来："我坚持着，做着样子——为了保持士气，我只好一直工作，它占据着我日日夜夜的时间。在白天快结束的时候，我都会离开几分钟，穿得暖和点再出发去完成即将到来的晚上的任务。有时候，观察一只睡得很晚的雄性科氏倭狐猴会让我一直忙到天亮。这时候，白班的工作就会令我不得不继续待在原地。那么我就只能留下来，随着太阳升起越来越热，层层脱下外套！

"今天晚上，我要细细品味难得的闲暇带来的快乐：我写下最后几行字之后就溜到床上去了。我也没有写很多，只想把这几个小时的休息时间用来睡觉，以及，有时候，用来洗澡！大家从今天早上开始跟我讲的话不超过十句。我无意中发现自己在说话甚至讨论的时候声音都特别大！"

钓鱼法：一只雌性科氏倭狐猴落网了！

在我走之前，罗兰·阿尔比尼亚克来接我的班。在他的建议下，我们尝试了另外一种捕捉方法：在一根竹竿的尽头，用被塑料包裹的铁丝系一个套索。埃德蒙爬到树上去，把这个装置放在科氏倭狐猴的巢窝前面。当一只科氏倭狐猴睡得迷迷糊糊地从藏身之地走出来时，我们就会趁它稍不留神快速出动把它抓住，然后把它裹在一块布里，在它甚至都不知道发生了什么的时候又把它从活结中解开。

基于这种方法，让－雅克·彼得又提出了

更好的方案：通过摇动腰果种植园里的一棵小灌木来捕捉科氏倭狐猴。他让两只科氏倭狐猴同时掉了下来！于是，他只好两只手各抓着一只。这时，他再想从口袋里掏出布袋子来装他的捕获物，就特别不方便。

在连续三个晚上追踪一只精力非常旺盛的科氏倭狐猴之后，我连走路的时候都能睡着……我无意中发现自己走路的时候眼睛闭上了，陷入了一种半睡眠状态。我在睡梦中听到有人跟我说，他要每天抚摸他的公鸡的眼皮才能让它睡着！我蓦地就惊醒了，完全不知道身在何处。我的方向感也消失了，在不清楚到底发生了什么之前，我就这样在林间小道上绕着圈子走啊走。最后，我找到了西尔万，很庆幸他一直在跟踪着我们的科氏倭狐猴。很奇怪的是，即便我能站着睡着，我也不觉得累。由于缺少汽油和自行车，我只好步行回到研究站。我精疲力竭地躺到了床上，却因为过于兴奋而睡不着。

人类也沟通……

幸运的是，半夜的时候，科氏倭狐猴会进行大概一个小时的休息，这段时间对于西尔万和我来说太珍贵了。我们可以利用这段时间回到小路上掩埋着的小火堆旁边，只需要扇几下就能让火焰冒出来，我们就可以取暖，吃点东西、喝点东西了。这段短暂的休息能够让我们以更好的精神状态来守夜。按照惯例，我们会在这个时候食用混合着厚叶洋樟粉末（从块茎中提取的某种白色淀粉）的浓缩牛奶巧克力和其他小甜点。

有时候，我们坐在又干又硬的地上，火苗离我们不过几米远。跳跃的火苗让我们的影子和树的影子重叠在一起，感觉森林的夜色像首饰盒一样合拢了。我们可以小声地讲话。接收器还在触手可及的地方工作着，像节拍器一样连续发出令人安心的嘟嘟的声音。通常它接收到的一连串不规律的声音会突然把我们拉回现实，及时告诉我们这只动物已经醒了过来。

我们经常讨论的两个主题是森林和人类。当然，我们也会讨论工作。当西尔万问我说我们的观察将用来干什么的时候，我觉得很不自在。他似乎一直都有着很强的好奇心，但是他那时希望能够得到清楚答复的这个问题其实是他的父亲向他提出来的。当我最终跟他说我"将要写一本书"的时候，这个易于转达的回答似乎让他很满意。

我们对交流各自的生活经历和我们对于人类行为的看法更感兴趣。将马达加斯加海边和高原的习俗与法国的习俗进行比较是我们的谈话中一个永远不会枯竭的话题，尤其我们两个都同样渴望知晓风俗的多样性背后人类能长存的秘密。

白天，我们也会在中途休息。在做了一些努力、能听懂几个马达加斯加语的词语之后，我和工人们的联系多起来了，他们也变得更加热情。这种语言把"doucement"①写成"mora mora"并且读成"mouramour"，"太阳"直译过来意为"天空的眼睛"，学习这样一种语言让我很开心。"钢笔"在这里叫作"vepen"，

---

① 意为"轻声地、温和地"。——译者

来自英语单词"pen"，而"老人"被称为"dadabe"。这对我来说很有用，因为这儿很少有人懂法语。当我发现这里有很多种方言的时候，我很担心，好在人们教我的是马达加斯加的官方语言，因此，我到各地时，人们都能听懂我的话。

再次坐飞机回到马达加斯加的时候，我开始一个一个地想起了这些词。飞机的起落架一接触到这片红土地，一堆词就像突发的回忆似的占据了我的大脑。这些词，虽然这么多年都没再用过，却又重新被我记起来了，因为我又需要它们了。

指猴，一种非同寻常的灵长类动物

让-雅克·彼得

向安德烈·佩雷拉斯①致敬，

如果没有他，这个动物保护项目

和这项研究就不可能完成；

如果没有他，这三十多年来，

全世界众多的研究者

在这个大岛上进行科学探险

和动植物保护的时候，

就得不到建议和指导了。

马达加斯加岛上生活着多个科属的灵长类动物，人们经常把这里看作其他灵长类动物的起源地。其中就有一种最为奇特的动物——指猴，它的学名为 *Daubentonia madagascariensis*。

从 20 世纪初开始，这种生活在马达加斯加雨林里、只在夜晚出没的稀奇动物就很少为人所知了。它非凡的特性、神秘的举止，还有关于它的众多传奇以及为了保护它而做的努力都值得我们来讲一讲。

一个出乎意料的发现

我们关于指猴的冒险从 1956 年第一次到马达加斯加进行科学考察时就开始了。当我们

---

① 安德烈·佩雷拉斯，André Peyrieras，在马达加斯加从事灵长类动物的研究工作。——译者

为了研究夜行性狐猴所有不同的物种而跑遍这个岛西部的森林时，所有的博物学家都以为这个物种已经灭绝了。于是，我们经常带着羡慕之情想到博物学家索纳拉（Sonnerat），他曾在 1774 年写到过指猴；我们也会想到 1933 年的"法－英－美"三国联合马达加斯加科学考察团的成员们，他们很可能是最后看过这种动物的一群人。这就可以解释，当我和阿莱特·彼得在一个值得铭记的夜晚发现它们时为何如此激动。那天晚上，我们透过照明灯的光线看到的，不再是倭狐猴红宝石般的两只小眼睛，也不是我们夜晚散步时经常遇到的鼠狐猴那种大一点的眼睛，而是两只分得非常开的大眼睛紧盯着我们，反射着我们的灯所射出的光线。虽然指猴有两只明显突出的大眼睛，但它的体型却并不比一只肥点的猫更大。不过，我们仿佛出现了幻觉，觉得它们要更大一些。在昏暗的光线下，一切似乎都要更大一点，而且夜晚漫长的观察也使得我们的视线模糊了……

这些小动物迁徙到海边一片已退化的森林里去了，那里地域广阔，如果不是偶然发现了它们，我们是不会想到要去那里寻找它们的。

一种非常传奇的灵长类动物

我们曾询问过那些住在森林边缘的伐木村

里的居民，他们并不喜欢这种被他们视为马达加斯加的恶魔化身的动物。他们甚至不愿意去冒险说出它们的名字。对于他们而言，在森林里遇到它们就可能是死亡的征兆。那时我们并不知道，在他们看来，我们在发现这种动物之后，幸存的希望会大大减小！这是我们在途经邻近的村庄时才知道的，那时，我在打开一只椰果时折断了拇指的肌腱……让我特别震惊的是，这件事让村里人很开心，而他们中的很多人都是我的朋友。他们认为，"恶毒的巫师"已经通过这个伤口惩罚过我了，我通过很小的代价就得到了豁免。接好肌腱，手指打上石膏后，我继续从容不迫地开展观察活动。

事实上，关于指猴有很多种信仰存在。在贝齐米萨拉卡（Betsimisaraka）王国，指猴在过去一直被看作是村庄里的先民转世而来的。因此，人们经常因为想去除厄运而杀掉它们，却又会恭恭敬敬地埋葬它们。在某些村庄，它们死后会被放在路边的木桩上挂起来。1965 年，我们在安齐拉纳纳（Antsiranana）南部的一些小村庄里就发现了好多这样被展示出来的指猴遗体。

在森林里捕捉指猴

由于指猴是夜行性动物，因此，在自然环境下研究它们存在一些困难。鉴于它们整个物种差不多都快灭绝了，似乎很有必要捕捉几只，放进自然保护区里保护起来。

为此，我们想着应该用一种红外线装置去观察它们，或者也可以用装有红色过滤器的电灯去照明，以免它们逃跑得太快。

第一次捕捉到指猴是在 1966 年 10 月。在

由于指猴是夜行性动物，在自然环境下研究它们存在一些困难。

一位村民为我们提供线索后，临近半夜时，我们在一座村庄附近的一棵树上观察到了它。安德烈·佩雷拉斯用油灯照明，爬到树上，并且成功地用一个活结套住了指猴的手。但是指猴很快就用它的牙齿咬断了绳子，还好另外一条绳子缠住了它的脖子，让它没能保持住平衡，掉到了树下。它在那儿晕头转向了一会儿，安德烈就有了从树上爬下来的时间。他抓着这只指猴的颈部，并把它放进一个箱子里。在这个过程中，这只指猴用它前掌上的爪子在安德烈身上和手臂上抓出了一道道伤痕。

但是，在经过一晚上的试验之后，我们发现，最好的方法是白天到它们的巢窝里去捕捉。之前的好几次经历让我们学会了辨认它们住的巢窝。不过，巢窝所处的位置很高，通常都在很高大的树上，我们又没办法得到村子里那些很害怕迷信说法的村民的帮助，这给我们带来了很多困难。

我们用到了好几种捕捉技巧：在它们的巢窝附近布网或者设活结。就这样，好几只指猴直接被我们抓住了脖子或者尾巴。在被抓获的时候，它们经常精力特别充沛，做出一些恐吓的手势或者发出一些很生气的叫声，"轰哧轰哧"，并且快速地重复着这种叫声。

有一只一个月左右大的雌性指猴幼崽，还不怎么能站得直的时候就在巢窝里被抓住了。我们用奶瓶将稀释了的炼乳喂给它喝，在佩雷拉斯夫人每天的精心照料下，它很快就恢复了

体力，而且完全习惯了人类的存在。把它自由放养在房间里，慢慢地，它就被驯服了。后来，它和另外一只雄性指猴一起被关在一个大笼子里，而所有其他被捕获的动物都在曼加贝岛被释放了。

在自然环境下对临时捕获的指猴进行的观察，以及对那些一直处于圈养状态的动物的观察，使我们得到了一些关于这个物种的行为习性的新资料。

巢窝的建造

在村庄边缘仍生存着指猴的区域，它们选来建造巢窝的树通常都在椰子树旁边，被很多藤蔓包围着。一只指猴通常有好几个巢窝（两个到五个），一般都建在很高的地方，大概离地面 10～15 米。如果这些巢窝要被重新利用，它们也会用--些新鲜的树枝翻新老巢的某一部分。

它们的巢窝通常都建在榄仁树、科巴树、芒果树和荔枝树上。我们观察到有三个巢窝建在沿着树干生长、有着高脚杯一样外形的附生蕨类上。有两个建在椰子树上，其中一个完全是由椰子树的树叶筑成的。

一般来说，这些巢窝都是椭圆形的，某一边有一个大约 15 厘米的明显出口。当指猴待在巢窝里面的时候，这个洞口通常是半封闭的，不过，巢窝里面也没有其他出口了。

我们在曼加贝岛释放指猴时，对指猴建造巢窝的过程进行了观察，并发现了有趣的现象：一只雌性指猴刚刚和它的幼崽一起被释放，很快就开始在海边的一株很高的树上筑巢了，它

就是在那儿被拍摄到的。它选择的是大概有 6 米高、沿着树干生长、有着高脚杯一样外形的附生蕨类。它首先在那儿放了二十多根小树枝，但没有搭配整理，随后又待在平台的中央，依次把树枝放在自己旁边建造出巢窝的侧壁。为了建这个巢窝，它大概用了六十多根细枝。建造的过程相当快，指猴白天的连续活动时间不会超过一个小时。

正常情况下，筑巢都是在早上，在日出之前进行。这是一种从自己的巢窝里走出来时会开始颤抖的动物，就像其他很多夜行性动物一样，指猴很可能也经历着体温的周期性下降。白天，冻得麻木的指猴慢慢地从巢窝里走出来，之后它会在旁边一动不动地待着，或者给自己挠痒挠很长时间。日落之后，它就会很清醒，在枝头散步，或者下到地面上去。

玩耍和攻击行为

指猴有锐利的爪子和巨大的门齿，是一种被强有力地武装着的动物；但是，很可能是因为在马达加斯加的森林里演化的过程中遇到的天敌太少，它们没有发展出比我们在捕获它们时观察到的更为有效的防御性本能行为。马岛獴是马达加斯加岛上的食肉类哺乳动物，也是岛上体型最大的捕食者。马岛獴如果在晚上遇到指猴，能够很轻易地杀死它们。

通常来说，成年动物在被圈养的时候攻击性是相当弱的。然而，我们观察了一只雄性指猴在试图钻进别的指猴住着的巢窝时做出的行为，这种行为表明，它的攻击性其实可以更强一些。这种攻击性从它用来恐吓潜在的"敌

人"时所用的姿势、动作以及猫一样的喘息方式就可以看出来的。指猴很少感到害怕或者试图逃走。

指猴可以同时做出玩耍和攻击行为。这是我们曾试图驯服一只小指猴,对其做深入观察时发现的。在 3 个月到 7 个月大的时候,这只小指猴晚上会花很长时间来玩耍,但也会突然做出一些很暴力的行为。我们只需要做一个有些突然的动作,就可以让它停下来不再跑。它会开始神色凝重地走动,大声地喘气,然后竖着尾巴,用一道大约 1 ~ 2 米长的尿液痕迹在地上做标记。一个短暂而出乎意料的噪音就能让它惊跳起来。它会突然转身,头上和尾巴上的长毛竖起来,重重地喘息。

在漫长的夜间玩耍中,我们的这只小指猴假装自己在背负着什么,在跳到我的一条腿上之前,它会连续在地上跳起好几次,并同时用四只脚着地;之后,它会在房间里蹦跳,在再一次跳到我身上之前,将毛立起来,用一种很放肆的表情看着我。所有有裂缝或者镶边的东西,比如说固定灯罩或者手表的那圈铁丝,都会吸引它的注意力,诱使它做出一些典型的"探索性"的举动:两只耳朵会很快地转向"目标物"。在靠近这个物体之后,过一会儿,它又会有相同的表现。在这只小指猴将近 5 个月大的时候,我们经常在晚上将它和一只小猫放在一起。它们会在地上打滚,互相轻咬,一起玩很久。如果它跟不上这只小猫的节奏了,就会生气,并且气呼呼把它赶走。白天的时候,若这只小猫过来找它玩,它就会不予理睬。

指猴的饮食和在解剖学上的特征

指猴以食木虻的幼体为食,在马达加斯加,它们的这种饮食习惯几乎没有什么竞争者。马达加斯加岛上没有啄木鸟等也以在树上啄食幼虫为生的鸟类,似乎也没有其他鸟类进化到可以去捕食幼虫的程度。

和其他狐猴相比,指猴的手和门齿的特点似乎从理论上说会减少它们在当前的自然环境下存活的可能性。事实上,它们的抓取能力,尤其是运动能力,劣于马达加斯加的其他狐猴。因为它们被祖先的畸变所困扰。然而,它们在敏捷性和速度上的不足却被除大拇指和大脚趾以外的其他所有指头上的爪子所带来的更坚实的抓握力弥补了。它们的门齿发展得很特别,每边的颌骨都只剩下两颗,却在不断长长,都有些像啮齿动物的牙齿了。这些牙齿成为它们很重要的工具,可以用来弄断树枝,咬开树木和果实的皮,也是对抗天敌时令之生畏的武器。

指猴的中指非常纤细,连接在一块长而柔软的掌骨上,首要的功能是用作感觉器官。有了这个工具,指猴就可以轻轻地刮任何它们感兴趣的地方,比如说树皮上的孔,或者食木虻的幼体。它们用小爪子做出那些非常快速而又准确的动作时,和雕刻师用刷子做精细工作没什么分别。

指猴找到一个鸡蛋以后,可以在不打碎鸡蛋的情况下把它放进门齿后面的嘴巴里。指猴的门齿可以充当凿开鸡蛋的工具,中指可以用来把鸡蛋吃干净。指猴会很快地把指头伸进鸡蛋深处,然后抽出来从侧边递进嘴巴里舔干净。这个动作很快,每秒大约可以做两次。大概四十次之后，就会换手。它们也会用同样的方法来吃一只椰子。

我们曾看到指猴在听见昆虫幼虫的声音之后，用中指去轻轻地拍打树皮。它会用牙齿在树皮上凿出一个入口，把手指插进去，最终把幼虫弄出来。它的手指一开始紧绷着，绷得又硬又直，之后会在树皮下变得蜷曲。

在地面上行走的时候，指猴的手指头是高高抬起的，中指通常会向手臂折拢。它们的中指非常柔软，如果在行进的过程中它们不小心挂在了一根树枝上，它们的中指无法帮助它们脱身。

若要抓取一些非常小的东西，指猴就不能灵巧地使用它们的手了。它们也不能和其他有着梳状牙齿的狐猴那样，用门齿来给自己梳理毛发，它们需要花很长时间来挠自己的毛。

然而，强有力的门齿却可以帮助指猴咬断细树枝。它们的下门齿和木匠锐利的凿子的作用是一样的，上门齿起支撑作用。和其他上下颌骨相连的狐猴不同，指猴的两个下颌骨没有被关节连接起来。这种特点使得它们的下门齿可以分开工作，这可以更好地适应被咬的东西的形状。吃东西的时候，指猴并不总是会用到门齿。年幼的指猴比成年的指猴用得多一些，因为它们还不能灵活而正确地使用中指。吃芒果这种有纤维的水果时，指猴会用门齿把果子向前刮，就像其他狐猴用"梳齿"所做的那样。它们也会用这种方式来吃树胶。颌骨上的门齿还能帮助它们撕碎手上抓到的体型很大的幼虫。

在咬开树枝寻找幼虫的时候，指猴首先会细致地定位出昆虫在树皮里面藏得有多深。它们那突出的大耳朵对于做这项工作特别有用，

耳朵的长度和灵活性可以让它们听得特别仔细。当它们用门齿用力地深挖，把树皮扯掉的时候，大量的木屑会溅到脸上。在这个过程中，它们的眼睛会被第二层可活动的透明眼皮保护起来，其他的狐猴是没有这层眼皮的。

虽然在演化的过程中，这个物种变得越来越特化，但它们没有丢掉对环境的适应性，这从它们在已退化的森林里可以存活下来，以及它们在野外和在被捕后饮食的多样化可以看出来。

我们尽可能地为圈养的指猴提供最为多样化的食物，它们总有椰子可以吃，每周吃两个鸡蛋，还会吃米饭和汤，吃果实、甘蔗、蜂蜜、幼虫，每周还会有一次鸡血。我们从来没看到过它们吃成年的昆虫。大一点的指猴偶尔会吃一些腮角金龟子，但是需要我们帮它们拿着。它们很害怕这种昆虫，也害怕成年的蚁蛉。这些蚁蛉受到光的吸引会靠近它们或者挂在它们的毛上，这时候它们就会一直摇晃着头，跑着逃开。

一种特别的移动方式

指猴是用快速跳动或者连续弹跳的方式跳到树上的。我们曾观察到四只指猴同时爬到很高的地方。多亏了它们的爪子，它们可以只借助爪子所形成的"吊钩"就紧紧抓住那些最细的树枝，然后用后脚悬挂在那里。

它们在树枝上的移动速度比其他所有的狐猴都要慢。它们的跳跃里程要短一点，跳跃也更谨慎一些。跳过一次之后，它们经常会等几秒钟再跳下一次。通常，在从一个枝头跳到另一个枝头的时候，它们直到抓住了另一根树枝，才会放开手上的那根。

指猴晚上会时不时下到地面上去。它们也会在地上跑很长一段路，尤其在我们观察它们的那片区域，它们习惯于这样做。

一只指猴跳到地面上的时候，总是四足同时着地，然后胳膊做一个幅度很大的向前的动作。这种特殊的活动方式似乎是为了与草丛这种环境相适应，然而，在这种情况下，它就不能走得很快了。

保护指猴的措施

指猴的极端稀少很可能是由其群落生境的逐渐减少而造成的。它们的生存环境受到火灾、森林砍伐和村民们代代相传的信仰的严重破坏，这些村民非但没有去保护这种他们之前老觉得是恶魔化身的动物，反而几乎把生活在残存的海边森林里的它们弄得快要灭绝了。

由于对这种动物有着非常大的兴趣，由安德里亚曼皮亚尼纳（Andriamanpianina）先生领导的自然保护区管理处和由波利安（Paulian）执掌的马达加斯加科学研究院，于1957年在马汉步的一个小森林里建立了"森林自然保护区"。这个自然保护区离塔马塔夫很近，我们就是在那儿观察到第一只指猴的。感谢吕克·霍夫曼（Luc Hoffman）博士的支持，在我们的请求之下，世界自然基金会对这片自然保护区的维护和组织工作给予了经济上的支持。

然而，从这个事件之后，人口的增加和塔马塔夫的道路修缮工作都很不幸地加剧了对当地自然环境的干扰。这片自然保护区被分割成了两片，1963年我们去马达加斯加进行科学考察期间，再也没有找到之前在那里观察到的指猴。

但经过我们在这片地区里的搜寻，我们最终在保护区之外的一个村庄的边缘看到了两只指猴，并且还得知有两三只已经被杀害了。村民们非常害怕和指猴的存在联系起来的"霉运"，最终决定，要么把它们杀掉，要么就把村落迁徙到其他地方。正是由于他们部分采用了后一种解决方式，也由于林务局的公务员拉库图·让·德迪厄（Rakoto Jean de Dieu）先生在当地所采取的行动，这些指猴才最终在这片地区存活下来。

这一时期传达给所有森林管理处的官方指示通常都对指猴的生存有利。按照指示，森林里的技术人员应当指明指猴在这个国家各地的分布，并且还应当向权威人士寻求一些保护指导。

这种不稳定的状况，以及在指猴保护中遇到的困难，都在呼唤一种更有力的保护措施，这就是一个规模非常大的指猴保护项目的起源。这个项目是从1964年起，由拉玛南索阿维纳（Ramanantsoavina）先生和我领导，在世界自然基金会的帮助下，由马达加斯加的林务局、法国的国家自然博物馆和国际自然保护联合会实行的。

这个项目包括：

■ 重新去寻找最后几只、我们猜想还在东海岸的几个村庄边缘存活着的指猴。

■ 将坐落在马达加斯加东北部的安通吉尔湾里的一个250公顷的小岛——曼加贝岛设成自然保护区。

■ 对这个岛进行整治，引入一些指猴，细心照看和保护它们。

这个项目需要马达加斯加政府采取一些

行动，并对土地进行一次重要的重新规划。世界自然基金会提供了所需的资金。安德烈·佩雷拉斯，这位在马达加斯加工作的研究者可以在马达加斯加的林务局的帮助下，以及让·瓦东（Jean Vadon）——马鲁安采特拉[1]技术中心前主任的指导下，很好地实施这个项目。曼加贝岛的自然植被之所以能直到近些年还一直保持着不被破坏的状态，很大程度上要归功于让·瓦东。最终，在我们做了一些细微的整治之后，1966年12月颁布的这个建立"自然保护区"的法令让我们如当初设想的那样，成功地把指猴引入岛上。

在与我们的同事安德烈·佩雷拉斯进行了一年的联合研究以后，十三只指猴被捕获了。其中，四只被我们安放在一个非常大的笼子里用于进一步观察。九只被带到曼加贝岛，在海滩上放生了。一被释放，这些指猴就立马朝着海岸边的树林跑去，恢复了正常的行为。

曼加贝岛上森林资源丰富，容纳能力看来是足够大的，也没有任何生存问题威胁这些动物。有一位看守员负责养护用于动物监视和观察的几条道路。这个自然保护区在2002年尚未遭到任何破坏，如果看守员的监视工作能够很好地维持下去，那么指猴就可以在这里长久地不受觊觎之扰。多亏了这次救助行动，国际上众多的研究者才能够接触到这群指猴。

传达给所有森林负责人的指令大抵是得到了遵守，但实际上，指猴似乎还是变得越来越稀少了。

由于这个物种面临着将要灭绝的威胁，好几只指猴都被捕捉起来送到世界上最好的几个动物园里去繁育了。安德烈·佩雷拉斯在塔那那利佛[2]动物园，我们在巴黎动物园[3]都成功地让被捕获的指猴繁衍了后代。后来，好几家美国动物园也成功地完成了这种繁育尝试。

在巴黎动物园里的"热带园"里，指猴们生活在一片草木丛林中，可以在枝头间跳来跳去。它们的房间被红色光线照射着，好在大白天营造出夜晚的效果。指猴对这种光线不怎么敏感。

泽西动物园专门救助濒临灭绝的动物，它的参与也是必然的。杰拉尔德·达雷尔（Gerald Durrell）是这个久负盛名的动物园的创建者，他曾经到巴黎动物园参访，向我提出来想要和指猴一起度过一段时间，好实现自己长久以来的一个愿望。于是，我们帮他在这群指猴居住的大笼子里放了一把椅子。他想要在那里待一整天。后来，在他的书里，他把这段经历写成了《指猴与我》一文。不久之后，杰拉尔德就和他的妻子李·达雷尔（Lee Durrell）一起出发去马达加斯加进行科学考察去了。他们带回了六只指猴，这六只指猴成为泽西动物园野生动物保护信托基金的"客人"。

---

① 马达加斯加图阿马西纳省的小镇，位于安通吉尔湾。——译者

② 塔那那利佛，马达加斯加语为 Antananarivo，又译为安塔那那利佛，是马达加斯加的首都，也是最大城市，行政、通讯和经济中心。——译者

③ 巴黎动物园，即万塞讷动物园。——译者

一个意外发现：金竹驯狐猴

罗兰·阿尔比尼亚克

发现一个迄今为止不为人所知的物种一直是地球上所有博物学家的梦想。一个新物种就意味着它在形态学、遗传学和动物行为学（对动物在自然环境下的行为的研究）方面的标准毋庸置疑地与其他已经被记录在册的物种不同。

在马达加斯加的热带雨林里

1987 年，一种体型相当大，重约 1.5 千克，算上尾巴有 80 厘米长的狐猴让我们实现了这一梦想。那是在马达加斯加的东南部地区，准确来说是在拉努马法纳海拔 800 ~ 1000 米的热带雨林里。这片地区于 1995 年被马达加斯加官方列为"国家公园"，涵盖所有绵延至高原的山麓。因此，地势的起伏非常剧烈，斜坡通常都很陡峭。因为这个地区迎着来自潮湿的东部的信风，所以经常下雨，不存在真正的干旱期。最高的树可以达到 50 米高，在那些大部分地方都被竹子占领的广阔区域里，林下灌木丛几乎是难以通行的。这个常年潮湿的环境里栖息着很多水蛭、蚊子和其他会叮咬人的昆虫，因此，对于人类来说非常不宜居。不过，这片地区也并非"了无生机"，因为地形的起伏几乎让当地人没办法进入其中，他们就没法在这里开荒，没法用火烧地来种植作物。因此，这里成为很多脊椎动物和无脊椎动物的庇护所。

两类竹狐猴

现在来讲讲让－雅克·彼得、安德烈·佩雷拉斯和我这三个法国科学家是怎么发现一个科学上的新物种的。我们曾无数次地问过自己，竹狐猴（一种主要以竹子为食的狐猴）的形态、行为和生活方式可以多变到什么程度。事实上，最初的几位博物学家所描述的不同竹狐猴就已经分为好几种生物学形态了，我们至少可以把它们分为如下两类：

■ 灰驯狐猴，最为常见，也是体型最小的，分布于马达加斯加整个东部沿海；其中一种是阿劳特拉湖驯狐猴（*H. alaotrensis*），栖息在马达加斯加中东部海岸，阿劳特拉湖的湿地里；另一种是桑河驯狐猴（*H. occidentalis*），栖息在这个国家西海岸、落叶林（冬季树叶会脱落）环境下、利于竹子生长的潮湿洼地里。灰驯狐猴吃竹子最顶部的嫩叶。

■ 大竹狐猴，体型最大，也稀少得多，生活在马达加斯加东南部，取食竹笋。我们在 20 世纪 70 年代的探险正是从这个物种开始的。它似乎从 20 世纪 30 年代之后就消失了。这也正是我们从 1968 年起积极搜寻它的原因。

最初的几次考察

我们曾对马达加斯加东南部大片的森林进行过长期的勘察。通常，一旦我们离开菲亚纳兰楚阿－马纳卡拉这条主交通干道，就很难再进入这些森林。辅路都是坑坑洼洼的，而且大部分时候越野车都无法通行。其余的雨林都分布在耸起的山脉上，那里生长着密集的竹子。竹叶非常锋利，很不适宜步行进入。因此，要进入这片地区特别困难，即便我们已经在其中观察一个月了，我们对可能还存活着的大竹狐猴的寻找行动还是经常会以失败告终；然而，伐木工人却告诉我们说，曾经发现过它们的踪迹。我们一回去就在吉恩拉瓦多（Kianjavato）的咖啡种植研究所停留下来了，好跟几位同事及朋友会面。我们讲述了遇到的挫折，于是，这些朋友和我们谈起了一种狐猴。这种狐猴比灰驯狐猴要大一点，在这里被叫作"小熊"。它们以小团体的方式聚居，也吃研究所附近的竹子。我们第二天早上就立马出发去寻找它们。仅仅几个小时之后，我们便遇到了这种跟灰驯狐猴非常不一样的动物。最终，我们发现它就是我们寻找已久的大竹狐猴。后来，我们捕获的一对动物也让我们确认了这就是大竹狐猴。

于是，我们继续在当地的吉恩拉瓦多研究所对捕获到的动物进行研究。当时，位于塔那那利佛、正由我管理的津巴扎扎动物园也在做着同样的事情。

几年之后，我们猜想这种大竹狐猴应该还在拉努马法纳存活着。那里有一大片更为广阔的森林，距离吉恩拉瓦多不到100千米，但海拔要高一点。

后来，细胞遗传学方面的同事伊夫·伦普勒（Yves Rumpler）把德国波鸿大学的一名学生推荐到了这片重要的森林区，对大竹狐猴进行为期一年的研究。

拉努马法纳森林里的发现

贝尔纳·迈耶（Bernard Meier）是1986年到达马达加斯加的，他是来辅助我们完成对这片地区的实地考察工作的。我们帮助他安顿下来。他的任务是在一个比吉恩拉瓦多更为天然的栖息环境下弄清楚这个物种的社会结构和饮食制度。

在贝尔纳安顿下来以后，我们就再也没有收到过这位朋友的消息了。他和两位马达加斯加当地的向导迷失在森林里，在一片偏僻的营地里失联了。在那个年代，他不可能用电话与拉努马法纳取得联系。在非常必要的时候，我们只能依靠路过的出租车来帮忙传递信息。三个月之后，贝尔纳回到塔那那利佛，对他的工作进行第一次调整。他跟我们讲述了他在营地里安顿下来一个月之后发现竹狐猴的经历，他以为那是大竹狐猴。那群竹狐猴一共有四只（一对成年的，两只小的），生活在竹子很茂密的地区。虽然它们经常转移，而且逃跑时的声音特别小，贝尔纳还是成功地和他的两位马达加斯加向导一起做了一些观察，并且大致划出了它们的活动区域。于是，他决定在它们的主要领域旁边搭一个固定而又轻便的营地。

他给我们讲述了他在这一个月的时间里发现和追踪到的这个群体的社会结构和饮食制

度。这使我们想起了我们最开始进行考察时观察到的有关这个物种的一些细节，一些很久远的细节。

1986 年那个时候，塔那那利佛的动物园里已经没有大竹狐猴了，而且贝尔纳也没办法找到这个物种的照片。于是，我们想到地理分布的不同可能会带来颜色和形态上的变化，因为我们所提到的竹狐猴生活在海拔将近 1000 米的地方。

然而，在更加仔细地研究了贝尔纳所发现的这种动物的形态学特征之后，我们观察到，它们的毛发颜色确实与我们曾经注意到的竹狐猴有所不同，它们颈部的一圈橙色尤其让人感到惊奇。而且，贝尔纳记录下来的它们的叫喊声，在我们看来也过于尖锐。

一个有待弄清的谜团！

于是，安德烈·佩雷拉斯和我，就决定和贝尔纳一起回到那片地方去弄清楚这个谜团！

美国杜克大学以帕特里夏·赖特（Patricia Wright）为首的一批研究者也来到了拉努马法纳。他们是来研究另一群竹狐猴的，却和我们得出了同样的结论：很可能是由于地理上的隔离，拉努马法纳的大竹狐猴和那些来自低海拔森林里的竹狐猴不大一样。

为了弄清楚这件事，我们第二天就出发去了拉努马法纳。我们是深夜到达那里的，由于道路蜿蜒曲折，我们感到有些疲惫，老旧的路虎车又加重了这种不舒服的感觉。和向导进行的大讨论也没能给我们带来一些新的信息，因为他们和当地的村民一样，也不能分清竹狐猴

的这两个种。第二天一大早我们就出发去了贝尔纳的营地。我们从便桥穿过一条很宽广的河，走过一条山脊上的林间小路，在穿过峡谷之后，终于到达了目的地。那里是一片壮美的森林，生活着很多的鸟类和狐猴类动物。

营地建得和这片地区村子里的房子一样，面积共 20 平方米。屋顶覆盖着旅人蕉的叶子，地板也是由旅人蕉的树干做成的，固定在地面以上，以避免有水流进去。有两个旅行箱可以放一些最为易碎的东西，一张桌子、两条长椅和几张折叠床就是全部的起居家具了。另外一间小屋子被用作厨房。这样一来，基本生活设备就齐全了。

一个新的物种

在几个小时的搜寻之后，我们重新找到了贝尔纳跟踪研究的那群竹狐猴。喔，那可真是个大惊喜！它们并不是吉恩拉瓦多的那种竹狐猴！

特有的属性

它们的体型相似，但是总体的形态特征很不一样；这种竹狐猴毛发的颜色尤其惹人注目：它头部的金棕色以及颈部的橙色一下子吸引了我们的眼球。不久后，我们听到了它们在发出警报以及宣示领域时的那种叫声，这更加增强了我们的信心：这些动物和我们已知的完全不一样！我们最终得出了一个暂时的结论，那就是，它实际上是一个新物种。我们还发现了一个不同点——它们吃竹子的方式不大一样。拉努马法纳的竹狐猴吃的是还很新鲜的茎，而大

这些动物和我们已知的完全不一样，这一定是一个新物种！

竹狐猴食用的是刚从地上冒出来、还被叶子包着的嫩竹笋。更为特别的是，吉恩拉瓦多的大竹狐猴还会借助它刮刀形状的尖牙把笋完全剥开。

"我们绝对需要去看看吉恩拉瓦多真正的大竹狐猴！"安德烈·佩雷拉斯和我同时得出了这样的结论。我们说做就做，从另一个角度去完成我们的目标。几个小时以后，当我们看到大竹狐猴在我们头顶的旅人蕉上跳来跳去时，贝尔纳·迈耶带着他那无法被模仿的德国口音发出了这样一句惊叹："噢，太棒啦！"它们在形态上和行为上的差异实在是太明显了！大竹狐猴的体型更大些，毛发的颜色几乎完全是棕褐色的，而且相互沟通及宣示领域时的叫声要小一点，也不那么尖锐。

很简单，这就是一个新物种

在这天的末尾，最后几点疑虑也解开了。我们一致达成了这样一个结论：我们遇到的是竹狐猴的一个新物种！

剩下的工作就是用麻醉注射器捕捉一两只活的样品，以便获取它们的毛皮和血液来确定这个物种特有的基因特征。如果这项研究得到确认的话，就可以提议把它们作为一个新物种。

一个月之后，由伊夫·伦普勒领导，在斯特拉斯堡完成的遗传学分析结果表明，它们毫无疑问是一个新物种，而且这还佐证了我们在此期间所做的习性观察的结果以及所收集到的生物统计学资料中的内容。尤其是，我们还可以描述出它们特殊的牙齿构造，这和它们喜欢咬竹子的茎这个习惯密切相关。它们下颌的尖牙不再和大竹狐猴一样是刮刀形状的了，不过却锋利得多。

我们是用一张彩色照片来描述这个新物种的。因为不可能按照先前的惯常做法那样，杀掉其中一只来制成标本。这种动物被命名为金竹驯狐猴（*Hapalemur aureus*），人们于1988年公布了它的特征。禀着国际科学合作的精神，我们很绅士地把帕特里夏·赖特加入这个发现的署名中，这后来帮助她获得了一笔很重要的研究经费，也让她得以和马达加斯加官方一起起草了一个在这个地方建立国家公园的计划。

一个有待分享的宝藏

随后的科学发现证明，拉努马法纳有三类竹狐猴，即灰驯狐猴、大竹狐猴和金竹驯狐猴。我们甚至还可以在相邻的地方同时看到两种竹狐猴，有时甚至能看到三种：灰驯狐猴以竹子顶端茎上的叶子为食，大竹狐猴爱吃地上冒出来的笋，金竹驯狐猴则偏爱竹子新鲜的茎。

现在，我们已经证实这三类竹狐猴是同域物种，也即它们生活在同一片地区却没有杂交，至少在马达加斯加的这片区域，它们是这样的。而且，它们的生物学特点是互补的，这让我们猜测它们可能会有更为广阔的地理分布。这样，我们就可以在马达加斯加东南部所有的雨林里观察它们，这些雨林一直延伸到这片山地最南端，靠近多凡堡（阿诺西山脉）。这是一片带给我们很多惊喜的地方，这片地区山上的森林环境丰富多样。而且地磁也有多种影响，有人认为地磁可以带来非常明显的生物多样性。当然，在那里进行考察一直都很困难，因为那里几乎没有道路或者河流的交通线。不过，我们还是要记住一点，金竹驯狐猴是在一条沥青路附近被发现的！

马达加斯加东南部所有这些连绵起伏的山脉现在都被联合国列入了世界自然遗产名录。基于此，我们希望这片地域的生物多样性可以得到更好的保护，因为这里有广阔而茂密的森林以及其他相关的栖息地。

南美洲灵长类动物

从空中俯瞰时，我们会看到拉丁美洲热带雨林的轮廓很像一个展开着的巨大的花椰菜；但是，表面上明显的统一性背后，却是一种最为复杂的层叠型生存环境。这里就像是一栋大楼，每层楼里都居住着只在这里生活的房客。这里有许许多多的物种，其中就有众多灵长类动物。从中美洲一直到亚马逊河流域的最南边，热带雨林随处可见。这里是数十个物种，诸如狨、柳狨、绒毛蜘蛛猴、伶猴、卷尾猴、夜猴，还有僧面猴的唯一栖息地。几乎有三分之一的灵长类动物都生活在美洲大陆，而且科学家还经常在这里发现新物种。新世界猴——很晚才发现美洲大陆的欧洲人是这么为其命名的——只在这里生活，在其他大陆上没有近亲。南美洲，与北美洲分隔且区别显著，就像是一个超级大的岛，把这些新世界猴的祖先隔离开来。它们的祖先在将近 3000 万年前就到了这里，后来就与世界其他地方失去了一切联系。这些灵长类动物的第一批祖先无疑来自非洲，它们是乘着偏航的植物木筏才来到这里的，正如另一时期的狐猴一样，狐猴也是这样来到马达加斯加的。无数的新物种就在这片既封闭又与世隔绝的地方演化诞生了。

这里有一些猴子能跻身于灵长类动物世界里外形最让人惊叹的猴子之列。像戴着假发的僧面猴，长着胡子的狨，像戴着王冠的柳狨，还有蜘蛛猴，它们可以带领我们走向一条不可思议的动物肖像画廊。此外，在这片巨大的地域空间里，有着世界上最广阔的热带雨林。这片雨林还和其他小片的森林连接在一起。其中之一，大西洋沿岸森林，非常引人注目，尤其是就栖息在那里的灵长类动物而言，它们中有 17 种都是地方性的，也就是说，是当地所特有的。

新世界猴无疑是全世界最不为人知、被研究得最少的灵长类动物。它们体型很小，大部分都栖息在树的高处，因此很难追踪和观察。然而，近几年来，人们对它们的兴趣大大增加了，尤其是在人们对卷尾猴的智力有了众多发现之后。最近，一些科学家也证明了侏狨拥有复杂的语言系统，这说明具有认知能力并不仅仅是一部分旧世界猴的特性。如果说狨非常"健谈"，那这并非出于巧合。在纠缠不清的藤本植物和树枝上，似乎并没有动物在那里生活。不过，虽然人眼看不见它们，我们却可以肯定它们并非悄无声息。因为最让那些穿过热带雨林的人感到震惊的，就是那里无处不在的噪声。在金龟子鞘翅的嘎吱声、蝉震耳欲聋的叫声、南美大鹦鹉的叽喳声，还有青蛙的鸣声中，我们还能听到吼猴的叫声，狨富有穿透力的对话声，以及蜘蛛猴、绒毛猴或卷尾猴喋喋不休的交流声。

下目　**类人猿下目 SIMIIFORMES**

小目　**阔鼻小目 PLATYRRHINI**

科　**卷尾猴科 Cebidae**

不久之前，大部分的新世界猴还都被分在这个科里。但现在，卷尾猴科仅包含两个亚科。

亚科　**狨亚科 Callitrichinae**

狨亚科是新世界猴中最原始的亚科。脚趾大，拇趾对生，有趾甲；脚趾在抓握东西的时候起到了类似轴承的作用。尽管外貌远古，但事实上，它们的爪子演化出附属的趾甲是最近发展出来的特征（趾甲是将灵长类归为一类的主要特征之一）。脚趾甲的二次演化是与它们的生活方式相关的，它们在爬树的时候会把爪子紧紧依附于树干上。它们也会经常沿着水平的树枝四足跑动和在树枝间跳跃。生活在小规模的家庭群中，成员至多 10 只，但仅有一只繁殖雌性，一般为双胎。后代由群成员合作抚养，雄性经常将幼崽背在背上。

狨

图版 14

图版 14

属　**卢氏倭狨属** │ *Callibella* │ 1 种 │ 图版 14

卢氏倭狨于 1998 年第一次被记录，是狨亚科中最具社会性的。有时可以看到一些群有 30 只个体，包括几只可以繁殖的成年雌性，这与其他狨不同。此外，卢氏倭狨不守卫领域。每一只雌性每年生一只幼崽并独立抚养，没有帮手。据报道，卢氏倭狨只存在于巴西北部约 1000 平方英里的很小的一片森林里，数量仅有 100 只左右。

属　**跳猴属** │ *Callimico* │ 1 种 │ 图版 14

跳猴属是狨亚科中唯一拥有 36 颗牙齿的灵长类动物，其他属是 32 颗牙齿。毛色全部为黑色，头部毛发的形状类似一顶帽子。怀孕期 5 个月，单胎。群的领域大小为 75 ~ 150 英亩，它们用尿液和胸部的腺体分泌物进行集中标记。这个物种叫声多样，可以发出 7 种不同的叫声。

属　**侏狨属** │ *Cebuella* │ 1 种 │ 图版 14

侏狨体重不超过 130 克，不仅是南美洲最小的灵长类动物，也是所有猴子中最小的。它们主要取食 40 种树和约 20 种藤本植物的汁液和其他分泌物。在干旱季节，也取食花蜜和昆虫。领域约为 1 英亩，群成员每天用下部的尖锐犬齿和门齿在树干上钻洞。钻洞可以使汁液渗出，以保证它们总能吃到一些食物。侏狨成对生活，伴有上一窝的幼崽，经常会有黑须柳狨混在群中。

图版 14

1. 卢氏倭狨（*Callibella humilis*）体长：16.5cm+ 尾长：22.5cm，体重：150 ~ 185g。

2. 跳猴（*Callimico goeldii*）体长：22cm+ 尾长：25 ~ 32cm，体重：400 ~ 500g。

3. 侏狨（*Cebuella pygmaea*）体长：13cm+ 尾长：20cm，体重：120 ~ 130g。

2+j

<table>
<tr><td>下目</td><td>**类人猿下目 SIMIIFORMES**</td></tr>
<tr><td>小目</td><td>**阔鼻小目 PLATYRRHINI**</td></tr>
<tr><td>科</td><td>卷尾猴科 Cebidae</td></tr>
<tr><td>亚科</td><td>狨亚科 Callitrichinae</td></tr>
</table>

狨

属 狨属 | *Callithrix* | 6 种 | 图版 15

　　狨属包括 6 个种，各种的大小和习性相似，可以根据毛色区别。下部门齿发育良好，可以用于在树干钻洞以获取多种汁液，如树汁和树胶。多数种沿着耳边有一丛毛发，尾巴有环纹。

图版 15

图版 15

1. 普通狨（*Callithrix jacchus*）体长：18.5cm+ 尾长：28cm，体重：235～250g。

2. 白头狨（*Callithrix geoffroyi*）体长：19.8cm+ 尾长：29cm，体重：190g（雌），230～350g（雄）。

3. 黑羽狨 / 黑冠耳狨（*Callithrix penicillata*）体长：20～22cm+ 尾长：28～32cm，体重：180g（雌），225g（雄）。

4. 白羽狨 / 黄冠耳狨（*Callithrix aurita*）体长、尾长：无数据，体重：400～450g。

5. 黄冠狨 / 黄头狨（*Callithrix flaviceps*）体长：23cm+ 尾长：32cm，体重：406g。

6. 库氏狨（*Callithrix kuhlii*）体长、尾长：无数据，体重：350～400g。

类人猿下目 SIMIIFORMES

阔鼻小目 PLATYRRHINI

卷尾猴科 Cebidae

狨亚科 Callitrichinae

狨

属 长尾狨属 / 微狨属 | *Mico* | 14 种 | 图版 16 和 17

　　长尾狨属（微狨属）与狨属在形态和行为上非常近似，分为不同的属实际上是因为它们的分布区域不同，长尾狨属分布于亚马逊河流域，而狨属栖息的保护区则在靠近大西洋的森林边缘。

图版 16

图版 16

1. 黄肢狨（*Mico chrysoleuca*）体长：21.5cm+ 尾长：35cm，体重：310g（雌），280g（雄）。

2. 毛埃斯狨（*Mico mauesi*）体长：21cm+ 尾长：33～37cm，体重：350g。

3. 亚马逊狨 / 白肩狨（*Mico humeralifer*）体长：21.5cm+ 尾长：35cm，体重：310g（雌），280g（雄）。

1♂ + j

2

3

下目	**类人猿下目 SIMIIFORMES**
小目	**阔鼻小目 PLATYRRHINI**
科	卷尾猴科 Cebidae
亚科	狨亚科 Callitrichinae

狨

属 **长尾狨属 / 微狨属** | *Mico* | 14 种 | 图版 16 和 17

图版 17

1. **银狨**（*Mico argentata*） 体长：21cm+ 尾长：30 ~ 32cm，体重：320g（雌），357g（雄）。

2. **白狨**（*Mico leucippe*）体长：21cm+ 尾长：30 ~ 32cm，体重：320g（雌），357g（雄）。

3. **黑尾狨**（*Mico melanura*） 体长：21cm+ 尾长：30 ~ 32cm，体重：320g（雌），357g（雄）。

4. **萨塔尔狨**（*Mico saterei*） 体长：21cm+ 尾长：30 ~ 32cm，体重：320g（雌），357g（雄）。

5. **阿卡瑞狨**（*Mico acariensis*） 体长：24cm+ 尾长：35cm，体重：420g。

6. **马氏狨**（*Mico marcai*） 体长：21cm+ 尾长：30 ~ 32cm，体重：320g（雌），357g（雄）。

7. **马尼科雷狨**（*Mico manicorensis*）体长、尾长、体重：无数据。

图版 17

下目 **类人猿下目 SIMIIFORMES**

小目 **阔鼻小目 PLATYRRHINI**

科 卷尾猴科 Cebidae

亚科 狨亚科 Callitrichinae

柳狨

属 柳狨属 | *Saguinus* | 17 种 | 图版 18 ~ 21

柳狨属区别于狨的基本特点是其尾巴没有环纹。另外，柳狨头上没有沿着耳边的一丛毛发。一些种，如双色柳狨，脸部相对裸露。柳狨的不同种主要通过毛色来进行区分。

图版 18

图版 18

1. 黑须柳狨 [①]（*Saguinus nigricollis*）体长：22cm+ 尾长：35cm，体重：480g。

2. 金须柳狨 [②]（*Saguinus tripartitus*）体长：21 ~ 24cm+ 尾长：31 ~ 34cm，体重：340g。

3. 安第斯山鞍背柳狨 [③]（*Saguinus fuscicollis leucogenys*）体长：22cm+ 尾长：32cm，体重：380 ~ 400g。

3b. 鞍背柳狨亚种，无图和数据。

4. 白须柳狨 [④]（*Saguinus melanoleucus melanoleucus*）体长：22cm+ 尾长：32cm，体重：400g。

5. 威德尔氏鞍背柳狨 [⑤]（*Saguinus fuscicollis weddelli*）体长：22cm+ 尾长：32cm，体重：400g。

---

① 现归入鞍背狨属（*Leontocebus*）。——译者
② 现归入鞍背狨属（*Leontocebus*）。——译者
③ 现归入鞍背狨属（*Leontocebus*）。——译者
④ 现归入鞍背狨属（*Leontocebus*），学名为 *Leontocebus weddelli melanoleucus*，威德尔氏鞍背狨白色亚种。——译者
⑤ 现归入鞍背狨属（*Leontocebus*），学名为 *Leontocebus weddelli weddelli*。——译者

下目	**类人猿下目 SIMIIFORMES**
小目	**阔鼻小目 PLATYRRHINI**
科	卷尾猴科 Cebidae
亚科	狨亚科 Callitrichinae

柳狨

属 柳狨属 | *Saguinus* | 17 种 | 图版 18 ~ 21

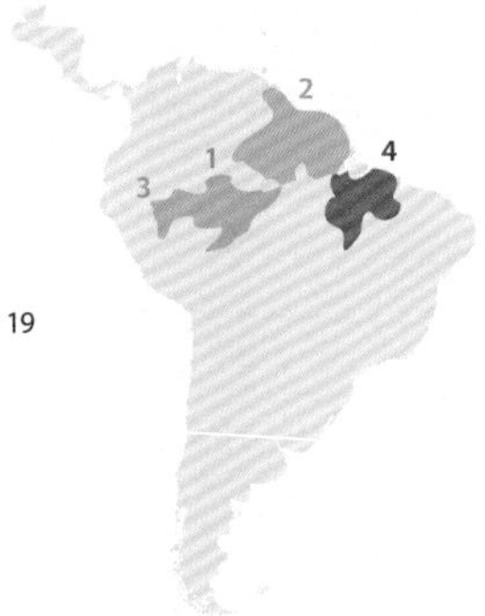

图版 19

1. 白唇柳狨（*Saguinus labiatus*）体长：26cm+ 尾长：39cm，体重：460g。

2. 赤掌柳狨（*Saguinus midas*）体长：24cm+ 尾长：39cm，体重：430g（雌），586g（雄）。

3. 长须柳狨（*Saguinus mystax*）体长：26cm + 尾长：38cm，体重：500 ~ 640g。

4. 黑柳狨（*Saguinus niger*）体长、尾长、体重：无数据。

图版 19

下目　**类人猿下目 SIMIIFORMES**

小目　**阔鼻小目 PLATYRRHINI**

科　卷尾猴科 Cebidae

亚科　狨亚科 Callitrichinae

柳狨

属 柳狨属 ｜ *Saguinus* ｜ 17 种 ｜ 图版 18～21

图版 20

图版 20

1. **双色柳狨**（*Saguinus bicolor*）体长：20～28cm+ 尾长：33～42cm，体重：430g。

2. **皇柳狨**（*Saguinus imperator subgrisescens*）体长：23～25cm+ 尾长：39～41cm，体重：450g。

3. **马氏柳狨**（*Saguinus martinsi*）体长、尾长、体重：无数据。

4. **烙印柳狨**（*Saguinus inustus*）体长：23cm+ 尾长：36cm，体重：400～500g。

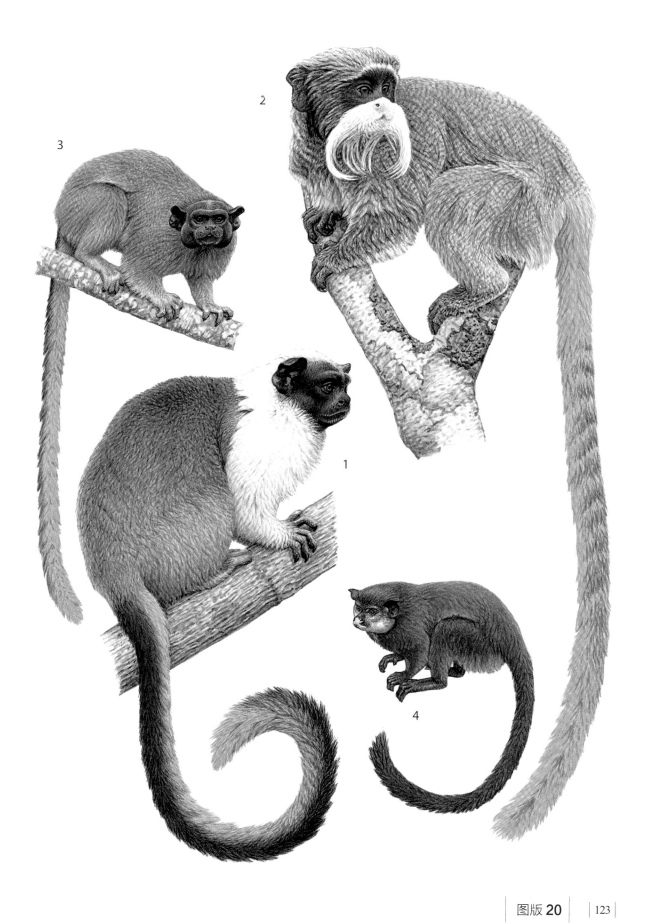

下目　**类人猿下目 SIMIIFORMES**

小目　**阔鼻小目 PLATYRRHINI**

科　　卷尾猴科 Cebidae

亚科　狨亚科 Callitrichinae

柳狨

属 柳狨属 ｜ *Saguinus* ｜ 17 种 ｜ 图版 18～21

图版 21

1. 狨顶柳狨（*Saguinus oedipus*）体长：23cm+ 尾长：37cm，体重：410～430g。

2. 斑柳狨（*Saguinus geoffroyi*）体长：25cm+ 尾长：34cm，体重：545g。

3. 白足柳狨（*Saguinus leucopus*）体长：24cm+ 尾长：39cm，体重：440g。

图版 21

下目 **类人猿下目 SIMIIFORMES**

小目 **阔鼻小目 PLATYRRHINI**

科 卷尾猴科 Cebidae

亚科 狨亚科 Callitrichinae

狮面狨

属 狮面狨属 │ *Leontopithecus* │ 4 种 │ 图版 22

　　狮面狨，是狨亚科中体型最大的，它们的名字源于它们的脸和肩膀被突出的丝绒状毛发环绕，这些丝绒状毛发看起来像狮子的鬃毛。与柳狨属不同，它们不吃树的汁液和其他分泌物，而主要取食昆虫。它们会用长长的手指获取树皮下的昆虫。黄昏时，它们躲避在天然形成的或由其他动物挖掘的树洞中。现在，由于位于巴西东海岸边缘的热带森林大量减少，狮面狨的栖息地遭到破坏，它们被认定为最濒危的灵长类动物之一。

图版 22

图版 22

1. 金狮面狨 / 金狨（*Leontopithecus rosalia*）体长：26cm+ 尾长：37cm，体重：360 ～ 710g。

2. 金臀狮面狨 / 黑狮面狨（*Leontopithecus chrysopygus*）体长：29cm+ 尾长：37cm，体重：540 ～ 690g。

3. 金头狮面狨（*Leontopithecus chrysomelas*）体长：26cm+ 尾长：37cm，体重：480 ～ 700g。

4. 黑脸狮面狨（*Leontopithecus caissara*）体长：30.5cm+ 尾长：43cm，体重：600g。

图版 23

图版 23

南美洲灵长类动物

下目	**类人猿下目 SIMIIFORMES**
小目	**阔鼻小目 PLATYRRHINI**
科	卷尾猴科 Cebidae
亚科	卷尾猴亚科 Cebinae

　　卷尾猴亚科包含两个属，体型中等大小的卷尾猴属和体型明显较小的松鼠猴属。它们的共同特征在于，除了解剖学方面的很多细节相同以外，饮食都非常多样。它们是杂食动物。

卷尾猴

属 卷尾猴属 │ *Cebus* │ 12 种 │ 图版 23

　　体型中等的卷尾猴属的猴子之所以又得名僧帽猴，是因为绝大多数种头顶上有一丛小帽子形状的黑毛，像旧时削发的僧侣。卷尾猴身体强壮，周身覆盖着颜色及图案非常多样的厚毛。人们对它们圆圆的脸十分熟悉，这是因为这些猴子很长时间以来一直被人类当作宠物，人类驯养它们以供娱乐。卷尾猴的尾巴可用于抓握，尾巴末端下面的皮肤光滑。这个无毛的光滑区域就像它的第五只手，可以帮助其将身体悬挂在树枝上，将自己牢固地锚定，也释放了双手以便取食或者做其他事情。它们高度社会化，生活在由 20～30 只个体组成的群中，并通过十分多样的叫声彼此交流。自出生起，幼崽就爬到母亲的背上，雄性也会携带幼崽四处走动。黑帽卷尾猴是南美洲新世界猴中地理分布最广的，也一直是灵长类学家研究最多的物种，无论是在野外，还是在实验室里。卷尾猴生活在雨林、次生林、红树林和干燥林中。它们的饮食非常多样，甚至吃螃蟹和牡蛎。它们具备卓越的认知能力，尤其是像黑猩猩一样会使用工具。

图版 23

1. **白额卷尾猴**（*Cebus albifrons*）体长：36～46cm+ 尾长：40～47cm，体重：1.4～2.2kg（雌），1.7～3.2kg（雄）。

2. **黑帽卷尾猴** [①]（*Cebus apella*）体长：35～49cm+ 尾长：37～49cm，体重：1.4～3.4kg（雌），1.3～4.8kg（雄）。

3. **金腹卷尾猴** [②]（*Cebus xanthosternos*）体长：36～42cm+ 尾长：38～49cm，体重：1.4～3.4kg（雌），1.3～4.8kg（雄）。

4. **白颊卷尾猴**（*Cebus capucinus*）体长：33～45cm+ 尾长：35～51cm，体重：2.7kg（雌），3.8kg（雄）。

---

① 现归入僧帽卷尾猴属（*Sapajus*），并命名为黑头棕僧帽卷尾猴。——译者
② 现归入僧帽卷尾猴属（*Sapajus*）。——译者

下目	**类人猿下目 SIMIIFORMES**
小目	**阔鼻小目 PLATYRRHINI**
科	**卷尾猴科 Cebidae**
亚科	卷尾猴亚科 Cebinae

松鼠猴

属 松鼠猴属 | *Saimiri* | 5 种 | 图版 24

中美洲和南美洲的热带森林里没有松鼠。从体型、外貌和运动方式的角度说，松鼠猴，与狨亚科一起，占据了这个空缺的生态位。与狨亚科之外的许多其他新世界猴不同，松鼠猴在非常年幼的时候有一条可用于抓握的尾巴，但当它们长大后，尾巴便丧失了抓握的功能。松鼠猴体型较小，长得又格外吸引人，因此无数的松鼠猴被人捕获以进行宠物贸易。不仅如此，它们还被广泛地用于医药实验。它们高度社会化，每个群的个体数量约 20～40 只，包括几只雄性和几只雌性，经常和卷尾猴和秃猴共享树林。松鼠猴非常擅长用手捕获昆虫、小螃蟹、蜗牛，甚至青蛙。

图版 24

图版 24

1. 黑帽松鼠猴 / 黑冠松鼠猴 / 亚马逊松鼠猴（*Saimiri boliviensis peruviensis*）体长：31cm+ 尾长：36cm，体重：700～900g（雌），960g～1.1kg（雄）。

2. 松鼠猴（*Saimiri sciureus sciureus*）体长：31cm+ 尾长：40cm，体重：550g～1.2kg。

3. 黑松鼠猴（*Saimiri vanzolinii*）体长：27～32cm+ 尾长：41～44cm，体重：650～950g。

4. 松鼠猴哥伦比亚亚种[①]（*Saimiri sciureus albigena*）体长：31cm+ 尾长：40cm，体重：550g～1.2kg。

5. 松鼠猴，无图和数据。

① 现学名为 *Saimiri cassiquiarensis albigena*。——译者

下目　　**类人猿下目 SIMIIFORMES**

小目　　**阔鼻小目 PLATYRRHINI**

科　　夜猴科 Nyctipithecidae

亚科　　夜猴亚科 Aotinae

这个亚科包含新世界猴中唯一的夜行性灵长类动物。全部归入一个属——夜猴属。

夜猴

属 夜猴属 ｜ *Aotus* ｜ 8 种 ｜ 图版 25

夜猴，更普遍的叫法是"猫头鹰猴"，因为它们发出的响亮叫声非常像大型夜间狩猎猛禽的叫声。与夜行的狐猴和懒猴不同，夜猴属的眼睛没有专门的膜（即反光膜）将穿过视网膜的光线反射回去。不过，它们有非常大的球状眼睛，这使它们在夜间拥有良好的视力。它们的皮毛柔软而浓密，主要为银灰色，腹部有一片浅褐色。头上有 3 条边缘为灰色的黑纹，这使得眼睛的上缘非常突出。耳朵小，并且藏在毛发里。夜猴为一夫一妻，成对生活，伴有成熟的后代。它们栖息于热带雨林，领域约 8 英亩，边界用位于不能抓握的尾巴根部的气味腺体标记。主要取食果实、树叶和昆虫。白天躲在由其他动物挖掘的树洞中，或者躲在缠绕的藤本植物中，在这些地方，猎食者都无法捕捉到它们。

图版 25

图版 25

1. **夜猴 / 三道纹夜猴**（*Aotus trivirgatus*）体长：34cm+ 尾长：35 ~ 37cm，体重：920 ~ 950g。

2. **黑夜猴 / 黑头夜猴**（*Aotus nigriceps*）体长：34cm+ 尾长：36cm，体重：700g ~ 1.1kg。

3. **鬼夜猴 / 灰腹夜猴**（*Aotus lemurinus*）体长：约 35cm+ 尾长：35cm，体重：1kg。

下目 **类人猿下目 SIMIIFORMES**

小目 **阔鼻小目 PLATYRRHINI**

科 蜘蛛猴科 Atelidae

这个科包括绒毛猴、绒毛蜘蛛猴、蜘蛛猴和吼猴。

亚科 蜘蛛猴亚科 Atelinae

这个亚科包括绒毛猴属、绒毛蜘蛛猴属、蜘蛛猴属和吼猴属。

绒毛猴和绒毛蜘蛛猴

属 绒毛猴属 | *Lagothrix* | 2种 | 图版 26

在灵长类中，绒毛猴的毛发最为浓密。尽管它们的体型对于专门生活在洪溢林和山地热带雨林上层的动物来说相对丰满，但它们的动作极其敏捷。它们那像第五只手一样可以抓握的尾巴能令它们做出各种高难动作。它们的食物包含两百多种植物，它们对于所摄取果实的种子传播过程有着重要作用。它们极易受到栖息地破坏的影响，因而被认定为最濒危的灵长类物种。绒毛猴具社会性，通常生活在由 30 只个体组成的群中。有时群里有多达 70 只个体，包括几只雄性和几只雌性，以及它们的成熟后代。群中的雄性遵守严格的等级制度，等级主要与个体年龄相关。占统治地位的雄性对雌性和它们不到两个月的幼崽给予非常多的保护。幼崽出生后的第一周，由母亲携带于腹部；大约两岁左右，移到母亲背上。

属 绒毛蜘蛛猴属 | *Brachyteles* | 2种 | 图版 26

绒毛蜘蛛猴是现存最大的新世界猴。它们的栖息地局限于巴西大西洋海岸热带雨林里一小块严重退化和破碎化的区域——这个区域里还生活着狮面狨，因而它们变得极其濒危。绒毛蜘蛛猴生活在成员组合十分灵活的群中，每个群大约包含 20 只个体，并呈现出一种所谓的"分分合合"的结构：一个群会定期地分为小的亚群，一段时间后再聚在一起。它们白天的大部分时间都用于取食（树叶、果实、种子和花蜜）和社交互动。它们是攻击性最小的灵长类动物之一，经常可以看到它们弯曲手臂、环绕彼此以互相安慰，它们也因此获得了"嬉皮士猴"的称号。

图版 26

图版 26

1. 棕绒毛猴 / 洪氏绒毛猴（*Lagothrix lagotricha lagotricha*）体长：49～52cm+ 尾长：67cm，体重：3.5～6.5kg（雌），3.6～10kg（雄）。

2. 哥伦比亚绒毛猴（*Lagothrix lagotricha lugens*）体长：49～52cm+ 尾长：67cm，体重：3.5～6.5kg（雌），3.6～10kg（雄）。

3. 银绒毛猴（*Lagothrix lagotricha poeppigii*）体长：49～52cm+ 尾长：67cm，体重：3.5～6.5kg（雌），3.6～10kg（雄）。

4. 秘鲁绒毛猴 / 灰绒毛猴（*Lagothrix lagotricha cana*）体长：49～52cm+ 尾长：67cm，体重：3.5～6.5kg（雌），3.6～10kg（雄）。

5. 黄绒毛猴 / 黄尾绒毛猴（*Lagothrix flavicauda*）体长：51～53cm+ 尾长：56～61cm，体重：10kg。

6. 北绒毛蜘蛛猴（*Brachyteles hypoxanthus*）体长：50～78cm+ 尾长：65～80cm，体重：9.5～11kg（雌），12～15kg（雄）。

7. 南绒毛蜘蛛猴（*Brachyteles arachnoides*）体长：57～79cm+ 尾长：79cm，体重：9.4kg（雌），12kg（雄）。

下目	**类人猿下目 SIMIIFORMES**
小目	**阔鼻小目 PLATYRRHINI**
科	蜘蛛猴科 Atelidae
亚科	蜘蛛猴亚科 Atelinae

蜘蛛猴

属 蜘蛛猴属 | *Ateles* | 7 种 | 图版 27

　　蜘蛛猴苗条纤细，除了尾巴非常长之外，前后肢也非常长。尾巴就像它的第五只手，尾巴末端下面的皮肤无毛，有皮嵴 [①]，这些隆起的皮嵴就像手和脚上的指纹。蜘蛛猴高度特化，适应了在热带雨林上层需要高难度跳跃技巧的生活。拇指退化至近乎消失，手变形成名副其实的"吊钩"，使得它们可以将自己悬挂在树枝上，以及异常灵活地从一棵树荡到另一棵。它们花大量的时间用于取食树叶和果实，偶尔也摄入枯木和土壤。蜘蛛猴生活的社群呈一个"分分合合"的结构，一个社群约包含 20 只个体。白天，群成员一般待在由 3～4 只个体组成的亚群中，但会在领域的核心区域定期重聚，猛烈地抵抗捕食者和入侵者。它们的领域大小为 250～750 英亩。雌性的阴蒂非常长，用于释放气味以标记领域的边界。这些灵长类动物有相对于其体型而言明显较大的大脑，所以非常聪明。雌性每 3 年产一仔，怀孕期约 7.5 个月。幼崽成长到成熟独立约需要 6 年的时间。

图版 27

图版 27

1. **白额蜘蛛猴 / 长毛蜘蛛猴（*Ateles belzebuth*）** 体长：41～58cm+ 尾长：68～90cm，体重：7.2～10kg。

2. **黑掌蜘蛛猴（*Ateles geoffroyi*）** 体长：30～63cm+ 尾长：63～84cm，体重：6～9kg。

3. **朱颜蜘蛛猴 / 圭亚那蜘蛛猴（*Ateles paniscus*）** 体长：54cm+ 尾长：81cm，体重：5.4～11kg。

4. **白颊蜘蛛猴（*Ateles marginatus*）** 体长：34～50cm+ 尾长：61～77cm，体重：5.8kg。

5. **秘鲁蜘蛛猴 / 倭蜘蛛猴 / 黑蜘蛛猴（*Ateles chamek*）** 体长：40～52cm+ 尾长：80～88cm，体重：7kg。

6. **棕头蜘蛛猴（*Ateles fusciceps robustus*）** 体长：39～53cm+ 尾长：71～85cm，体重：8.8kg。

① 指有摩擦嵴的皮肤，易于抓握东西。——译者

<table>
</table>

下目	**类人猿下目 SIMIIFORMES**
小目	**阔鼻小目 PLATYRRHINI**
科	蜘蛛猴科 Atelidae
亚科	蜘蛛猴亚科 Atelinae

吼猴

属 吼猴属 | *Alouatta* | 9种 | 图版 28

　　吼猴之所以被称作吼猴，是因为它们能够发出强有力的叫声，而这也得益于它们位于喉咙附近、结构特殊的舌骨。舌骨发育成了一个可以充当共鸣器的空腔。雄性和雌性的"吼"是为了宣示它们所在群的领域，以阻止可能的入侵者。吼叫经常发生在中午或者下午晚些时候，但也会发生在黎明或者整个中午期间。在新世界猴中，吼猴的饮食结构是独一无二的，它们除了取食果实、花和嫩叶，还取食老叶这种难以消化、能量收益非常低的食物。因此，它们不得不每天吃大量的食物，食物总重超过两磅，用以获取足够的能量来满足自身的需要。为了避免过多的能量消耗，它们不爱活动，并且花相当多的时间休息。吼猴生活在小的社群中，典型的群约有5只个体，包括几只雄性和几只雌性。它们生活在多样的热带栖息地，从红树林到低地雨林，再到树木繁茂的热带稀树草原，类型多样。性二型现象明显，雌性小于雄性。黑吼猴的性别还可以用毛发的颜色来区分，雄性是乌木色，而雌性是淡黄棕色。

图版 28

图版 28

1. 帛吼猴 / 玻利维亚红吼猴（*Alouatta sara*）体长：54cm+ 尾长：59cm，体重：约 5kg（雌），7kg（雄）。

2. 红吼猴 / 委内瑞拉红吼猴 / 哥伦比亚红吼猴（*Alouatta seniculus*）体长：52～58cm+ 尾长：60cm，体重：4.2～7kg（雌），5.4～9kg（雄）。

3. 鬃毛吼猴 / 长毛吼猴 / 披风吼猴（*Alouatta palliata*）体长：52～56cm+ 尾长：60cm，体重：3.1～7.6kg（雌），4.5～9.8kg（雄）。

4. 黑吼猴 / 黑金吼猴（*Alouatta caraya*）体长：42～55cm+ 尾长：53～65cm，体重：3.8～5.4kg（雌），5～8.3kg（雄）。

下目	**类人猿下目 SIMIIFORMES**
小目	**阔鼻小目 PLATYRRHINI**
科	**僧面猴科** Pitheciidae

僧面猴科包括 4 个属：僧面猴属、丛尾猴属、秃猴属和伶猴属。它们是当之无愧的外貌最奇特的灵长类动物。这个科的成员没有可用于抓握的卷尾。它们都有非常特化的门齿和犬齿，可用于咬开和压碎种子，这些种子是它们饮食中重要的组成部分。

亚科	**僧面猴亚科** Pitheciinae

该亚科包括僧面猴、秃猴和丛尾猴，体型中等，体貌奇特，面部不同寻常。

僧面猴

属 **僧面猴属** | *Pithecia* | 5 种 | 图版 29

这个属的所有成员，头部的毛发突出，样貌惊人。此外，雌性和雄性的毛发颜色也不同。雄性白脸僧面猴除了面部为白色，像带了白色面具一样，周身全黑，而雌性则周身全灰，只是鼻子上有两个白色的小条纹。出生时，雌雄的毛发颜色是相同的。僧面猴的家庭群较小，通常占据森林的上层，但有时也从树上下来进入灌木丛。僧面猴主要取食果实和种子，也取食树叶、花及多种动物。除此之外，它们还取食白蚁丘中富含铁的土壤。它们的跳跃令人印象深刻。它们可以高举胳膊，沿树枝快速跑动，还可以用脚悬挂身体。领域大小为 10～25 英亩，它们会用强有力的叫声标示领域的边界。

图版 29

图版 29

1. 白脸僧面猴／白脸狐尾猴（*Pithecia pithecia*）体长：34cm+ 尾长：34～39cm，体重：780g～1.7kg（雌），960g～2.5kg（雄）。

2. 僧面猴／狐尾猴（*Pithecia monachus*）体长：37～48cm+ 尾长 40～50cm，体重：1.3～2.5kg（雌），2.5～3.1kg（雄）。

3. 露水僧面猴／露水狐尾猴（*Pithecia irrorata*）体长：37～42cm+ 尾长 47～54cm，体重：2.1kg（雌），2.9kg（雄）。

4. 白僧面猴／白足僧面猴／白狐尾猴／巴西僧面猴（*Pithecia albicans*）体长：38cm+ 尾长 41cm，体重：3kg。

1♂

2

3

1♀ + j

4

下目　**类人猿下目 SIMIIFORMES**

小目　**阔鼻小目 PLATYRRHINI**

科　僧面猴科 Pitheciidae

亚科　僧面猴亚科 Pitheciinae

秃猴和丛尾猴

属 秃猴属 │ *Cacajao* │ 3 种 │ 图版 30

秃猴，头部完全无毛，呈猩红色，外貌特征非常独特。相较来说，黑脸秃猴有王冠状的头发。所有的秃猴尾巴大大缩短，有一个多毛的"披肩"。"披肩"呈略带红色的棕色或黑色，某些种则呈全白色。一个秃猴社群包含 15 ~ 30 只个体，包括几只雄性和几只雌性。它们生活在沼泽林和洪溢林中，在高高的树冠间四处移动。当受到干扰时，它们会反复地轻摇尾巴。如果威胁持续，它们会发出有力的、尖锐的警戒叫声。秃猴会用约 10 种叫声进行沟通，此外，还会用面部表情彼此交流。

属 丛尾猴属 │ *Chiropotes* │ 2 种 │ 图版 30

丛尾猴，其英文名源自其下巴处有一丛发育良好的毛发[①]。丛尾猴生活在由 5 ~ 10 只个体组成的小群，栖息于低地和山地热带雨林，取食种子、果实和花。怀孕期 5 个月，单胎。幼崽出生时尾巴可用于抓握，如同第五只手，可用于抓住母亲的毛皮。随着幼猴的成长，尾巴的这个功能会逐渐消失。

图版 30

1. **白秃猴**（*Cacajao calvus calvus*）体长：55cm+ 尾长：15.5cm，体重：2.8kg（雌），3.4kg（雄）。

2. **赤秃猴**（*Cacajao calvus rubicundus*）体长：55cm+ 尾长：15.5cm，体重：2.8kg（雌），3.4kg（雄）。

3. **黑脸秃猴**（*Cacajao melanocephalus*）体长：30 ~ 50cm+ 尾长：12 ~ 21cm，体重：2.4 ~ 4kg。

4. **红背丛尾猴**（*Chiropotes chiropotes*）体长：40 ~ 42cm+ 尾长：39cm，体重：1.9 ~ 3.3kg（雌），2.2 ~ 4kg（雄）。

4b. **黑丛尾猴**（Black-beard Saki monkey），无图和数据。

5. **白鼻丛尾猴**（*Chiropotes albinasus*）体长：42cm+ 尾长：41cm，体重：2.2 ~ 3.3kg。

图版 30

图版 30

---

① 丛尾猴的英文名为 bearded saki monkeys，意思为有胡须的粗尾猴。——译者

下目 **类人猿下目 SIMIIFORMES**

小目 **阔鼻小目 PLATYRRHINI**

科 僧面猴科 Pitheciidae

亚科 悬猴亚科 Callicebinae

这个亚科包括体型较小的伶猴，所有成员全部归为一个属，即伶猴属。

伶猴

属 伶猴属 │ *Callicebus* │ 29 种 │ 图版 31

伶猴身材矮小，成对生活，夫妻关系亲密。经常可以看到一只雄猴和一只雌猴在树枝上坐在一起，它们那细长的、覆盖着柔软的浓密长毛的尾巴彼此盘绕。它们栖息于多种类型的森林中，从低地森林到山地森林，再到沼泽林，类型多样。它们的领域大小为 15 ~ 30 英亩，经常与狨、柳狨，甚至绒毛猴共享领域。每天清晨，夫妻的二重唱既能阻止入侵者，又能使二者关系更加紧密。伶猴通常由雄性携带幼崽，特别是在幼崽出生后的第一周。尽管伶猴的毛色提供了很好的伪装，但它们在树间移动时会非常谨慎——在防范被捕食者发现方面，这种谨慎实际上起到了更大的作用。伶猴主要取食果实和树叶，也捕食昆虫和蜘蛛。

图版 31

图版 31

1. 红伶猴 / 铜色伶猴（*Callicebus cupreus*）体长：33cm+ 尾长：42cm，体重：1.1kg。
2. 花面伶猴 / 大西洋伶猴（*Callicebus personatus*）体长：35cm ~ 38cm+ 尾长：48 ~ 50cm，体重：1.2 ~ 1.3kg。
3. 芦苇伶猴 / 白耳伶猴（*Callicebus donacophilus*）体长：31cm ~ 34cm+ 尾长：41 ~ 44cm，体重：800g。
4. 白领伶猴（*Callicebus torquatus*）体长：32cm+ 尾长：45 ~ 47cm，体重：1.1 ~ 1.5kg。
5. 棕伶猴（*Callicebus brunneus*）体长：31cm+ 尾长：39 ~ 41cm，体重：845 ~ 850g。

图版 31

循着赤掌柳狨的踪迹

伊丽莎白·帕热斯-弗亚德

在加入法国国家科学研究院的一支新的考察队之后，我不得不离开狐猴。我现在的工作属于森林动态与动植物关系整体项目的一部分。这项工作让我现在来到了法属圭亚那的一片热带雨林，来寻找赤掌柳狨。

赤掌柳狨（*Saguinus midas*）是法属圭亚那唯一的柳狨，因其体型特别娇小而得到了很好的保护。它也没有像它的近亲金须柳狨那样，因为过于美丽而被"垂涎"。在我刚到的时候，我实际上对它一无所知。关于它的资料太过简略：只有一篇非常简短的文章！赤掌柳狨跟狨很像，重约 600 克，它除脚掌是红棕色以外，浑身的毛发都是黑色的，这也是它的名字的由来。它是昼行性树栖动物，取食果实和昆虫。

一切都有待发现

我不得不设陷阱来抓几只赤掌柳狨，因为它们很小，而且行动敏捷，很难用皮下注射器来麻醉它们。不过，我准备靠它们的"长鸣"在这片于我而言很陌生的森林里找到它们。这种"长鸣"就是文学作品中经常描述到的强有力的"应和声"。这种声音很好识别，通常是在早上，不同的柳狨[①]猴群相遇并相互较量时

发出来的。最常听到的叫声很像是鸟类发出来的。没什么经验的耳朵是很难将这两者区分开来的：有时候我听到一种经过转调的鸟叫声，就会停下来埋伏着，但经常以失望告终。

由于猴子都有很强的视觉、听觉和嗅觉能力，因此，在跟踪它们的时候很难不被发现。这就是为什么我会穿着蓝色或者青绿色的外套。这些颜色在森林里显得很特别，但是我其实是想让它们对于我的存在习以为常。

观察条件

这项研究的目的是要比较这个不为人知的物种在不同季节和两种类型的森林里的社会结构和空间共享方式。这次研究总共用时十个月，有四段观察时期是在圣埃利流域，五段是在努里格，有的是在旱季，有的是在雨季。这次观察涉及八群柳狨〔我在这里对"群"（groupe）和"队"（bande）这两个词不作区分〕：每个观察点有四群。研究场地通过一些狭窄而笔直的小路来分区：这就是林斑线。林斑线每隔 100 米相交成直角，每个交叉点上都写着一个数字和一个字母——南北向的写数字，东西向的写字母——这是为了划定界限并且辨别森林的不同部分，也即样方。这样一来，观察员的行动就容易多了，定位明确，而且绘图也

[①] 由于法属圭亚那只有赤掌柳狨这一种柳狨，原文中在后面提到时未特别强调是赤掌柳狨，只说是柳狨。——译者

更精确。

雨季的时候，天空里，空气里，地上到处都是水，工作就不得不停下来。这时候柳狨也很少活动，而且大雨会让我们看不见它们，也听不见它们。雨季的时候，地面上仿佛有一片流动的镜子，把森林和它的倒影分隔开：这时候不再有林斑线，也不再有需要踩在树干上尽量保持平衡才能穿过的小溪流了。熟悉的地方笼罩着一层神秘色彩，猴子们在面对我时也毫无畏惧了：对于它们而言，此刻所有的桥都断掉了！当雨停下来时，森林里的水会一点点排出来。一切都被打湿了，没有什么是干的。衣服晚上会发霉，吊床在睡觉之人的重压下几乎要断掉！

圣埃利研究站附近的森林有一条河流和一条小路穿过，路边有各种植物，其中就有柳狨最爱的植物物种。我们每个人心里都"潜伏"着一个幻想家，对于那个幻想家而言，亚马逊这片 90% 的土地都被热带雨林覆盖着的地方是真正的"原始森林"。法国海外科学技术研究所（ORSTOM）[①]的营地在原始森林深处，但这条小路在很大程度上使交通更加便利了。然而，与此同时，重型卡车会借用这条路来运输人们从森林里连根拔起的树，各路猎人也利用这条路更方便地进入森林，让野生动物暴露在他们的猎枪之下。年复一年，捕猎愈发猖獗。

努里格的森林除了我们安置的营地和林斑线外，丝毫未受破坏。在两百多年前的诺亚克（Norak）印第安人之后，它们就再也没有受到人类的影响。一群从来没有看到过人类的卷尾猴打量了我好久，透过它的眼睛，我在观察另一种灵长类动物时发现了作为人类的我自己——我同样也是一种灵长类动物。

随着我观察灵长类动物的工作逐步推进，研究条件、目标、观察方法以及记录编码都逐渐明晰起来。但提前设定好的计划也经常随着实际情况而改变。能否进行处理和分析并不取决于观察者看到了什么，而是取决于他做的记录的确切程度。两次抄录，一次是录到实地考察记录本上，一次是存到计算机数据库里，都会带来一些信息的损失。

统计分析只保留每隔 15 分钟记录的采样结果，这些结果一般来自观察和持续的笔记，内容包括：同时观察到的猴群和个体的数量，它们占据的区域大小，以及它们活动和应和的方式。

一个想让我迷路的诡计

在研究刚开始的时候，柳狨把我带到了平行的林斑线之外，一个我完全没办法定位的地方。我不得不借助于测量线（topofil）进行定位。这根长达好几公里的阿里阿德涅[②]之线就像蜘蛛丝一样，会留下踪迹。它帮助我返回了营地，并且还让我对路线有了更为精确的记录。我把这些线留在原地，并在那里挂上彩色透明胶带做标注，好让我了解它们最常去的地方。后来，为了避免乌龟和哺乳动物把爪子缠在那

[①] 1988 年起更名为法国发展研究院（IRD）。——译者

[②] 阿里阿德涅，Ariadne，法语变形为 Ariane，是希腊神话中克里特岛国王米诺斯的女儿，她给了情人忒修斯一个线团，帮助其走出了迷宫。——译者

里，也为了防止鸟类在那儿筑巢，我就把这些线拿走了。

在弄清楚山峦的走势和水流的路线之后，即便是在林斑线之外，我也逐渐可以给自己定位了。有些山丘很具欺骗性，它们分叉成 Y 字形，不知不觉地就消失了，又或者刚好延伸到河流里去。在某个浅滩，柳狨和我开玩笑，把我抛弃在了一个我甚至无法在地图上确定位置的地方。恼火的我只好向两位法属圭亚那人寻求帮助。他们很详细地给我解释了水流的路线以及这片神秘地域附近山丘的走势规律。

我在那儿追踪赤掌柳狨的时候，把它们弄丢了。我越来越难跟上它们的步伐，稍不注意，视线中就只剩下一只了，而且能很明显地看到，这只也很不好追踪。然后，突然，什么都没有了。它们全都消失了。我只好安慰自己它们在前面，并继续往前走，却再也没有见到它们。

有一天，我精疲力竭，干脆放弃了。我按照自己的步调来走，然后坐了下来。可能是出于巧合，或者无意间的发现，我注意到那群赤掌柳狨刚好在我头顶上方休息。我立刻就理解了首领的诡计：它离开猴群，把我的注意力吸引到它这只猴子身上，以便更好地隐藏以及更谨慎地再回到它的同伴中去。甚至是一群已经对我很熟悉的猴子，晚上回到住所的时候也会使用诡计，它们会曲曲折折地绕很多路来把我甩到后面。在辨认出它们睡觉的那棵树之后，我就藏起来看它们怎样爬上去。它们排成队，一只跟着一只，每天天黑之前都会从不同的路线回到这棵树上，然后第二天天亮的时候再按照同样的方法离开这棵树。

棕榈和藤本植物的世界

我发现它们有两类住处：一类是体型庞大的空心树，被藤本植物缠绕，离其他树很远；另一类是高大的棕榈树。我是在努里格才理解为什么柳狨和卷尾猴会在这里筑巢。这个研究站有一些 40 米高的平台，平台之间以及平台和地面之间通过舷梯相连。这些平台让我们可以接触到树顶和林冠。从直升飞机上看，这些搭在森林顶部的舷梯如此精致，像蜘蛛网般轻巧，连接处又是如此纤细，在森林上行走这一奇迹真令人触动。

舷梯从山上一直冲向隘谷，我仿若凌空而行。我感觉自己升到了地面之上，处在树梢之间，周围是湿热的潮气和腐殖质的气味，这让我觉得很神奇。随后，我走到树干之间去，悬在已经离我很远的地面和那些相互交叠的树顶中间。一切都在轻轻晃动。我停下脚步来享受这个时刻，倚靠在由折叠舷梯所形成的月牙形的空隙中，舷梯可以通向平台的最高处。我向前俯身，想看清楚一切。

再次上升之后，我终于和露出的高大树木齐平了，俯视着林冠间绿色的波涛：这些树像极了普通的花椰菜！站在这座距地面 35 米、把我们与猴子连接起来的"桥"上，我发现，棕榈树中心的花冠在我正下方延展着。

迪姆帮助我"驯服"那些赤掌柳狨

有一天，我把一只赤掌柳狨幼崽带到了实地观察区里。它的父母是我们在布吕努瓦实验室里繁育出来的。这对双胞胎是在星期天诞生的，因此它们的名字分别叫作迪姆（Dim①）和桑（Sun②）。星期一早上，负责照顾它们的动物饲养员在地上发现了迪姆，它毫无活力，虚弱得连它父母的毛都抓不住，而它的父母似乎对此毫不在意。于是，我决定全权照管它。那时，它还只有一小绺黑色和棕色的毛，像扎头发的缎带结一样挂在我的头发上。

在我出发去考察的时候，它就更加依赖我，也一直陪伴着我。我希望在我去捕捉野生柳狨的时候，它不是障碍，而会给我提供帮助。它在营地里到处游荡，因为那些棚舍，也就是那些用来保护吊床和蚊帐的简陋建筑，既没有墙壁，也没有地板，房间由棕榈叶覆盖着，"厨房和餐厅"由铁皮做屋顶，实验室由塑料布遮着。迪姆在这里受到了大家的欢迎。我在河边洗澡的时候，它会因为不能跟我一起去就愤怒并绝望地在河岸跺脚、叫喊。这种叫声经常会在森林里回响着：只要这群赤掌柳狨是在休息，小柳狨们就会一只接着一只地回应，不停地叫喊以向其他猴子提醒自己的存在，孜孜不倦地传达这样一个讯号："我在这儿呢！别忘记我啊！"

多亏了迪姆，有一群赤掌柳狨最终习惯了我的存在，并且能够容忍我了。我终于可以近距离跟踪它们了，它们有七只。但是当它们第一次发现迪姆在我的头发上的时候，它们显得有些恐慌，警报声向四面八方传了出去。当我抚摸迪姆的时候，它咕咕地叫着，其他的柳狨就都很神奇地平静下来了。它们会战战兢兢地下来，跑到我的头顶上方，仿佛是想近距离观

① 法语单词 Dimanche（星期天）的缩写。——译者
② 英语单词 Sunday（星期天）的缩写。——译者

察这一令人吃惊的场景。由于迪姆没有发出任何呼喊或者绝望的叫声，也没有做出任何要去跟上它们的动作，它们就自己上路，不再关心我们两个了。至于迪姆，它从未试图加入它们，也很可能它根本就跟不上它们。

耐心是不可或缺的品质

确定猴群详细的行动路线，定位它们最常去的树，并且选择合适的树枝来设陷阱，这个过程很漫长，但也很有趣。把自己换位到我们想捕捉的动物的角度去思考，预测它们的行动，这虽然很困难，但也很有吸引力：我逐渐觉得我就是它们中的一员，我自己一点点变成了柳狨，有些行为举止变得和它们一样。直到那时，我才觉得这是一项值得的投资。

随后，安置陷阱、放上诱饵并监视这些分散的陷阱又是一项耗时且经常徒劳无功的工作。我手头上仅有的这些陷阱是不合适的，它们只有一个门。这些多疑而又狡猾的猴子会动用它们的一切智慧吃到诱饵却不被抓到！我想靠迪姆把它们吸引过来，但是它太小了，还扮演不好诱饵的角色。

日子一天天地过去，我浪费了最可能有成果的观察时机——早晨。

日复一日的等待、失望最终消磨了我的斗志。我决定放弃这种设陷阱来捕捉它们的方法。

一种合适的观察方法

于是，我不得不根据目前能够实现的观察条件来改变目标。如果没办法捕获到它们，我就不能在它们身上安装可以借助接收器和天线

来连续追踪的发射器。它们很喜欢密集的树叶、小径的边缘、自然枯倒的树木——树木自然倒塌后会形成空隙且会参与森林的再生——以及那些由于藤本植物太多而退化的区域。这些柳猊是黑色的，敏捷而又谨慎地在从地面到30米高的地方活动。没有非常明显的性交行为，即便是携带幼崽的职责也并不限于父母。如果没办法捕捉到它们，就没法对个体进行识别。于是，我只好把观察内容聚焦到它们的行为、移动方式以及不同猴群间而不是猴群内部不同个体间的交流上。

为了能够识别一个猴群，我借助了下面一系列要素：个体的数量，有无幼崽，在整个观察期内走过的路线，到达交锋地点、栖息之树以及最终住处的详细线路。在我彻底熟悉了一群柳猊之后，仅需一个细节，我就能把它们辨别出来。

最初的一些有用成果

柳猊在早晨更为活跃也更为吵闹。6点半到11点半的观察通常都会有很多成果：跟踪可以持续很长时间，获得的信息也足够用来做数据分析。除了这段时间，其他时间的观察都是碎片化的，因为猴群会休息很长时间，在观察者的眼皮底下消失。猴子会一只接着一只地开始静止不动，它们之间的应和也会中断。如果没有小猴子，这时候总体上就会很安静。

圣埃利有三群、四群还是五群猴子呢？

猴群的交锋通常都伴随着一百米开外就能听到的啸声，观察猴群交锋让我最为满足，也是我研究的首要目的。这种交锋只见于很短暂的一段时间里，那就是早晨刚开始的几个小时里。它们那时会停留在某些很明确的地方，比如说食物充足的区域，很高的山上或者树上，或者是大家都会途经的过道。我远远地就会为它们的"长鸣"所引导，这样我就能够很快辨别出围着这片营地活动的猴群。

太阳一升起来，我就会接连从一场交锋跑向另一场。此时，柳猊的激动情绪会让它们对我的存在不那么在意。我选取最佳的观察视角来确定它们发出声音的树和树枝的位置，仔细地记录猴子个体的数量、活动类型，并确认有没有青少年猴以及被抱着的幼崽。

我现在能够很好地辨认出三个猴群了，我猜测还有第四个猴群存在。我用磁带录音机记录下我所辨认出的猴群间交锋的过程，并且快步穿过森林。有一天早上，我终于有机会见证两场同时发生的交锋了，我记录着其中一个，观察着另一个：在我的研究区域内确实有四个猴群同时存在。

这是一个吉日，三群柳猊在我的研究区域最北边的小路相遇，我记录下了这次交锋的全过程。噢！其中一群柳猊发出的声音有一种特殊的嘶哑音色，这群猴子后来很快朝着与营地相反的方向跑开了。这是第五群柳猊，它们的活动区域在我所研究的那四群猴子所占据的区域之外。

在考察接近尾声的时候，我越来越疲惫，警惕性也减弱了好多：在跑着去追一群走远了的猴子的时候，我的脚踩在了一根树枝上，然后它从我的双腿间"滑"了过去——原来这是一条没有毒的长蛇！还有一天，当我在林间小道上跑的时候，我被树根绊倒，栽到了泥里；当我从精疲力竭中恢复意识之后，我还在那里躺卧了一会儿。

关注头顶上方的猴子，并同时保证自己的脚下不出状况，这种本领学起来是很快的。但是，还需要耐心地看、听、感知，并且保持一动不动直到被猴群忘记。森林会决定谁能获知它的秘密。它并不像人们所想象的那么危险，但还是需要当心，不能在里面奔跑！当我一个人在营地里待着的时候，我不得不格外警惕……

复杂的关系

将实地观察得到的数据进行分析之后，我分辨出了猴群间的三类相遇方式：短暂相遇，声音交锋和比邻而息。不管是哪种类型，相互袭击和追捕的概率都很低，而且仅限于刚刚相遇的那几分钟之内，也只会在某几只猴子之间发生。

下午的相遇更像是出于偶然。这种短暂会面一般是在交锋区以外，通常都伴随着更少见也更弱的"长鸣"：行路的过程中遇到了，不同的猴群就会打个招呼，然后继续上路。

声音交锋指的是由每个猴群中的一只猴子有规律地发出的那种长鸣声所构成的持久交流。有两三群猴子会加入进来，彼此靠近且站着不动，又或者是朝着同一个方向移动。猴群里的某只猴子会发出这种特定的有力的叫声，那些用这种方式对话的猴子是行动最不便的，因为它们一般站在最高、最远的地方。并不是所有的猴子都会参与到交锋中来：有的自顾自地吃着东西，有的跑来跑去，另外还有一只成年猴子抱着幼猴在一旁等待着。不管是在哪段时间，哪个地方，这都是猴群之间最为常见的交流方式。

不同的猴群在一片食物丰富的地方经过长时间交锋之后，很少会立刻分开。它们会先并排走一会儿，然后停下来，紧挨着休息很久，最后才分开走上不同的路。这段休息过程会伴随猴群之间的声音交流，但不那么大声。相反地，猴群内部柔和的交流声就像笛声一般，这种交流十分丰富。靠得这么近也能让属于不同族群的猴子之间有一些眼神、气味和触觉的交流。如果有一只柳狨因为在另外一个猴群里待得太久而追不上自己已经走远的猴群，它们之间就会用"长鸣"来联系。

罕见的转群

我看到有些猴子带着幼猴加入另一个猴群，并跟随它们一直到这个猴群活动范围的边界，很晚才回到自己的猴群里。这很可能是一次长期转群的序幕。

最终真正转投别群是非常罕见的。在我所观察到的三种情况中，有一两只柳狨加入了一个刚刚有幼猴诞生的猴群。还有两只原属于规模最小的那个猴群里的成年猴子加入了规模最大的那个猴群。它们加入后，这群猴子的数量就上升到 15 只了。规模最小的那个猴群，在数量降到 3 只之后，曾经到一片我从未看它们去过的地方去追踪叛变的猴子，好几次都试图到球花森氏藤黄（Symphonia globulifera）树上去和叛变的猴子重聚。然而，它们却遭遇了一次又一次的挫折，迎接它们的是打架的叫喊声和对接触的拒绝。

我认为，接收的猴群里如果有猴宝宝和幼猴存在，而且有寻找食物的困难，这种转群就会方便很多。实际上，小猴子能否存活很大程度上依赖于照顾它们的猴子的数量。能够在一个数量众多的猴群里生活和长大对于它们的生存很有利，因为在食物匮乏的季节里，个体数量多的猴群更容易迁徙到食物丰富的森林里去。

发现动植物间的关系：既有用又愉快的观察

那些"居高临下"的大树仿佛是一个剧场，在那儿做的观察最为有趣，我们会看到猴群守卫领域的行为、母性的举动、进食和操控性的行为。我曾经看到好几群猴子进食的时候靠得很近，却没有打架，然后在食物都吃完之后紧挨着休息。我被猴子间多样化的交流形式和猴群间的这种往来震惊了。

珍稀的球花森氏藤黄

发现球花森氏藤黄对于观察者来说是无上乐事，就跟在圣埃利的小路上发现柳狨一样。这些高大的树木，它们的树冠会伸展到很远的地方，开花的时候特别壮观，因为花朵数量极多，且颜色鲜红。这些呈小球状的花很像是小小的果实，还含有非常珍贵的花蜜。在果实稀少的时候，柳狨很爱吃这种花。猴群会在视野开阔的树枝上停留很久，这时候我们就有可能欣赏到小猴子在树上跳芭蕾舞的姿态。它们的母亲会允许它们吮奶，但是有时候为了更好地出发去觅食也会推开它们。这时，小猴子们会跺脚并乱叫，直到有其他猴子为它梳理毛发或者把它们背起来才安静下来。

高贵的镰形木荚苏木（*Eperua falcata*）

镰形木荚苏木因为有大量成串的玫瑰色花朵和丰富的花蜜而成为柳狨和观察员的忠实"盟友"：它们可以保证观察员每天的观察是有成果的。一只成年柳狨骄傲地攀到一棵大树的树枝之上，然后，发出了强有力的、规律性间断的叫声——看着天空下自己的身影是多么快乐的事情啊！另一只猴子用脚挂在树枝上，小心翼翼地往树枝最边缘挂着花朵的地方移过去，最后抓到了花，吮吸着甜美充足的花蜜。余下的猴子分散在下方厚厚的落叶层上，追逐打闹着。

光亮球花豆（*Parkia nitida*）令人垂涎的果实

当我在努里格看到球花豆长长的荚果变成褐色并逐渐成熟的时候，我的视觉获得了极大的满足。这种高大的树，罕见且分散，却是猴群活动的主要集中地。好几群柳狨相继来这儿吃东西，有时候还会一起前往。我终于能够自在地观察它们，再也不用担心一不小心就把它们跟丢了。这些果实像是意料之外的礼物，华丽的南美大鹦鹉和其他色彩鲜艳的鸟也很喜欢这种荚果的果皮。一层多肉而且汁液丰富的外壳，保护着裹在纤维里的种子。它们会吃果皮和种子，吃完一个之后，还要再带走一个。它们消化之后的种子并没有受损，而且还有机会去更远的地方生根发芽。

森林里的小树和藤蔓植物的重要性

在一片枣辕木（Oxandra asbeckii）旁边潜伏下来以后，我知道我的耐心要得到回报了。森林里的这些小灌木上面长满了黄色或者黑色的小果子，它们也是很受柳狨欢迎的美味食物。

在小路两旁、人类的开垦地以及被风吹倒的树附近，印加属（Inga）、伞树属（Cecropia）植物和其他生长快速的新树种密度很大。猴子、鸟类和蝙蝠都对这些树种特别感兴趣。它们结果时很隐蔽，却跟藤本植物一样一年结果多次，这是有一定意义的，因为那儿的昆虫特别多。

随着印加树的种子逐渐成熟，柳狨就一个个剥开荚果觅食。为了避免浪费，它们每天都回到这些树上。旱季的时候，当我在烈日下走过这条小路时，几乎都能找到它们。但在正午时分离开树荫的保护，这对于我而言确实是一项考验。

猴群的社会生活和演变过程
猴群组成以及领域大小的年度变化

在我们观察到的猴群中，数量最少的只有三只成年猴子，数量最多的有十一只成年猴子、两只未成年猴子和两只幼崽。而且，猴群的组成在不同阶段也会发生变化。一个小猴群的成员数量有可能会翻倍，从四只变成八只。有一个规模比较大的猴群，六月的时候占据了一块很大的领域，七月的时候却失去了两名成员，不得不退居到一片很小的地方去。这片地方比它一年里其他时间经常活动的地方都小。

还有一个总是单独行动的猴群，不管地方在哪，季节如何，成员都没有发生变动。猴群

间的交锋十分常见：我从未观察到三个猴群同时发生交锋，但是我看到过一片地方同时有四个猴群，相继两两对峙。与之相反，一个猴群还可以细分成好几个由两三只猴子组成的独立亚群。

每个猴群的家域是通过将其活动范围的中心和它们常去的最远的活动区域连接起来而画出来的（每个季节都有所不同，这是从整个观察过程来算的）。它们一整年都会去的区域就划为核域（领域的核心区）：它们有一半以上的时间在这片区域里进行活动。

和柳狨如此小的体型比起来，它们的领域面积显得很大。猴群的活动范围在很大程度上彼此重叠，四个猴群共有的区域很大。即便是核域，也并非是排他的。

对环境的适应：两个研究站的对比

这两个研究站的猴群的主要区别在于猴群的规模、领域的重叠程度、相遇的频率以及猴子的密度。圣埃利的猴群，这些参数都要高些。圣埃利有四个猴群，它们的领域大面积重叠，所有猴群的宿地都紧紧相邻。而在努里格，情形却并不是这样。

在圣埃利

在小路边缘和开垦地里发生的高频率的猴群交锋让我们想到，有可能这种被人类轻微改造过的环境格外吸引柳狨。我们观察到了密度很高的猴群——记录在册的就有30只，这可能与环境的极大多样性、边缘区的增加以及新树种的扩散密切相关。还可能是因为这里的其他灵长类动物——它们的潜在竞争者（尤其是

卷尾猴）数量稀少。

在三年内，这里的柳狨的数量从 26 只上升到了 33 只。这有一部分原因是四月份两个猴群都有幼崽出生，七月份另一个猴群也迎来了新成员。不过，这种增长是因为自然出生率高于死亡率，还是因为猴子的数量在膨胀呢？

在努里格

我们在这里观察的那群猴子占据着一片混杂的天然林。它们既经常去树木很高的森林区，也会去已经退化的森林里，以及岛山（稀树草原上的孤立小山）边缘的过渡林区。它们的数量在 8 年的时间里相对稳定：前后有过 20 只、19 只、21 只和 23 只。

对季节的适应：季节性的调整

猴群的领域中只有不到 30% 的地方是它们每个季节都会去的。它们的活动集中在某几个样方区里，其他的都是不经常去的地方。

如果我们只考虑它们经常去的那些地方（在某段特定时期，50% 的活动都在那里），只有 4% 的区域它们全年都经常前往，8% 的区域它们在三个不同时期里会去。在雨季的两个不同时期，即三四月份和七月，不同区域利用率的差距是最大的。

旱季

九月和十月，猴群领域的重叠范围很大，四个猴群都会优先选择在圣埃利南北向的那条小路活动。这条路路边的灌木被清理之后，柳狨就改为靠森林更远处的一条东西向的路来通行，这是三个猴群的共同通道。

在努里格，一片因藤类植物过多（又或者是自然演变）而退化的森林与岛山外围的森林一起扮演着与小路边缘类似的角色。

雨季

三月和四月是暴雨达到顶峰的时候，也是果实的成熟期。相比于其他时期，三月和四月柳狨的活动有以下特点：所有的参数都到了最小值，而且出行路线呈线性。柳狨会在森林里零星分布的、长有果实的树之间快速地来来往往。这些路程中掺杂着短暂的进食过程，还会被休息打断，但其间没有发生过猴群间的相遇。因人类的开发利用而面积缩减的森林看起来很紧凑。

七月是果实匮乏的季节，这一时期柳狨的出行特点表现为路线更曲折，时间更长，路程也更远。它们会来往于一片开花的树和另一片之间。这种树密度很低，集中在地势低洼的区域，这会让猴群间的相遇更加频繁，而且还会让食物竞争更加激烈。

猴群去一个区域的频率和这个区域树上的果实被采摘的程度之间的联系是显而易见的，虽然这仅限于很短的时间内。为了证实猴群的饮食习惯、去往某空间的频率、猴群间的相遇以及亚群的分离关系之间的联系，我借助了对应分析法（AFC）这种国际通用的研究方法。这种分析方法可以在常规统计数据之外，让不同因素间的联系变得直观而明显。

社会生活和饮食习惯
基本食物

柳狨的饮食十分多样化，包括果子、有蜜腺的花朵和昆虫，灵活的社会组织也让它们可以很好地适应季节变化。猴群家域范围以及猴群间的关系很大程度上取决于能够获取的食物的数量、质量和空间分布。

在全年的时间里，比起吃昆虫，柳狨似乎更喜欢吃果实和花蜜。不过，它们每个季节花在捕捉昆虫的时间比花在收集果子的时间要稳定得多，季节差异最明显的是采集花蜜的时间。

可以吃花蜜的时间有限，但是在果子很少的季节里，它们对于柳狨的生存而言却至关重要。这时候镰形木荚苏木和球花森氏藤黄上就会有大量的柳狨在觅食。

常去的区域和猴群间的交锋

七月份的时候，柳狨的食物几乎只剩下花蜜，这会引发更为激烈的食物竞争。这时，猴群领域的重叠程度降到了最低，而它们会面以及交锋的持续时间却达到了最长。三月、四月的时候，食物充足而且分布广泛，这就不会引发任何竞争。

不管地点是在哪儿，猴群间的交锋似乎既不能保卫猴群的领域，也不能保卫我们观察到的亚群的领域。它甚至既不受单个猴群的领域影响，也不与全部猴群占据的地域的边界有关系。相反，交锋与食物丰富的地区之间的联系十分显著。

在猴群交锋的地方，"长鸣"似乎是为了吸引另一群猴子过来，而不是为了把它们赶走。在我们研究的这两个地区里，极少看到这四群柳狨中的某一群和它们之外的某个猴群相遇。在四月和五月，这种相遇十分少见，而且和食物没有任何关系，但这个时期猴群相聚持续的

时间，和食物匮乏时期猴群相聚持续的时间一样长，而且还发生在同样的地点。这证明猴群对这些只是偶尔才显得特别重要的地方有着持续的兴趣，又或者，这说明相邻而又相互熟悉的猴群对彼此有某种持久的吸引力？饮食功能和社交功能实际上并非不能并存。

比邻而息

如果说猴群间的交锋通常都跟食物有着直接的联系，那么进食之后进行休息时的情况却不是这样，这主要体现了一种很重要的社交功能。休息发生在两个猴群短暂并行，且离开了进食和交锋的地区之后。它有助于猴群重新找回彼此间的和气，并在它们分开去度过这一天之前把之前的那种激动情绪平复下来。在休息的过程中，一个猴群里的柳狨还会到另一个猴群里玩耍，以增进联系。

因此，交锋和休息是猴群社会活动中的两个关键时刻。

复杂且可调整的联系

一个猴群基本上会保持一个整体。两个猴群相会的时候从来不会有真正的融合：不同猴群是可以辨别出来的。某些猴子会从一个猴群跑到另一个去，但是它们不会和其他猴群到同一棵树上集合。在某些关键时期，比如当食物很匮乏、很集中或者很分散时，柳狨在一天的绝大部分时间里会以超级大群或者亚群的形式活动。

所有的观察都表明，我们所研究的两拨柳狨猴群间存在着紧密且复杂的联系。在圣埃利，

由于那里的柳狨数量更多，它们的领域、核域和宿地——在一片共有的中心区域重叠了。

这种超级大群在柳狨寻找住处的时候就开始形成，空间利用和社会生活都是围绕着这个超级大群组织起来的。这种复杂、灵活，又一直在变化中的系统似乎有双重功能。这种系统可以将所有的个体最大程度地集合起来，以更好地利用那些食物资源丰富的地区，也可以让柳狨分成亚群去寻找分散的食物资源：昆虫，以及藤本植物上、树林边缘和退化了的森林里的果子。

这种系统可以方便个体在进行临时性或者最终的转群之前先和另外那个猴群建立某些联系，也使得猴群组建和个体数量平衡变得更容易了，确保环境有利于小猴子的成长以及基因的交流。

一种独创的社会结构

柳狨的社会结构建构得很巧妙，完全是独创的。它们以半开放家庭的方式群居。一个猴群由 3 ~ 15 只猴子组成，如果有其他猴子从熟悉的猴群里转群过来，猴群规模就会进一步扩大。一个族群里只有一只雌猴可以生育，并且一直都是同一只。这只雌猴禁止其他雌猴与群里的雄猴发生性行为，且自己和群内所有成年雄猴交配。它甚至会在生产前交配，仿佛是想把快要出生的胎儿周围的脐带收紧一些！

猴群里经常会有双胞胎出生。它们太重了，母猴根本就抱不起它们，更何况它还要保持行动自由，好为这两只长得非常快的贪吃鬼找到必需的食物。

喂完奶之后，母猴会不顾猴宝宝撕心裂肺的叫喊声把它们推开。群里其他的猴子，不管性别为何、年纪多大、地位如何以及和这两只幼崽的亲缘关系怎样，都会去照顾它们。因此，整个猴群都承担着携带和保护母首领生出的双胞胎的责任。

亚马逊雨林深处的吼猴

卡特琳·朱利奥

有人建议我到法属圭亚那的热带雨林深处去研究一种新热带的灵长类动物（南美洲的一种猴子），好完成我的博士研究，我立马热情满怀地接受下来了。这项研究的目标是要弄清楚这种灵长类动物是否通过散播它们吃过的果实的种子而对热带雨林的自然更新产生了影响。

那时，我25岁，虽然已经有很多个晚上借助项圈发射器（无线电追踪器）观察过狐狸，到雪地里抓过狍子，在凡尔赛附近和智利的森林里捕过野兔，但对于什么是亚马逊雨林，什么是在野外做动物观察，我的想法还过于乐观。

我先是坐了8个小时的飞机，之后在卡宴度过了疯狂的一天，开着一辆破旧的四轮驱动吉普车去买足够让10个人吃上一个月的食物。后来，我在一个中途路过的、没有蚊帐的房子里度过了两个噩梦般的晚上，住的宿舍里有12张用很薄的木隔板隔开的床。当其中一半的住客打鼾的时候，这些隔板似乎都在震动。到了黎明时分，我为了到达一座据说曾出现过一个恶毒的西方人的鬼村里的木质码头，开着一辆四轮驱动越野车在雷吉那坑坑洼洼的路上行驶了两个小时——雷吉那在卡宴东南50千米远的地方。然后，我又在阿普鲁亚圭河上坐了6个小时的独木舟。这条河是我曾见到过的最大的河，河岸是郁郁葱葱的森林。之后，我在一个震耳欲聋的瀑布边停下脚步，睡在一张绷得过紧的吊床上，一夜无眠。再之后，我又背着10千克重的东西，沿着在我看来几乎不怎么看得清路的林间小道上走了4个小时。我们就是在那儿遇到了几只自由嬉戏的猴子。我的脚踝特别痛，以至于我都没能看清它们——鞋子把我前一天在独木舟上晒伤的皮肤磨破了。我终于走过了最后一个似乎没有尽头的山坡。在爬这个山坡时，我的眼睛紧紧盯着地面，突然，地势变得平坦了，晦暗的森林里突然有一片开阔的地方出现在我眼前，仿佛有一道不同寻常的光闪现，那里有几座简陋的、由反着光的白色篷布覆盖着的木制建筑——棚舍。我还刚好听到了几十只鸟儿发出的连绵不绝的叫声。这次旅行的目的地终于到了！我们终于到达了努里格研究站。当时，营地里还有四个主要棚舍，坐落在亚马逊雨林深处、卡宴往南100千米左右的地方。

就这样，我开始了为期3个月的实地观察，我需要走进法属圭亚那的森林深处去追踪那些在夜间会发出令人惊奇的吼声合唱的猴子。正是这种吼声让它们有了"吼猴"这样一个奇怪的名字。

第一次现场考察
和红吼猴的视觉接触

中美洲和南美洲总共分布着六种吼猴。法属圭亚那的红吼猴（*Alouatta seniculus*）是其中分布最为广泛的一个物种。有些专家却认为，圭亚那高原上的这些吼猴是这个地方的特有种。吼猴是美洲体型最大的灵长类动物，一只成年雄猴的体重可以达到10千克。不过，一些其他的新热带界"大型"灵长类动物，比如说蜘蛛猴、绒毛蜘蛛猴、绒毛猴，跟它的体型其实很相似。

红吼猴具有领域意识，不过相邻的两个猴群的领域范围可能会有大面积的重叠。一个猴群通常由一只成年雄性红吼猴、1～5只成年雌性红吼猴以及它们的后代组成。雌性红吼猴每18个月就能生下一只小红吼猴，通常同一个猴群里的分娩几乎是同步的。幼崽直到6个月大都一直由它们的母亲携带，然后才开始独自活动。不过，它们从来不会离母亲很远，而且会非常安心地待在母亲身边。

断奶有时候会非常困难，虽然亚成体[①]雌性（2～4岁的雌吼猴）通常十分乐意代替它们的母亲携带幼猴。在这段时期里，幼猴可能会通过发出和小狗一样的叫声来表达自己的不悦。这种非常有特点的声音能够传到森林里100米开外的地方，很不幸地会为猎人的偷猎打开"方便之门"。

虽然一般被法属圭亚那的克里奥尔人叫作"baboun"，但"吼猴"这一名称也是新热带

---
① 亚成体指动物外形已达到成体大小但尚未进入性成熟的发育阶段。——译者

雨林里的居民，甚至是刚在这里生活的人所熟知的，因为它们会在夜间发出非常响亮的长吼合唱。在夜晚时，这种吼声一开始就像一阵微风，在森林上方慢慢浮现。随后，吼声变得更加低沉，清晰度和响度都开始增强。就像是猛然爆发、几分钟之后又骤然停歇的暴风雨般，这种犬吠似的声音也会戛然而止。这样的吼声只有成年雄性吼猴能够发出来，但是它们通常不会独自"歌唱"。如果我们伸长了耳朵仔细听，我们会发现背景音里有更为尖锐、更为多变的合唱声，这些都是由猴群里的所有其他成员发出来的：雌性吼猴、亚成体吼猴，甚至是幼猴。

吼猴之所以能发出这种响亮的声音，是因为它们的喉和舌骨增大，形成了特殊的发声结构。雄性吼猴有三个声囊：两个在侧面，一个体积很大的在腹部。这让它们发出的吼声比其他所有吼猴都响亮，而且让它们拥有了那种红胡子家长式的神态。它们的声囊如同风笛，用以连续吸气和呼气；舌骨就像是一个扩音器——这整个系统构成了一个真正的共鸣箱。

这种"合唱"没有任何旋律，却特别令人震撼。这其实是预料中的效果。这种声音一般在深夜或者傍晚时分出现，此时猴群正在各自的住处休息——通常是在大树上，它们发出这种吼声合唱是为了警告邻近的猴群不要跨越它们的领域边界。不过，当猴群感觉到自己正被天敌或者另外一个可与之对抗的猴群威胁时，它们也会发出这种吼声。

在到达努里格半个月之后，正是它们的某一次"合唱"让我定位到了第一个我可以

观察的猴群。那天晚上，这群吼猴在离研究站非常近的地方过夜，距离我们的棚舍不到 50 米。当它们突然在深夜爆发出吼声时，我们所有人都被震惊了。但是，如果没有得到之前在这里观察过它们的让－皮埃尔·加斯克（Jean-Pierre Gasc）的细心指导，我很可能根本就看不到它们。因为它们虽然在夜晚的时候很吵闹，可在白天行动的时候却非常谨慎。整个猴群（有 5 ~ 15 个成员）可以从住处爬到离观察员 30 米高的树顶上去，却不让我们听到树叶的沙沙声。

唉，情况就是这样，这次观察持续的时间很短。五分钟之后，让－皮埃尔和我不得不绝望地到邻近营地山丘上的树丛里去寻找它们，却没有看到半点它们的踪影。这种情况大概持续了 3 个月！在这段时间内，我能做的非常难得的几次观察都持续了不到一个小时。那些天里，我经常一个人在树林里走来走去，偶尔会碰上一两只吼猴。通常它们一看到我就会发出警报，然后神奇地消失了。我开始感觉到绝望，不相信自己有一天能跟踪到一群吼猴。好在我还是成功地找到了在我们的研究站附近生活着的三个猴群经常去的几个住处，这主要归功于我晚上听到的它们的叫声。

相互适应

在法兰西岛的平原和森林里，借助于可以在几百米之外定位的项圈发射器来追踪狐狸是多么容易啊！为了效仿这种方法，我请求实验室给我寄几个项圈过来；但我还根本不知道要怎么捕捉吼猴，好把这个项圈戴在它们身上。

这必须得是雌吼猴，因为雄吼猴的发声器官非常特殊，根本不可能把发射器戴在它们的脖子上。事实上，6 个月之后，当项圈发射器寄到时，追踪邻近营地的三群吼猴对我而言不再是一个问题了。不过，借助皮下注射枪来捕捉它们的这种方法也已被证明不可行。我们所做的两次尝试深深地吓到了已经很习惯于我们靠近的那群吼猴，于是，我决定不再进一步尝试这种方法，不然会把它们的耐心和我们好不容易建立起来的相互适应彻底毁掉。事实上，如果说后来它们接受了我在距离它们较远的地方待着——这段距离将它们与我所处的地方隔开，那我也习惯了它们的行为举止，而且我还会经常自己学着去理解这些行为。

简而言之，对于在亚马逊雨林里追踪吼猴，我有几点实用的建议：

■ 不要试图藏起来，它们很早之前就已经看到你了。

■ 跟踪它们的时候不要离得越来越远，这样会非常容易跟丢。

■ 如果它们消失在枝叶间了，跑到四面八方去找它们是没什么用的，最通常的情况是它们根本还没走远！因此，最好是悄悄地等待着，留意叶子的任何一点异常的动静或者奇怪的响声，这能让你重新找到它们的踪迹。

■ 如果在随后的一刻钟时间里你还是没办法定位到它们，而且刚好附近有一棵树结着它们很爱吃的果子，那你最好毫不迟疑地去那儿，因为它们非常有可能就在那里。

■ 还有一种可能是它们已经决定要在树叶的荫蔽下或者顶着太阳在林冠上午睡，这样，你从地面上望过去就很难分辨出它们了……而且这样的午休可能会持续好几个小时！

在热带雨林里追踪吼猴有以下秘诀：要有耐心，非常多的耐心，持续数小时的耐心……以及一本好书！这可以消磨时间，我从来没有像在法属圭亚那的森林里那样读过那么多书。可以说是吼猴最终培养了我对阅读的兴趣，因为自此之后，我客厅的桌子上或者背包里总会有一本正在阅读的书。

研究吼猴的习性
吼猴的生活节奏以及习惯

最后，"吼猴"很可能还可以被叫作"睡猴"！休息是它们白天做的最主要的事，要知道，它们每天晚上除了会通过吼叫做一些社交互动，其余时间都在睡觉休息。因此，从早上六点左右日出，到下午将近六点日落，它们百分之六七十的时间都在睡觉。吼猴并不是习惯于早起的动物，它们更喜欢把每天清晨的几个小时用来在雨林最高的树的树顶上晒太阳。在它们前一天晚上休息的那棵树上吃过一点点东西之后，猴群会离开住处。雌性首领打头，一般是成年雄性吼猴押尾。雌性首领通常是猴群里最年长的那位，由它来带领整个队伍，并非出于偶然。没有其他猴子比它更了解这片领域：林冠间的过道，长果子的树的位置，这些树的结果期和长叶期，它都了然于心。它承载着这个猴群的记忆，没有什么是它不知道的。

猴群每天的活动距离受领域内果树分布情况的影响，在 300 米到 2000 米间浮动。对于像吼猴这等体型的灵长类动物来说，这样的距离其实很短了。举例来说，朱颜蜘蛛猴（*Ateles paniscus*）会跑更远的距离来寻找它们需要的果子，以确保它们能获取每天所需的能量。和几乎只吃果子的蜘蛛猴不同，吼猴虽然也是植食性①动物，但饮食十分多样。它们既吃熟果，也吃生果；既吃嫩叶，也吃成熟的叶子；还吃花朵。它们最偏爱果子，但是，如果果子很难找到，它们也会满足于吃叶子。与这种吃叶子的饮食习惯密切相关的就是它们更缓慢的消化过程以及更长的休息时间了……

吼猴与蜘蛛猴另外一个显著的不同之处是吼猴活动的时候四足并用，而蜘蛛猴则是通过它们长长的手臂从一个枝头快速移动到另一个枝头。吼猴几乎从来不使用这种被称作"臂力摆荡"（brachiation）的移动方式。它们只在非常罕见的情况下才会跳跃，成年雄性尤其如此，它们只会在迫不得已的时候才会非常谨慎地这么做。不过，和蜘蛛猴一样，它们也有一条可用于抓握的尾巴。当它们沿着藤蔓植物往下爬或者想要越过两棵树之间过宽的通道时，这条尾巴就非常有用了。它们会靠尾巴把自己吊起来，好用后爪去紧紧抓住邻近的那棵树的树枝，然后再松开尾巴。突然被放开的那根树枝的树叶会发出一种很有特点的响声——这是吼猴在日常活动中为数不多的显得吵闹的时刻。还有另外一种可能的喧闹声：幼猴或者亚成体猴在午睡时的嬉戏声。成年吼猴很少参与这种游戏，即便参与了，也是非常不情愿的。亚成体雄性可能会假装和成年雄性打斗，但后者通常会很

---

① 植食性，通常指动物以植物为食的现象。——译者

快结束这种游戏。有时候是通过露出它们的獠牙，有时候是通过发出某种短促又不容冒犯的叫声来结束游戏。

力量对比以及族群交锋

吼猴是一种个性非常温和的动物，彼此之间很少会有侵略性的行为。当两个邻近的猴群发生交锋或者某个猴群和另外一个猴群里的某只吼猴相遇时，很少会看到两只吼猴在打斗，即便是成年雄性吼猴之间也不会。一次充分的声音交锋通常就足够解决矛盾，并让擅入者改变主意并离开不属于它们的领域了。

然而，某些交锋，尤其是当涉及一只独居的成年雄性吼猴和另一只守卫领域的成年雄性吼猴时，也会有致命的后果。事实上，雄性吼猴的预期寿命比雌性吼猴要短，雌性想进入某个猴群几乎没什么困难，尤其是当它们处于发情期的时候。红吼猴与其他种类的吼猴有所不同，雌性在成年的时候，也就是 5 岁的时候，要离开它们的出生群，雄性也是如此。但雌性红吼猴从此就会一直留在收容它们的那个猴群里，不像雄性红吼猴，它们能够留在某个猴群里的时间不会超过 10 年（平均是 5 年）。但对于一个寿命大约只有 25 岁的灵长类物种来说，这并不算糟糕的了。这个数字是我们基于对捕捉到的红吼猴的持续观察得出来的，因为红吼猴特别难以忍受被关起来的生活。根据我的了解，这种动物在被俘后最多只能活几个月。

一个猴群或者说一片领域里的成年雄性有义务保护这片领域不受那些独居的年轻雄性的侵扰。它们在履行这一职责的时候会得到猴群里所有成员的帮助，尤其是雌性的帮助。这些雌性很清楚地知道，雄性胜利者，如果不是幼猴生父，可能会通过杀掉其他所有仍处于哺乳期的幼猴来获得对猴群的领导权。杀婴在灵长类动物中是一种非常普遍的行为，它的首要目的是要终止幼猴的吃奶行为，让雌猴能够更快地再次进入发情期。这样，雌猴就能更快怀上另一只成年雄猴的后代。但是这种行为会让这只雄性很难被某个猴群接纳，而独居的雄猴存活率也会变低。

我在将近两年里所做的博士研究工作正是要弄清楚我所观察的那个猴群里发生了什么事情。当我一年之后回到观察地时，我发现那个猴群里的成年雄性已经不是之前那一只了。再也找不到之前那只雄猴的踪迹了。雌猴一直都在那儿，它三岁的女儿也在，但再也看不到那只本该有一岁半的幼崽的影子了。不过，这只雌吼猴现在肚子里又有了另一只已经有好几个月大的猴宝宝。在我上次离开前不久，猴群里年老的母首领去世了，它刚生下来几个月大的幼崽也死了，两只亚成体雄猴也已经离开了这个猴群。因此，这个猴群的力量在那时就被大大削弱了，仅仅剩下一只成年雄性吼猴，和一只还在哺乳期、带着一只幼崽和一只两岁的小雌猴的雌吼猴。对于新来的这只更年轻、更强健的成年雄吼猴而言，战胜猴群里原来那只没有任何猴能与之并肩作战的老雄吼猴想必不大困难。

这只新来的雄吼猴似乎一开始非常惊讶于猴群里的雌猴对我的不在意。虽然在观察的第一周，它习惯性地发出过一些吼叫声，但是，正因为雌吼猴的不在意，雄吼猴也很快适应了我的存在。不过，也因为我的存在，成年雄吼猴和雌吼猴陷入了一种冲突性的处境。这让我想起了年老的母首领去世之后的情景：另一只成年雌吼猴很自然地接过了领导整个猴群的职责，但是它在行动路线上所做的决定有时会遭到成年雄吼猴的拒绝。雄吼猴会选择另一个方向，通常这意味着另一种食物选择。一般情况下，成年雄吼猴会占上风，因为它有两只亚成体雄吼猴的支持。年幼的雌吼猴也会在犹疑之后转而赞成这只雄吼猴的决定，这时，成年雌吼猴就会发现它不得不折返。这两只猴子之间的这种矛盾在两只亚成体雄吼猴还在猴群里的时候持续了很长时间；但是，在这两只雄吼猴离开之后，这只雌吼猴几乎同时完全掌握了猴群的领导权。

园艺师般的猴子

在我第二次到法属圭亚那的时候，我就没办法像博士期间那样经常性地追踪吼猴了，因为第二次实地考察的目标完全不一样了，没办法再去做一些直接观察。事实上，我主要依靠吼猴来找到主要的结果实的树的位置，我要从这些树中提取大量的样品来做各方面的比较分析。它们无意中的帮助却给我带来了丰硕的成果。

但是，这就是我在几年前去那里的首要原因吗？吼猴真的对热带雨林的再生有影响吗？热带雨林惊人的多样性、混杂性，以及植物交错式的空间分布真的有一部分（即使是极小的一部分）是取决于吼猴的散播行为吗？我所做

吼猴将它们吃过的果实的种子扔在住处下，在无意中扮演了热带雨林园艺师的角色。

的那些分析、记录，以及其他关于吼猴吃过的种子、幼苗的移植和吼猴住处下面土壤里种子的组成情况所进行的实验似乎证实了这一点。事实上，由于吼猴具有领域意识，且它们会定期去某几个住处，它们的消化系统又运行缓慢，很明显是它们导致了自己住处下面植物种子很集中的情况，因为那些种子都是它们吃过的果实留下的。因此，吼猴确实促进了热带雨林植物的增长，加剧了热带雨林植物空间分布的混杂。

吼猴和其他很多有助于种子散播的动物，比如其他猴类、鸟类和蝙蝠一样，在无意中扮演了热带雨林"园艺师"的角色。这里60%到90%的植物物种在自然再生和空间扩张方面的"策略"都要依赖于它们来实现。

几个生活场景
一些短暂却惊人的瞬间

我在热带雨林里追踪吼猴的那些日子留下了些什么呢？

几百张照片。有的照片很令人愉悦甚至很美妙，有的并不如此。有的照片记录了一些短暂的瞬间，比如说一只有着蓝光的大闪蝶正穿过林下灌木丛中半明半暗处的一线阳光，或者是一只蜂鸟被我的背包上的紫红色欺骗了，很可能把它当成了一朵美味的花。还有一些照片就更让人胆战心惊了。比如说，一只颜色艳丽、

长达两米的游蛇正在搜索树丛，想找到一个猴窝；一只体型巨大、外观漂亮的食蚁兽正在一根枯死的树干上悠闲地寻找食物，而树底下一群猴子正在午睡；一只在离我仅几米的地方躺卧着的母鹿正注视着专心致志地吃番茄沙丁鱼罐头的我；还有，一只幼黑帽卷尾猴（*Cebus apella*），它从几米高的地方下到地面来，确认我拿在手上、正用小刀削皮的橙色水果究竟是什么。

这些非同寻常的小片段非常多，因为观察吼猴需要花很多时间在森林里，一动不动安安静静地待着，一切都有可能发生。

还有其他一些偶然拍下的照片。比如说我在离地面 25 米高的平台上潜伏着拍下一张照片的经历就特别神奇。那是一只最近出生的小幼猴，它那时才 6 个月大。为了能比平常更近地打量我，它逐渐靠近我，离我不足 1 米，而猴群里的其他成员对此一点都不在意，它们自顾自地吃着我旁边那些它们够得着的果子。这只小幼猴还晕晕乎乎地掉了下来，就掉在我的脚边。这一次，猴群里的所有成员都尽可能下到树枝能够支撑起它们的最低处，向我做出很凶恶的表情，警告我不要向前一步去抓它们的后代。最后，经过几分钟的调整，幼吼猴不再那么晕眩了，它又摇摇晃晃地去找它的家人了。此外，我们怎么去理解，当年轻的母猴突然把自己的孩子推开、置它的生命安全于不顾时，猴群的雄性首领对这只母猴的处罚呢？幼吼猴总是能够通过抓住较低的树枝来避免自己掉落，虽然它受到了很大的惊吓；但母猴却没办法逃过成年雄吼猴对它的惩罚。

又怎么解释我在一个雨天的经历呢？我的伞被折断的树枝压扁了，而我却逃过一劫。我只能把我的幸免于难归功于猴群，它们在我之前就听到头顶上的树枝发出的折断声，一起惊跳起来，及时提醒了我要避险。

我曾见识过的最令人震惊的场景是一只幼蜘蛛猴被一只冠雕（*Morphnus guianensis*，亦称如冕雕）抓住的情景。这种鹰和体型稍微比它大一点的角雕（*Harpia harpia*）一样，是除人类以外，吼猴的主要天敌。

那时应该是早上九点，吼猴群正在休息。一般猴群早上都会移动到住处几百米外的地方，在一棵金叶树属（*Chrysophyllum*）的树上美美地小吃一顿。金叶树属是山榄科（Sapotaceae）下面的一个属，结的果实很受吼猴喜爱。稍微活动了一段时间之后，它们一般都会休息一会儿。这时，一小群蜘蛛猴渐渐靠近。它们由一只成年雌猴、一只亚成年雌猴和一只大概 6 个月大的幼雄猴组成，通过它们标志性的"臂力摆荡"的方式靠近这群吼猴，停在临近的一棵树上。吼猴的数量要多得多，根本不可能被这一小群蜘蛛猴赶走，更别提离开这棵令所有猴子都垂涎不已的果树了。一个由一棵或者好几棵倒塌的大树形成的、面积达几百平方米的洞穴把这两个正在休息的猴群分开了，一个猴群正在吃东西，另一个猴群正等待着时机也过去进食。突然，吼猴群的成员们站了起来，并围着那只成年雄吼猴聚集起来。成年雄吼猴发出了一声狂怒的吼声，两只雌性蜘蛛猴也纷纷发出了长长的刺耳叫声，并像疯子一样做着各种手势，折断树枝。在一旁独自待着的幼蜘蛛猴用不安的目光注视着它们。它们犯了一个严重的错误，因为就是在那时，我发现了它们骚动不安的原因：有一只很大的冠雕向这只幼蜘蛛猴猛扑过去，转瞬间就用爪子攫住了它。很可能是因为对这次抓捕行动特别满意，或者是为了恢复体力和重获平衡，这只猛禽把幼蜘蛛猴放在另外一棵树的主树干上，与两个猴群保持着相同的距离。两群猴子还在不断地发出警报声，那两只雌蜘蛛猴的声音变得更加恐怖了。幼蜘蛛猴很可能当场就被杀死了，吊在冠雕的爪子里。不久后，冠雕重新开始飞行。在消失于我被树冠挡住的视线之前，它好几次都特意回头看这两个猴群，并用一种很挑衅的神态竖起它的肉冠。这次抓捕才持续了几秒钟，即使从猴群第一次发出警报算起，到冠雕离开，中间加起来也才不到一刻钟。这一切发生在巨大的喧嚣声中，之后紧跟着的却是一片宁静，夹杂着其中一只雌蜘蛛猴断断续续、歇斯底里的哭喊声。之后，我听到它长达数小时伤心的呻吟声，而吼猴则很快恢复了情绪，在林冠间继续漠不关心地攀来攀去。

一个在今天受到威胁的物种？

十年后，我回到了法国本土，回到了所谓的大都市。我一直保留着我在法属圭亚那留下的那些有趣的回忆。在我书桌的墙上挂着几只吼猴的照片，我脑海里总会浮现非常非常多的景象，让我回想起那片热带雨林的壮观。

这是一次很美好的探险，最终持续的时间比我预料的要长很多。努里格研究站现在在一片 1995 年建立的自然保护区里面。但是，吼猴比从前更安全了吗？不幸的是，它们的处境可能非常堪忧。法属圭亚那的雨林从近年来就遭受着卷土重来的秘密淘金行为的破坏，这片广阔的土地似乎没有任何一公顷幸免。

亚洲灵长类动物

团雪花形成的涡旋在冰冷的空气中飞舞着。我们在日本，在日本的"阿尔卑斯山"边界上，那里生活着地球上最靠北的灵长类动物——日本猕猴。它们并不是唯一要抵御冬日严寒的物种。在世界上最高的山脉的分支里生活着喜山长尾叶猴，在中国中部的秦岭山脉里，身上裹着橙色和红棕色皮毛的川金丝猴，也正抵御着严寒的侵袭。不过，大部分灵长类动物都生活在气候温和的地方，也即热带或者亚热带地区。在那里，几乎不存在季节变化。没有冬天，只有干燥的月份和湿润的月份，它们以一种非常有规律的方式轮转着。因此，那里几乎全年都保持着 30 摄氏度左右的气温，树木、藤蔓植物、花朵都生长得特别繁茂。雨水和热量组合成了一个完美的热带"方程式"。在婆罗洲和苏门答腊岛，很大一部分森林物种是龙脑香，这是一个由于生长周期与其他树种不同步而特别好辨认的树种。每 4 年到 7 年，这种树就会结出非常多的果子。这种方式可以让食果动物和食谷动物——很多灵长类动物属于此类，比如红毛猩猩和长臂猿——吃得特别饱，又能储存一部分种子到树上和土壤里，以确保森林的再生。

亚洲的大部分灵长类动物都生活在这种大教堂般的森林里，也有一些灵长类动物把家安在更为多样化的栖息地里。比如说印度长尾叶猴生活在拉贾斯坦邦的沙漠和稀树草原里，藏酋猴生活在群山起伏的地区，另外还有一些长尾叶猴和猕猴生活在季雨林里。好几种灵长类动物甚至选择了非常特别的栖息地——城市。它们非但没有妨碍人类的生活，反而被人类当作神灵敬仰和爱惜。这就是神猴，以神猴哈奴曼为代表，它是印度教和印度文明的主要著作之——史诗《罗摩衍那》的主人公。恒河猴和食蟹猴更加放肆，也更加好动，它们曾擅自闯到泰国和印度的好几个城市里。这些爱打架的猴子会聚集成真正的帮派，定居在住宅楼和宾馆的屋顶。它们还会骚扰行人，抢劫水果摊和蔬菜摊，却不会受到任何处罚。因为这些地区盛行着印度教或者佛教，这两种宗教都表现出对各种形式的生命体的尊重，所以这些物种能在城市里过得非常自在。

密林、稀树草原、海边、山脊以及城市景观内部，亚洲为无数的灵长类物种，如眼镜猴、红毛猩猩、白臀叶猴、长尾叶猴以及各种各样的猕猴提供了真正全景式的栖息环境。

下目
科

跗猴型下目 TARSIIFORMES

眼镜猴科 Tarsiidae

　　眼镜猴是灵长类动物中的一个特殊群体，因为它们与更低等的狐猴及更高等的灵长类动物都有些相同的特征，所以分类学家将其单独归为一个下目。这个下目只包含现存的眼镜猴属一属。然而，在北美洲和西欧发现的与其相关的不同化石，却可以划分出 20 个不同的属，这些化石可追溯到 3600 万年前至 5400 万年前之间。现在，眼镜猴只生活在东南亚的热带雨林里，包括菲律宾、婆罗洲、苏拉威西岛（原名西里伯斯岛）和苏门答腊岛。下目名源于其后肢跗骨（踝关节区）的形态非常特殊。其跗骨明显拉长，像一个弹簧，使其能够在树与树之间跳跃得很远——从 4 英尺至超过 15 英尺不等。

眼镜猴

属 眼镜猴属 | *Tarsius* | 7 种 | 图版 32

　　眼镜猴是夜行性动物，头部圆圆的，十分灵活，可旋转超过 180 度。此外，它们的眼睛很大，呈球状；耳朵也非常大。这样的组合使得它们能够在黄昏后毫不费力地用手捕食各种无脊椎动物和小型爬行动物。它们通过在树枝之间跳跃的方式四处移动，跳跃时身体保持直立。它们行动敏捷，这不仅得益于其踝关节的特殊结构，还得益于指尖的粘性肉垫，以及用于保持身体平衡的细长尾巴。它们迅捷的移动速度、灰色到赭色的毛色，可以保护它们免受捕食。眼镜猴与相对稳定的伴侣及它们的成熟后代一起生活，占据着 2.5～7.5 英亩大小的森林领域，用尿液和位于胸部的腺体产生的一种分泌物来标记边界。当发生领域冲突时，它们会发出高亢而强有力的叫声。它们在 10 月和 12 月之间交配，怀孕期 6 个月。对于这么小的动物来说，这样的怀孕期显得特别长。幼崽在 4 月和 6 月之间出生，刚出生就能够四处活动。但幼崽要想做出和成年眼镜猴一样的跳跃，那就要等一个月之后了。眼镜猴的寿命在 10 年以上。

图版 32

图版 32

1. **邦加眼镜猴／霍斯菲尔德眼镜猴**[1]（*Tarsius bancanus*）体长：约 13cm+ 尾长：22cm，体重：110g（雌），120g（雄）。

2. **菲律宾眼镜猴**[2]（*Tarsius syrichta*）体长：约 12cm+ 尾长：23cm，体重：120g（雌），130g（雄）。

3. **西里伯斯眼镜猴**（*Tarsius spectrum*）体长：12cm+ 尾长：24cm，体重：110g（雌），120g（雄）。

---

① 现归入西部眼镜猴属（*Cephalopachus*）。——译者
② 现归入菲律宾眼镜猴属（*Carlito*）。——译者

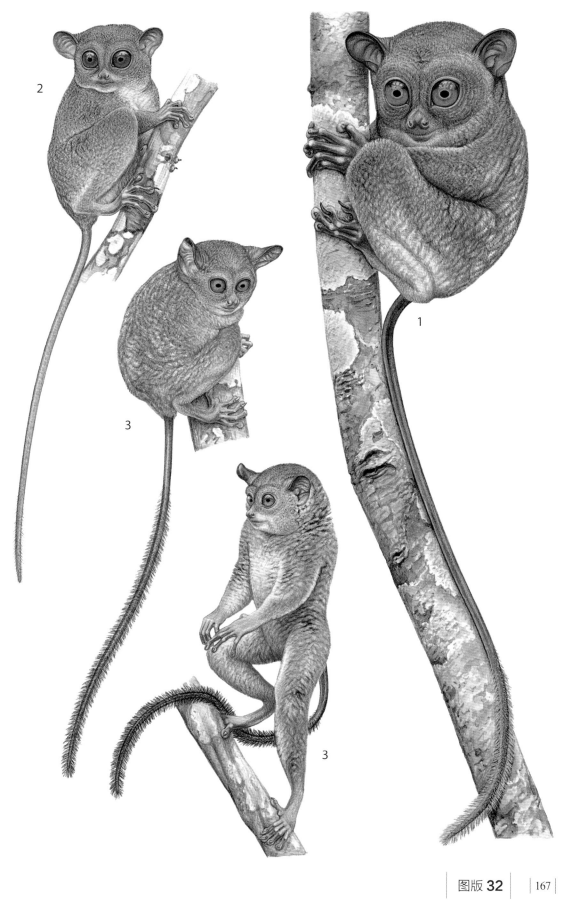

左侧竖排标题：亚洲灵长类动物

懒猴型下目 LORISIFORMES

懒猴总科 LORISOIDEA

懒猴科 Lorisidae

懒猴总科分为两个科：其一是懒猴科，其所包含的种，一些分布在亚洲，另一些分布在非洲；其二是婴猴科，其成员全部分布于非洲（见图版 51 和 52）。亚洲懒猴都是夜行性动物，独居，体型小到中等，栖息于热带和亚热带的森林中。它们不会跳跃，而会相当缓慢和谨慎地移动以避开捕食者的注意。短尾，或者无尾。在移动时会牢牢握住支撑物：它们的第二指缩短，使双手形成钳状；大脚趾与其他脚趾呈相对状，使双脚非常适于抓握。此外，贮血系统延长了对四肢肌肉的供氧时间，这可以防止抽筋，并使肌肉能保持长时间的收缩而不疲劳。取食果实、树的汁液、昆虫和小型脊椎动物。得益于其良好的视力和听力，它们能够在枝叶间捕获这些食物。

懒猴

属 **蜂猴属** | *Nycticebus* | 3 种 | 图版 33

蜂猴与非洲的树熊猴在外貌和行为方面很相似。尽管两者的地理分布相距甚远，但它们可能有共同的祖先。懒猴与非洲的金熊猴也是如此。

蜂猴的寿命大约 20 年。雌性每 12～18 个月生育一次，单胎，怀孕期约 6 个月。幼崽出生时是银灰色的，但大约 11 周后，它们那长而柔滑的毛发会逐渐消失。母亲外出觅食时，会将幼崽藏在某个空洞中，如树洞中。一旦觅食结束，母亲立刻返回将幼崽取出。

属 **懒猴属** | *Loris* | 2 种 | 图版 33

懒猴属的猴子又称瘠懒猴，四肢天生纤瘦细长，外貌极其古怪，身形瘦长，这与它们的名字显然很相配。它们是夜行性动物，视力良好，听力异常灵敏。白天，它们在树上睡觉，由 2～4 个成员组成的小群体彼此紧紧地挤在一起。懒猴很少会下到地面。它们主要取食昆虫，辅以少量果实、树叶、卵和小型脊椎动物。怀孕期 5 个月，单胎或双胎。当懒猴受到惊吓时，它们位于后肢附近的腺体会发出一种臭气。

图版 33

1. **蜂猴**（*Nycticebus bengalensis*）体长、尾长和体重：无数据。
2. **普通蜂猴**（*Nycticebus coucang*）体长：约 30cm+ 尾长：2cm，体重：600g～1kg。
3. **倭蜂猴**（*Nycticebus pygmaeus*）体长：25cm，体重：约 400g。
4. **懒猴**（*Loris tardigradus*）体长：约 20cm+ 尾长：1cm，体重：300g。
5. **灰懒猴**（*Loris lydekkerianus*）体长：约 20cm+ 尾长：1cm，体重：300g。

图版 33

图版 33

<table>
<tr><td>下目</td><td>

类人猿下目 SIMIIFORMES
</td></tr>
<tr><td>小目</td><td>

狭鼻小目 CATARRHINI
</td></tr>
<tr><td>总科</td><td>

猴总科 CERCOPITHECOIDEA
</td></tr>
<tr><td>科</td><td>

猴科 Cercopithecidae
</td></tr>
</table>

猴科 Cercopithecidae

旧世界猴组成了一个非常大的科，包含 21 个属，约 100 种。它们分布于非洲、阿拉伯半岛南部、南亚和中亚以及日本等地。根据饮食习惯的不同，它们被分为两个亚科：猕猴亚科和疣猴亚科。

亚科　狔猴亚科 Cercopithecinae

狝猴亚科的猴子也被称为颊囊猴，因为它们脸颊上有食囊。食囊能够储存大量的食物，这些食物会在一天的时间里被渐渐咀嚼消化。它们都是昼行性动物，且以树栖为主，但与其他灵长类动物相比，它们更容易适应地面生活。事实上，有些物种，例如狝猴，经常待在地面上。它们以身体矮壮、前肢通常短于后肢为特征，拇指非常发达，尾巴长短不一，有的尾巴明显缩短或无尾。它们的尾巴也不像许多南美洲猴一样可以用于抓握。

狝猴

属　狝猴属 | *Macaca* | 22 种 | 图版 34～37

狝猴的身形比其他颊囊猴更为矮壮。鼻子更为突出，但鼻孔未达上唇部。种之间的差异非常有限，主要体现在毛色的细节方面。只有很少的一些种非常与众不同，如鬃毛引人注目的狮尾猴以及生活在苏拉威西岛上的狝猴（如汤基狝猴、黑冠狝猴等）。狝猴全部生活在亚洲，广泛分布于东南亚、印度、中国、斯里兰卡和日本。唯一的例外是巴巴利狝猴（见图版 64），它们生活在北非。

狝猴的栖息地非常多样，既包括热带雨林，也包括干燥林。藏酋猴和日本狝猴是栖息地最靠北的灵长类动物，它们甚至可以生活在海拔 6000 英尺的山区。有些狝猴甚至可以生活在城镇，这种现象在泰国尤为明显。在冬天，我们可以观察到一些日本狝猴为了玩耍而团雪球。还有一些日本狝猴由当地居民定期投喂，它们会在天然温泉水中泡澡。有一个生活在日本南部的小猴群因为会在海水中清洗食物而闻名。科学家称之为传统，甚至是文化，因为这种清洗行为是 20 世纪 60 年代由一只雌性首先发起，并被一代代地传到现在。所有的狝猴都是昼行性动物，本质上是食果性的，但是它们有很强的适应能力，可以以各种食物为食：树叶、花、昆虫、卵、小型脊椎动物、甲壳动物。有些狝猴会劫掠人类的农作物，或在它们生活的城镇的垃圾箱里拣选食物。它们善于爬树，但也经常在地面上自由活动。

图版 34

1. 豚尾猴（*Macaca nemestrina*）体长：46～56cm+ 尾长：13～24cm，体重：5kg（雌），15kg（雄）。

2. 明打威狝猴（*Macaca pagensis*）体长：46～56cm+ 尾长：13～24cm，体重：5kg（雌），15kg（雄）。

3. 狮尾猴（*Macaca silenus*）体长：46～61cm+ 尾长：25～38cm，体重：4.5kg（雌），7～8kg（雄）。

图版 34

1♂

1♀+j

2

3

3

下目　**类人猿下目 SIMIIFORMES**

小目　**狭鼻小目 CATARRHINI**

总科　**猴总科 CERCOPITHECOIDEA**

科　猴科 Cercopithecidae

亚科　猕猴亚科 Cercopithecinae

猕猴

属 猕猴属 │ *Macaca* │ 22 种 │ 图版 34～37

　　在某些种里，当雌性发情时，其肛殖区的皮肤会变成亮红色，这是已准备好和雄性交配的信号。种不同，这种信号的发展程度也会有所变化。一般来说，一只雌性猕猴每胎只产一仔，怀孕期约 5.5 个月。猕猴是高度社会化的动物，生活在由多只雄性和多只雌性组成的大群体里，同性个体之间或多或少地有着相对严格的等级划分。猕猴是最常用于生物医学研究的灵长类动物，尤其是恒河猴（Rhesus Macaques），血型中的 Rh 因子就是以它们的名字命名的。猕猴的寿命约为 30 年。

图版 35

1. **汤基猕猴**（*Macaca tonkeana*）体长：50～67cm+ 尾长：2.8～7cm，体重：8.6～10kg。

2. **黑冠猕猴 / 黑猴**（*Macaca nigra*）体长：44～57cm+ 尾长：2.5cm，体重：5.5kg（雌），9kg（雄）。

3. **摩尔猕猴**（*Macaca maura*）体长：50～69cm+ 尾长：4cm，体重：无数据。

4. **黄褐猕猴**（*Macaca ochreata*）体长：50～59cm+ 尾长：3.5～4cm，体重：无数据。

5. **黑克猕猴**（*Macaca hecki*）体长：42～66cm+ 尾长：1.5～4cm，体重：无数据。

图版 35

1♂

2♂

3

4

5

2♂

2♀ + j

下目　**类人猿下目 SIMIIFORMES**

小目　**狭鼻小目 CATARRHINI**

总科　**猴总科 CERCOPITHECOIDEA**

科　猴科 Cercopithecidae

亚科　猕猴亚科 Cercopithecinae

猕猴

属 猕猴属 ｜ *Macaca* ｜ 22种 ｜ 图版 34～37

图版 36

图版 36

图版 36

图版 36

1. **食蟹猴（*Macaca fascicularis*）**体长：38～64cm+ 尾长：4～5.5cm[①]，体重：4kg（雌），7kg（雄）。

2. **台湾猕猴（*Macaca cyclopis*）**体长：40～55cm+ 尾长：2.6～5cm，体重：5kg（雌），6kg（雄）。

3. **日本猕猴（*Macaca fuscata*）**体长：47～60cm+ 尾长：7～12cm，体重：8kg（雌），12kg（雄）。

4. **猕猴／恒河猴／黄猴（*Macaca mulatta*）**体长：47～63cm+ 尾长：18～30cm，体重：5kg（雌），7.5kg（雄）。

---

① 食蟹猴尾长通常为50cm 左右，此数据可能有误。——译者

下目 **类人猿下目 SIMIIFORMES**
小目 **狭鼻小目 CATARRHINI**
总科 **猴总科 CERCOPITHECOIDEA**
科 猴科 Cercopithecidae
亚科 猕猴亚科 Cercopithecinae

猕猴

属 猕猴属 │ *Macaca* │ 22 种 │ 图版 34 ~ 37

图版 37

图版 37

图版 37

1. **藏酋猴**（*Macaca thibetana*）体长：50 ~ 71cm+ 尾长：5.5 ~ 8cm，体重：13kg（雌），16kg（雄）。

2. **冠毛猕猴**（*Macaca radiata*）体长：37 ~ 59cm+ 尾长：33 ~ 60cm，体重：4kg（雌），7kg（雄）。

3. **短尾猴 / 红面猴**（*Macaca arctoides*）体长：48 ~ 65cm+ 尾长：1.5 ~ 7cm，体重：8kg（雌），10kg（雄）。

4. **熊猴 / 阿萨姆猴**（*Macaca assamensis*）体长：43 ~ 73cm+ 尾长：20 ~ 29cm，体重：7kg（雌），12kg（雄）。

5. **斯里兰卡猕猴**（*Macaca sinica*）体长：43 ~ 53cm+ 尾长：46 ~ 60cm，体重：4kg（雌），6 ~ 8kg（雄）。

下目	**类人猿下目 SIMIIFORMES**
小目	**狭鼻小目 CATARRHINI**
总科	**猴总科 CERCOPITHECOIDEA**
科	猴科 Cercopithecidae
亚科	疣猴亚科 Colobinae

　　疣猴亚科是旧世界猴两个亚科中较小的亚科，该亚科中种的数量要少于猕猴亚科。疣猴，或者说叶猴，是一种体态优美的灵长类动物，躯体和四肢非常纤瘦。尾巴很长，尾端通常有一丛毛。当它们在树林间如灵巧的空中飞人般跳跃时，它们的长尾起到保持平衡的作用。生活在社会群体中，成员数量从 10 只到 100 只以上不等。一个社群包括一只或几只成年雄性和众多的雌性，以及它们的后代。它们大部分时间都用于社交，尤其是彼此梳理毛发，以加强个体之间的联系。几乎只吃树叶，因纤维含量高，这些树叶很难被消化。它们的胃部结构复杂，像牛一样，内部分为几瓣，其中一些内瓣聚集着专用于降解和消化树叶内纤维的细菌。因为这种食物营养成分少，所以它们必须大量食用才能满足日常所需。树叶发酵会在胃内产生气体，所以它们经常腹部鼓胀。

长鼻猴和豚尾叶猴

属 长鼻猴属 | *Nasalis* | 2 种 | 图版 38

　　虽然长鼻猴和豚尾叶猴归入同一个属——长鼻猴属[1]，但两者的区别较大，区别不仅体现在毛色和体重上——长鼻猴的体重是豚尾叶猴的两倍，其最引人注目的区别在于鼻子的形状。豚尾叶猴的鼻子小而上翘，而长鼻猴，尤其是雄性长鼻猴，鼻子却大而鼓胀，它们也因此而得名。得益于鼻内特别大的共鸣腔，雄性长鼻猴发出的叫声就像响亮的喇叭声，而雌性的叫声则如鹅叫。豚尾叶猴行动更为谨慎，但雄性依然会用强有力的鼻声进行交流。长鼻猴和豚尾叶猴都生活在约由 10 个成员组成的群体里，主要包括一只雄性和多只雌性。偶尔也会有单身汉群体。家域约为 3.5 平方英里，但这不是领域的范围。不同的群体偶尔会碰到一起，有时甚至在同一棵树上进食。虽然这两种灵长类动物主要以树叶为食，但它们也会吃果实和种子；特别是在 1 月到 5 月之间，长鼻猴表现得尤为明显。仅有 4 种植物能成为它们的食物。任何扰乱它们栖息地的行为，尤其是森林砍伐，都极易伤害这些灵长类动物。这两种猴主要栖息于沼泽林中。长鼻猴是游泳健将，所以它也生活在红树林中。

图版 38

1. **长鼻猴**（*Nasalis larvatus*）体长：62 ~ 75cm+ 尾长：60cm，体重：10 ~ 20kg。
2. **豚尾叶猴**[2]（*Nasalis concolor*）体长：50cm+ 尾长：15cm，体重：7 ~ 8.7kg。

图版 38

───────────────
① 豚尾叶猴已作为单独一属：豚尾叶猴属（*Simias*）。——译者
② 现归入豚尾叶猴属（*Simias*）。——译者

2

1♂

1♂

1j

1♀

白臀叶猴

属 白臀叶猴属 | *Pygathrix* | 3种 | 图版39

　　白臀叶猴的毛色异常绚丽：背部与腹部为灰色；大腿、手、脚和前额为黑色；小腿为褐色；脸颊、喉部、尾巴和前臂为白色。再加上白色的鼻子与淡蓝色的眼睛镶嵌于赭色的脸上，完美地组成了其引人注目的皮毛图案。这种绚丽多彩的毛色引起了皮毛商人的注意，因此，三种白臀叶猴都受到了严重威胁。此外，它们也是一种受欢迎的野味，这更加重了这一问题。

　　这些行动敏捷的灵长类动物栖息于热带雨林的树冠上，那里约有50种植物可供它们食用。它们生活在多雄多雌的群体里，两种性别各自有一个独立的社会等级，但雄性一般都凌驾于雌性之上。怀孕期6个月，单胎，幼崽毛色为灰色，脸部为黑色。几周后，幼崽的着色会逐渐消失，变为成年白臀叶猴的毛色图案。分娩期在1月到5月之间，这段时间也是果实最为丰盛的时期。

图版39

图版39

1. 灰腿白臀叶猴（*Pygathrix cinerea*）体长：60cm+ 尾长：59~68cm，体重：8~10kg。

2. 白臀叶猴/红腿白臀叶猴（*Pygathrix nemaeus*）体长：60cm+ 尾长：56~76cm，体重：无数据。

3. 黑腿白臀叶猴（*Pygathrix nigripes*）体长：60~76cm+ 尾长：56~76cm，体重：无数据。

金丝猴

属 仰鼻猴属 / 金丝猴属 │ *Rhinopithecus* │ 4 种 │ 图版 40

　　金丝猴（仰鼻猴）因其彩色的脸庞、鼻孔倾斜向上的短鼻、经常呈现出亮粉色的宽厚嘴唇而易于识别。四分之三的种都有着浓密的毛发，以抵御冬日的严寒，主要栖息于海拔 6000～9000 英尺、林木繁茂的中国山区里。只有越南金丝猴没有厚重的皮毛，它们栖息于越南的森林里。金丝猴生活在社会群体里，一个群体包括一只雄性和多只雌性，以及它们的后代。但几个群体可以联合成个体数量超过 100 只的大群体。在冬天，它们大部分时间都在寻觅幼芽和埋在雪里的地衣。其他季节，它们以嫩叶、花和果实为食。

图版 40

图版 40

1. **滇金丝猴**（*Rhinopithecus bieti*）体长：74～83cm+ 尾长：51～74cm，体重：9～15kg。

2. **黔金丝猴**（*Rhinopithecus brelichi*）体长：66cm+ 尾长：55～77cm，体重：无数据。

3. **川金丝猴**（*Rhinopithecus roxellana*）体长：68～76cm+ 尾长：64～72cm，体重：8～25kg。

4. **越南金丝猴**（*Rhinopithecus avunculus*）体长：54～65cm+ 尾长：65～85cm，体重：8.5～14kg。

1♂

1♀+j

4

2♂

3

3♀+j

3♂

下目　**类人猿下目 SIMIIFORMES**
小目　**狭鼻小目 CATARRHINI**
总科　**猴总科 CERCOPITHECOIDEA**
科　　猴科 Cercopithecidae
亚科　疣猴亚科 Colobinae

长尾叶猴

属 **长尾叶猴属 / 灰叶猴属** ｜ *Semnopithecus* ｜ 7 种 ｜ 图版 41

　　长尾叶猴属与叶猴属关系密切，是体型较大的叶猴。皮毛为灰色，略带棕色，并点缀着金色。手、足和脸是黑色的。

　　这个属曾经只有一个种，地理分布广泛。它们栖息于许多热带雨林中，在海拔超过12000英尺的喜马拉雅山麓也能生存，是除了人类以外栖息地类型最多的灵长类动物。事实上，人类与长尾叶猴经常共同生活，这种现象在印度的焦特布尔市尤为明显。印度长尾叶猴被视为神猴哈奴曼的化身，而哈奴曼是印度教圣典的基本文献之一——《罗摩衍那》史诗中的神猴，因此，当地人定期为它们进献祭品。

　　长尾叶猴是社会化动物，或者生活在由一只雄性和多只雌性以及它们的后代组成的家庭群中，或者生活在成员超过100只的多雄多雌的大群体里。雄性之间的冲突很激烈。当一只雄性成功地独占一群雌性时，它会杀死现有的全部幼崽，使得雌性能够更快地发情。这种杀婴行为使雄性能够在竞争对手取代它的统治地位之前，尽快拥有自己的后代。怀孕期5~6个月，一年四季都可分娩，但在印度北部，主要还是在旱季分娩。长尾叶猴在清晨和傍晚最为活跃，在中午休息，以及聚在一起热情地彼此梳理毛发以加强成员之间的联系。长尾叶猴是叶猴中最偏向地栖的，它们80%的时间都是在地面上活动和觅食的。它们主要取食树叶、果实和花，喜山长尾叶猴还会辅以树皮和松果为食。它们的领域范围从125英亩到超过2500英亩不等。

图版 41

1. **缨冠长尾叶猴**（*Semnopithecus priam*）体长：40~78cm+ 尾长：70~97cm，体重：11~18kg。

2. **南平原长尾叶猴**（*Semnopithecus dussumieri*）体长：40~78cm+ 尾长：70~97cm，体重：11~18kg。

3. **北平原长尾叶猴/印度长尾叶猴**（*Semnopithecus entellus*）体长：40~78cm+ 尾长：70~97cm，体重：11~18kg。

4. **喜山长尾叶猴**（*Semnopithecus schistaceus*）体长：40~78cm+ 尾长：70~97cm，体重：11~18kg。

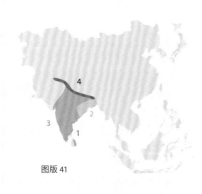

图版 41

下目	**类人猿下目 SIMIIFORMES**
小目	**狭鼻小目 CATARRHINI**
总科	**猴总科 CERCOPITHECOIDEA**
科	猴科 Cercopithecidae
亚科	疣猴亚科 Colobinae

乌叶猴

属 乌叶猴属 | *Trachypithecus* | 17 种 | 图版 42~44

　　乌叶猴的颅骨形态特征有着令人震撼的视觉效果。此外，它们的头顶上往往有一顶冠毛。它们尤其适应树栖生活。该属的一个共同特征是，幼崽刚出生时的毛色与成年后是截然不同的。在大多数情况下，幼崽出生时毛色为橙色。这种新生儿毛发（胎毛）看起来是为了缓和雄性的攻击性，或者是为了激发它们所在的社会群体中各成员的情感反应。幼崽的手、足和头部会逐渐变为灰色或黑色，3 月龄的未成年猴就具有与成年猴相同的毛色。乌叶猴通常生活在由一只雄猴和几只雌猴以及它们的后代组成的群体里，领域范围为 12 ~ 75 英亩，甚至可达到 175 英亩。

图版 42

1. 金色乌叶猴（*Trachypithecus geei*）体长：49cm+ 尾长：71cm，体重：10kg。

2. 西戴帽叶猴（*Trachypithecus pileatus*）体长：60cm+ 尾长：85cm，体重：10 ~ 12kg。

3. 紫脸叶猴[①]（*Trachypithecus vetulus*）体长：48 ~ 60cm+ 尾长：66 ~ 85cm，体重：5 ~ 9kg。

4. 黑乌叶猴[②]（*Trachypithecus johnii*）体长：57cm+ 尾长：86cm，体重：10 ~ 12kg。

图版 42

---
① 现归入长尾叶猴属（*Semnopithecus*）。——译者
② 现归入长尾叶猴属（*Semnopithecus*）。——译者

图版43

乌叶猴

属　乌叶猴属 │ *Trachypithecus* │ 17 种 │ 图版 42~44

图版 43

1. 越南乌叶猴/河静乌叶猴（*Trachypithecus hatinhensis*）体长：47 ~ 64cm+ 尾长：75 ~ 96cm，体重：5.5 ~ 7kg。

2. 黑叶猴（*Trachypithecus francoisi*）体长：54 ~ 57cm+ 尾长：85cm，体重：5.9kg。

3. 德氏乌叶猴/德拉库尔乌叶猴（*Trachypithecus delacouri*）体长：55 ~ 83cm+ 尾长：85cm，体重：6 ~ 10kg。

4. 白头叶猴[①]（*Trachypithecus poliocephalus leucocephalus*）体长：47 ~ 62cm+ 尾长：77 ~ 89cm，体重：7 ~ 9kg。

5. 金头乌叶猴[②]（*Trachypithecus poliocephalus poliocephalus*）体长：47 ~ 62cm+ 尾长：77 ~ 89cm，体重：7 ~ 9kg。

6. 郁乌叶猴（*Trachypithecus obscurus*）体长：42 ~ 67cm+ 尾长：72cm，体重：6.6 ~ 7kg。

7. 菲氏叶猴（*Trachypithecus phayrei*）体长：51 ~ 55cm+ 尾长：77cm，体重：6.9 ~ 7.9kg。

---

① 现已独立为种，学名为 *Trachypithecus leucocephalus*。——译者

② 现已独立为种，学名为 *Trachypithecus poliocephalus*。——译者

<table>
<tr><td>下目</td><td>**类人猿下目 SIMIIFORMES**</td></tr>
<tr><td>小目</td><td>**狭鼻小目 CATARRHINI**</td></tr>
<tr><td>总科</td><td>**猴总科 CERCOPITHECOIDEA**</td></tr>
<tr><td>科</td><td>猴科 Cercopithecidae</td></tr>
<tr><td>亚科</td><td>疣猴亚科 Colobinae</td></tr>
</table>

乌叶猴

属 乌叶猴属 | *Trachypithecus* | 17 种 | 图版 42~44

图版 44

图版 44

1. 银色乌叶猴（*Trachypithecus cristatus*）体长: 48 ~ 54cm+ 尾长: 70cm，体重: 5.7 ~ 6.6kg。

2. 爪哇乌叶猴，黑色和红褐色亚种（*Trachypithecus auratus*）体长: 46 ~ 75cm+ 尾长: 61 ~ 82cm，体重: 7kg。

2

1 + j

2

2

2j

下目	**类人猿下目 SIMIIFORMES**
小目	**狭鼻小目 CATARRHINI**
总科	**猴总科 CERCOPITHECOIDEA**
科	猴科 Cercopithecidae
亚科	疣猴亚科 Colobinae

叶猴

属 叶猴属 │ *Presbytis* │ 11 种 │ 图版 45

与疣猴亚科的其他猴子一样，叶猴属中的各种叶猴主要取食树叶。它们栖息于马来半岛和印度尼西亚。手臂和双腿较长，适于树冠上需要高难度跳跃技巧的生活。它们的头上都有一个毛冠，毛冠的发育程度不一。刚出生的幼崽的毛发通常呈白色，后背点缀着一条黑色条纹。新生儿的毛发被称为"胎毛"。随着幼崽的成长，它的毛发慢慢变为成年叶猴毛发的颜色。

图版 45

1. **赤褐色黑脊叶猴**（*Presbytis melalophos nobilis*）体长：50cm+ 尾长：71cm，体重：约6kg。

2. **南部黑脊叶猴**[1]（*Presbytis melalophos mitrata*）体长：50cm+ 尾长：71cm，体重：约6kg。

3. **黄手黑脊叶猴**（*Presbytis melalophos melalophos*）体长：50cm+ 尾长：71cm，体重：约6kg。

4. **纳土纳岛叶猴**（*Presbytis natunae*）体长、尾长和体重：无数据。

5. **三色印尼叶猴**[2]（*Presbytis femoralis cruciger*）体长：43~61cm+ 尾长：61~83cm，体重：5.8~8kg。

6. **爪哇叶猴**（*Presbytis comata*）体长：50~53cm+ 尾长：65cm，体重：6.3~6.6kg。

7. **栗红叶猴**（*Presbytis rubicunda*）体长：49~57cm+ 尾长：70cm，体重：5.7~6.2kg。

8. **托马斯叶猴**（*Presbytis thomasi*）体长：55cm+ 尾长：76cm，体重：5~8kg。

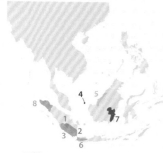

图版 45

---

[1] 现已独立为种，学名为 *Presbytis mitrata*。——译者
[2] 现学名为 *Presbytis chrysomelas cruciger*。——译者

下目
小目
总科
科

类人猿下目 SIMIIFORMES

狭鼻小目 CATARRHINI

人猿总科 HOMINOIDEA

长臂猿科 Hylobatidae

合趾猿和长臂猿构成了长臂猿科。与类人猿类似，它们无尾，身体倾向于保持直立。因此，其胸腔特别发达。长臂猿和合趾猿生活在森林的上层，几乎从不下到地面。它们长长的四肢能够适应一种被称为"臂力摆荡"的特定的悬吊运动方式，它们用这种方式在树枝间悬摆移动。它们的指骨（手指上的骨头）明显拉长，双手变成钩状，这使得它们在全力摆动时能够更加牢固地抓住树枝。这些猿类也能以两足动物的直立姿势行走，行走时身体笔直，双臂举过头顶或置于两侧以保持平衡。它们是唯一不建造夜宿巢的猿类，而会隐藏在茂密枝叶的空档中，以一种坐着的姿势度过夜晚。区分不同的种类主要依靠它们的毛色和声谱结构。然而，即使是在同一物种中，也有可能存在明显的毛色差异。有些种，两性之间的毛色会有不同，例如，雄性戴帽长臂猿完全是黑色的，而雌性的毛发为银色，头部和腹部缀有部分黑色。

合趾猿和长臂猿

属 **合趾猿属** | *Symphalangus* | 1 种 | 图版 46

合趾猿是长臂猿科中体型最大的成员。雄性和雌性都是一身乌黑，像穿了一件全黑的外套。此外，还有一小撮毛发，这撮毛发就像条尾巴，位于臀部两块胼胝体（硬化的老茧）之间。它们的声囊很大，因此它们能发出洪亮的叫声。它们的叫声旋律优美，且能传出很远的距离。这个声囊有共鸣腔的效用，当合趾猿发出声音时，声囊内会充满气体。雄性会发出悠长而低沉的叫声，而雌性则不同，它们会发出吠叫声以作回应。合趾猿栖息于苏门答腊岛和马来半岛的低地或山地森林中，与黑掌长臂猿和白掌长臂猿（二者也都属于长臂猿属）共享它们的栖息地。

属 **冠长臂猿属** | *Nomascus* | 5 种 | 图版 46

长臂猿的不同属主要用染色体数目来区分：冠长臂猿属的物种，与合趾猿一样，有52 条染色体；而长臂猿属有 44 条，白眉长臂猿属有 38 条。冠长臂猿属主要食草，这是长臂猿科的典型特征。它们约取食 50 种不同的植物，包括竹笋。在它们所栖息的中国、越南、老挝的森林里长有大量的竹笋。有些冠长臂猿的饮食也辅以昆虫，如白蚁和毛毛虫。这些猿类饮水的方式是将手浸入水池，然后再舔掉手上的水。

图版 46

1. 合趾猿（*Symphalangus syndactylus*）体长：75～89cm，体重：10～14kg。

2. 红颊冠长臂猿（*Nomascus gabriellae*）体长：约 60cm，体重：5.7kg。

3. 西黑冠长臂猿（*Nomascus concolor concolor*）体长：45～63cm，体重：4.5～5kg。

4. 南方白颊冠长臂猿[①]（*Nomascus leucogenys siki*）体长：45～63cm，体重：5.6～5.8kg。

5. 北白颊长臂猿[②]（*Nomascus leucogenys leucogenys*）体长：45～63cm，体重：5.6～5.8kg。

6. 白颊长臂猿亚种，无图和数据。

图版 46

---

① 现已独立为种，学名为 *Nomascus siki*。——译者

② 现归入白眉长臂猿属（*Hoolock*），学名为 *Hoolock leucogenys*，东白眉长臂猿。——译者

下目	**类人猿下目 SIMIIFORMES**
小目	**狭鼻小目 CATARRHINI**
总科	**人猿总科 HOMINOIDEA**
科	**长臂猿科** Hylobatidae

长臂猿

属 **白眉长臂猿属** │ *Hoolock* │ 2 种 │ 图版 47

　　白眉长臂猿以前归入长臂猿属，现在则归入白眉长臂猿属。区别就在于染色体的数目，白眉长臂猿属有 38 条，而其他属有 44 或 52 条。雄性的皮毛为黑色，雌性为铜黄色。无论雌雄，在其眼睛上方都有两条带状的白毛。白眉长臂猿的幼崽在出生时完全是白色的，随后，它的毛色会变得越来越灰，最终在成年后变为黑色。雌性在成年期会再次改变毛色。

属 **长臂猿属** │ *Hylobates* │ 7 种 │ 图版 47～49

　　长臂猿属无疑是叫声最为悦耳动听的猿类。它们的叫声可以形成一场无与伦比的音乐盛宴，也可以用于区分种类。长臂猿实行一夫一妻制，并和它们的后代一起生活。每天清晨，日出后不久，除了克氏长臂猿和银白长臂猿会独自鸣叫外，其他种的雄性和雌性会一起合唱，形成二重唱。长臂猿洪亮的叫声有几个功能：领域防御，以及吸引配偶并加强夫妻之间的联系。雌性平均每 3 年生产一次，单胎，怀孕期 5～6 个月。和其他猿类一样，长臂猿的幼儿期特别长，后代直到 4～5 岁才独立。但之后，它们还有可能会和家族成员再生活一段时间。因此，经常可以看到一对夫妻带领着两只、有时甚至是 3 只不同年龄的幼崽。直到 8～10 岁，长臂猿才真正进入成年。

图版 47

1. **黑掌长臂猿**（*Hylobates agilis*）体长：42～47cm，体重：5.5～6.4kg。
2. **婆罗洲白须长臂猿**[1]（*Hylobates agilis albibarbis*）体长：42～47cm，体重：5.5～6.4kg。
3. **西白眉长臂猿**（*Hoolock hoolock*）体长：48cm，体重：6～7kg。

图版 47

———
① 现已独立为种，学名为 *Hylobates albibarbis*。——译者

1♂

3♀

3♂

2

1♀ +j

下目 **类人猿下目 SIMIIFORMES**

小目 **狭鼻小目 CATARRHINI**

总科 **人猿总科 HOMINOIDEA**

科 长臂猿科 Hylobatidae

长臂猿

属 长臂猿属 | *Hylobates* | 7 种 | 图版 47 ~ 49

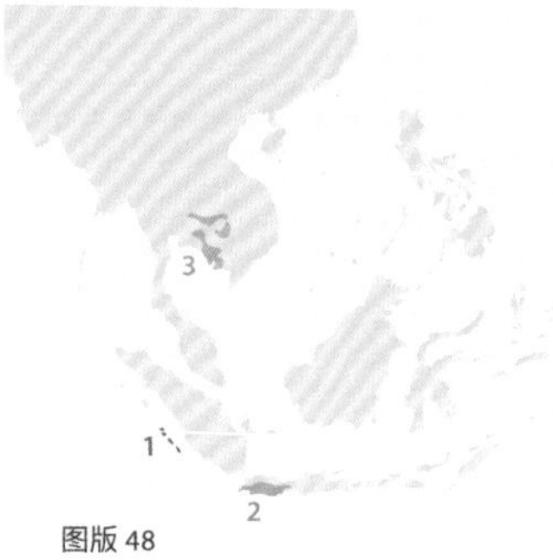

图版 48

图版 48

1. 克氏长臂猿（*Hylobates klossii*）体长：45cm，体重：5.8kg。
2. 银白长臂猿（*Hylobates moloch*）体长：45 ~ 64cm，体重：6kg。
3. 戴帽长臂猿（*Hylobates pileatus*）体长：无数据，体重：6 ~ 8kg。

下目 **类人猿下目 SIMIIFORMES**

小目 **狭鼻小目 CATARRHINI**

总科 **人猿总科 HOMINOIDEA**

科 长臂猿科 Hylobatidae

长臂猿

属 长臂猿属 │ *Hylobates* │ 7 种 │ 图版 47 ~ 49

图版 49

图版 49

1. 灰长臂猿（*Hylobates muelleri*）体长：42 ~ 47cm，体重：5 ~ 6kg。

2. 白掌长臂猿指名亚种（*Hylobates lar lar*）体长：42 ~ 58cm，体重：4.5 ~ 7.5kg。

3. 白掌长臂猿马来亚种（*Hylobates lar entelloides*）体长：42 ~ 58cm，体重：4.5 ~ 7.5kg。
地图上未标明该亚种。

在传统的分类中，所有的类人猿（即大猩猩属、黑猩猩属、猩猩属三个属的物种）都被归入猩猩科，而人科则只包括人属（*Homo*）及其已经灭绝、只剩化石的直系亲属。然而，现在，四个属都归入人科，连同长臂猿科共同构成人猿总科。人猿总科的所有成员以体型和体重较大、无尾以及脑容量增大区别于其他灵长类动物。

猩猩

属 **猩猩属** │ *Pongo* │ 2 种 │ 图版 50

自海平面上升使得婆罗洲和苏门答腊岛分离成两个不同的岛屿后，两地的猩猩已经被地理隔离超过一万年了。最终，婆罗洲和苏门答腊岛的猩猩种群成为两个完全独立的物种。苏门答腊猩猩，学名 *Pongo abelii*，其显著特点是椭圆的脸颊、长毛以及明亮的橙色毛发。相比之下，婆罗洲猩猩，学名 *Pongo pygmaeus*，圆脸，雄性脸形如"8"字，毛色从橙红色到巧克力褐色各有不同。行为上也有显著的差异，在一些苏门答腊族群中，个体可以随意在小族群中游荡，而婆罗洲猩猩则始终独居。值得注意的是，苏门答腊岛和婆罗洲的某些猩猩族群能够制造和使用不同的工具，如用树枝撬开某些果实的果皮。参照"黑猩猩文化"的叫法，研究人员毫不犹豫地称之为"红毛猩猩文化"。

猩猩，与其他很多灵长类动物一样，雄性和雌性表现出明显的形态差异。这种性二型性表现为雄性体型几乎是雌性的两倍大，以及雄性脸颊两侧拥有脂肪肉垫，这些赘肉形成圆盘状的脸颊或喉袋。这种膨胀结构可使成年雄性放大其特有的、用以宣示领域的长吼叫声，而这可能也有助于吸引雌性。

猩猩是唯一的完全树栖的类人猿，其行动完全局限于树上。它们的臂膀很长，手掌细长，拇指退化，双脚可抓握东西，这使得它们演化出一种特殊的方式：用脚抓住树枝的同时，用手握住相邻的树的树干。它们在早晨和傍晚特别活跃，中午用树枝和树叶在树上筑巢作为休憩之所。猩猩栖息于不同类型的森林之中——洼地、中等海拔山地或沼泽。取食树叶、果实、树皮和昆虫。

图版 50

1. **婆罗洲猩猩**（*Pongo pygmaeus*）体长：78～97cm，体重：40～50kg（雌），60～90kg（雄）。

2. **苏门答腊猩猩**（*Pongo abelii*）体长：78～97cm，体重：40～50kg（雌），60～90kg（雄）。

图版 50

1♂　　2♂

2♀　　2♂

2j

红毛猩猩，"森林中的人"[①]

阿莱特·彼得和伊丽莎白·帕热斯−弗亚德对安德烈·卢卡斯的访谈

达雅克族流传着一个古老的传说。据说，从前红毛猩猩是和人类生活在一起的，后来它们厌倦了争斗，又不愿每日为工作疲于奔命，于是选择回到森林里生活。

阿莱特·彼得：是你对类人猿的兴趣引导着你遇到了红毛猩猩吗？

安德烈·卢卡斯：是的。1981 年和 1990 年，我先后在马来西亚的沙捞越和沙巴，以及苏门答腊岛遇到了它们。

阿莱特·彼得：红毛猩猩的特点有哪些呢？

安德烈·卢卡斯：和大猩猩一样，红毛猩猩的性二型性特别明显。年老的雄性红毛猩猩重达 100 千克，是雌性的两倍。当雄性红毛猩猩到了大约 12 岁的时候，脸上两个巨大的月牙形脂肪块会逐渐变大，并将脸部环绕起来。这会让它们表现出一种高高在上而又忧心忡忡的神情。它有两个可以随意用空气鼓起来的肥大咽囊，这两个咽囊形成的双下巴又使它的外表显得更加凶神恶煞。这些第二性征使得雄性红毛猩猩的脸变得更大，显得它们的眼睛又小又集中。

一种特别的移动方式

阿莱特·彼得：红毛猩猩虽然又胖又重，却生活在树上……它们是怎么移动的呢？

安德烈·卢卡斯：红毛猩猩与黑猩猩、大猩猩不一样，它们完全是树栖动物。年老的雄性红毛猩猩，体重很重，而且行动不那么敏捷。它们偶尔会下到地面上来跟大家一起去远处觅食，以防同伴全部离开。除此之外，睡觉以及进食都是在树上。红毛猩猩是用手臂吊荡树枝的方式移动的。跟其他在树枝上跳跃和奔跑的小型猴类不同，红毛猩猩是在树枝下面穿行，靠着手臂的力量悬挂在枝头。它们前行的时候会交替摆荡两只大胳膊，以寻找下一个支撑物。不过，它们一般是同时借助于手和脚去紧紧抓住用以支撑的树枝。红毛猩猩的脚上有着对生的脚趾，可当作一只手来使用；但它们的手上只有四个指头可以用，四个指头可形成一个有力的"钩子"把红毛猩猩悬挂在树枝上。红毛猩猩的大拇指缩短了，且只剩下两个关节，在移动的过程中不再具有抓握能力了。它们在森林里前行时会得到众多的藤类植物和榕属植物的"帮助"。这些植物混杂在森林里，形成一张空中的桥梁网。有时候，红毛猩猩会爬到枝干柔韧的树上去，在上面做钟摆运动。当树的枝干慢慢地弯下去的时候，红毛猩猩就会展开

[①] 马来语和印尼语称红毛猩猩为 "Orang-utan"，意为 "森林中的人"。——译者

四肢，摆出旗子般的姿势。它们跳下去的时候有点像在做跳伞运动，它们会抓住离它最近的那根树枝。

阿莱特·彼得：它们从来没有掉下去过吗？

安德烈·卢卡斯：红毛猩猩是很谨慎的"空中杂技师"。由于体重过重，它们没办法在空中做杂技般的跳跃，移动的时候也不得不放慢，以防自己掉下去。它们会确保支撑物足够牢固，并且在抓到另外一根让它们放心的树枝前，是不会放开前一根的。不过，尽管它们这样小心翼翼，有时候还是会掉下去。我们在 X 光片和它们的骨骼上曾观察到骨折的痕迹。这些痕迹集中于胳膊和腿上，而且通常愈合得很好。

阿莱特·彼得：你曾经在森林里观察到站立着的红毛猩猩吗？

安德烈·卢卡斯：在类人猿中，红毛猩猩是在地面上活动最困难的一个物种。不论是靠四肢爬行，还是两足站立前行，都很困难。为了能够在树上灵巧抓握，它们的脚向内弯曲得太厉害了，这使得它们在地面前行时显得笨拙而且会摇摇晃晃。不过，年幼的红毛猩猩，尤其是那些已经完全适应了新环境的红毛猩猩，在某些时候可以直立，并且用后肢前行。

红毛猩猩对人类的反应

阿莱特·彼得：红毛猩猩对人类有攻击性吗？它们会攻击人类吗？

安德烈·卢卡斯：红毛猩猩虽然从外表上看很温厚，但有时候脾气很坏，甚至会显得很有攻击性。它们会撅起圆圆的嘴巴，并发出拍击的声音，这种声音还不时地被低沉的嗥叫声所打断。这是它们表达愤怒的一种方式。有一天早上，我在森林里看到一只非常强壮的成年雄性红毛猩猩正在树上津津有味地吃着果子。在发现我看到它并且在很近地观察它之后，它逃到了树顶，并通过那种有名的如接吻般的响声恐吓我。由于我并没有被它的恐吓屈服，它除了嘴巴里发出声音，还用手势来增强气势，然后开始像一个疯子一样摇晃起树枝来。最后，它还向我扔了一束铁角蕨。这是一种蕨类植物，险些砸中我的头，于是我就走开了。它对我真的非常生气，在气头上的它甚至还成功地弄断了一根很粗的枯枝，并把枯枝扔向我。还好这根枯枝后来在离我几米远的地方折断了。红毛猩猩会非常固执地把它手头能找到的任何东西扔向来访者。这种虚张声势的举动是为了吓退来访者，实际上，它们几乎没有真正地攻击过来访者。很少见到一只红毛猩猩从树上下来和观察员正面交锋或者攻击他。不过，这样的事情有时候也是会发生的。

阿莱特·彼得：红毛猩猩在发生冲突的时候会互相攻击吗？

安德烈·卢卡斯：红毛猩猩之间的冲突并不像黑猩猩那样通过骚动和吼叫表达出来。栖息在树上的它们无法做出过于激烈的动作和姿势，也不能做出恐吓性的举动。成年雄性间的冲突是悄无声息的，但有可能会很激烈。它们会痛咬彼此，在这样的斗争过程中，有的红毛猩猩甚至会失去手指。在雌性红毛猩猩分娩的时候，雄性红毛猩猩会发出特别响亮的啸声来向其他红毛猩猩提醒它们的存在。只有在这种为数不多的时刻，这种类人猿才会用出声的方式来表达自己的意图。

红毛猩猩的智力

伊丽莎白·帕热斯－弗亚德：红毛猩猩的智力怎么样呢？

安德烈·卢卡斯：和黑猩猩一样，红毛猩猩具有很强的学习能力和观察能力，专注力和耐心是它们最打动人的特点。它们的眼睛里透着狡黠，似乎能将你看透，有时候甚至会让你觉得不自在。被捕获的时候，红毛猩猩也会表现出和黑猩猩一样的机灵，甚至比黑猩猩更机敏。它们是拆卸各种东西的高手，旋开螺栓，卸下螺丝钉，样样在行。而且，它们并不缺乏想象力。有一天早上，我刚好看到一只年轻的雌性红毛猩猩用草茎编了一个好几米长的藤条。它把这个藤条挂在顶棚的铁丝网上，之后，它竟然把整个身体都挂在藤条上摆荡起来！我被它的作品的艺术性和坚固性震惊了，我自己很可能都做不到。和社交关系杂乱的黑猩猩不同，红毛猩猩生性孤僻，它们会用很多时间思考。它们可以花很长很长的时间来完成一项工作。我们不知道红毛猩猩的头脑里在想什么，我们只能陈述它会做什么。它的脑海里有过死亡的概念吗？不论哪只母红毛猩猩都会一直抱着它们死去的幼崽，像它还在世那样，而且会持续好几天。只不过，如果幼崽一直没有反应，且不与母红毛猩猩互动，那母红毛猩猩会逐渐开始不那么关心自己的幼崽了。它会失去兴趣，最后彻底抛弃自己的幼崽。然而，如果有其他红毛猩猩试图抢走它孩子的遗体，它就会大声号叫，守护自己死去的宝宝。虽然幼年红毛猩

猩的手势和面部表情都比黑猩猩丰富，但红毛猩猩之间很少沟通情感。当然，年幼的红毛猩猩都很喜欢嬉笑玩乐。它们会去触摸，去感知，并且对一切新的东西都很感兴趣。但是，这种行为在成年后会彻底改变。在性成熟后，它们的游戏行为会消失，好奇心也会大大减弱，这在雄性身上表现得尤为明显。它们的理解能力和学习能力都会减弱，知识水平也会退化。那时，它们主要关心的事情就只剩下两件了：社会地位和交配。

红毛猩猩的生活形态

伊丽莎白·帕热斯－弗亚德：它们吃什么以及怎样获得食物呢？

安德烈·卢卡斯：在森林里活动很艰难，且相当危险。因此，如果一只红毛猩猩找到了一棵食物充足的果树，它会在上面一连待上好几天。有一天，我在森林里迷路了，在一棵树下坐着休息了很久。突然，一颗榴莲掉在了我旁边。我抬起头，看到一只红毛猩猩在树上10米到15米高的地方，安静地看着我。它很可能从早上甚至从前一天就在那里了。我一开始没有察觉到它。红毛猩猩非常爱吃水果，平均起来水果占到它们食物构成的60%。热带雨林持续的炎热与潮湿使得这里全年都有果子成熟。有些树种是季节性结果的，还有的一年会结好几次，或者正相反，两三年才结一次。这片森林里的植物物种非常多样，一公顷的面积里可能有两百多种不同的树。红毛猩猩吃一百多种果子，其中经常吃的有五十多种。不过，虽然果树很丰富，但是季节的变换和结果地分

布的变化使得红毛猩猩不得不定期转移。这些森林里的"流浪者"也偏食：它们很爱吃榴莲，虽然榴莲壳又厚又硬，还带着刺，很难剥开。它们还很喜欢吃菠萝蜜大大的果子，还有山竹、芒果和红毛丹。红毛丹是一种被火焰般的红色柔毛覆盖着的"荔枝"。不过，无花果才是它们的食物中排名第一位的水果。仅无花果这一种水果就占了红毛猩猩消耗的水果总量的一半。此外，它们有时候还会吃有毒的果子，但是不会中毒。比如马钱子和见血封喉树（亦称箭毒木）的果实，马钱子含有著名的马钱子碱（即士的宁），而见血封喉树毒素被当地人用来给箭头上毒。这些毒素在红毛猩猩的消化道里被分解或者失去活性。除果子之外，它们还会吃嫩枝和树叶，刺槐、榕属植物和棕榈树都很受它们喜爱。它们偶尔还收集鸟蛋，甚至还会考虑无脊椎动物，如蚂蚁、蝗虫、蚱蜢……

伊丽莎白·帕热斯－弗亚德：它们的生活形态是怎样的呢？

安德烈·卢卡斯：如果把它们的生活形态和其他类人猿进行比较，我们会看到大猩猩主要在地面上生活，红毛猩猩主要在树上生活，而黑猩猩则介于两者之间。红毛猩猩每天都会搭一个新的巢窝，或者在需要的时候修补之前的老窝。年幼的红毛猩猩的学习过程是渐进的。它们在七八岁的时候才能独立生活，在此之前一直和母亲在一起，每次出去探险后都会回到母亲身边。随着时间的流逝，它们会学着按季节去寻找那些食物充足的地方。年轻的雄性红毛猩猩是最早离开家的。雌性则倾向于抱团行动，成年之后，它们有时候还会一起在同一片有果实的地区待上好几天。三四只雄性红毛猩猩也可能会一同生活在盛产榴莲和山竹的某个地方，但是它们很快就会分开。

阿莱特·彼得：红毛猩猩间不存在族群保护，那么在这种危险的生活中，雌性在怀孕的时候会被保护起来吗？

安德烈·卢卡斯：几乎没有什么东西会打扰或者威胁到一只怀孕的雌性红毛猩猩。除了人类之外，红毛猩猩在树上几乎没有对手。怀孕的母红毛猩猩在行走以及寻找食物的时候也不会感到不方便。刚出生的红毛猩猩幼崽非常小，重量不超过1千克，因此不会特别笨重。

阿莱特·彼得：因此，红毛猩猩是独居动物，没有家庭生活是吗？

安德烈·卢卡斯：和社会结构复杂、等级分明的黑猩猩相反，红毛猩猩没有集体生活，没有稳定的社会组织。雄性和雌性之间的亲密关系只在交配的那很短的一段时间里才产生。一旦性关系结束，雄性会重新开始独居和流浪生活。雌性红毛猩猩独自生活，独自分娩，并且独自抚养自己的后代。和人类一样，红毛猩猩是哺乳类动物里少数会面对面交配的动物。它们的交配几乎都是悬挂在树枝上完成的。这种天生的习惯在被捕获的个体身上也会持续存在。被捕获的红毛猩猩总是想要爬上金属网，有时候会非常放松地做出一些滑稽可笑的杂技动作。在交配的过程中，雌性红毛猩猩有时候会发出一系列尖锐且有节奏的送气声，这说明它感受到了某种兴奋。雌性红毛猩猩通常会对年老且经验丰富的雄性有明显偏爱，虽然这些雄性的面容不那么有吸引力了。相反，它们不太愿意配合年轻的雄性。年轻的雄性红毛猩猩精力非常充沛，会主动去追求雌性，有时候甚至会强迫雌性交配。从 8 岁起，雄性红毛猩猩就可以生殖了，虽然那时它的体型还不够大，也还没有发育出能够增加它吸引力的第二性征。

森林保护

阿莱特·彼得：红毛猩猩生活的热带雨林现在怎么样了？

安德烈·卢卡斯：热带雨林的现状很糟糕。婆罗洲四分之三的森林已经消失了，而且这种破坏还在继续。每年有上千公顷雨林被砍伐，改为单一种植主要用于出口的油棕榈和其他作物。这是双重灾难：生物多样性的非凡遗产消失了，而且那些几乎不能从这种开发中获益的当地人还失去了他们赖以生存的粮食耕地。如果森林开发是有益于环境的，而且人们每公顷只砍掉几棵树，我们就可以留住这份令人惊奇的自然遗产以及栖息在这片森林里的动物。我们甚至可以考虑在这里实施一些针对当地物种的森林再造计划，我曾经在马达加斯加西部看到一个瑞士的小组在实施这种项目。热带森林可以被睿智地开发和管理，几千年以来在雨林里流浪的本南人和达雅克人就是这么做的。他们懂得在利用木材的同时保护森林。如果我们给森林足够的时间，并且对其进行合理干预，森林就能持续更新。热带地区的土壤既贫瘠又脆弱，森林被砍伐之后，土壤侵蚀很快就会发生。森林不再能充当起类似海绵的角色，雨水会冲刷掉薄薄的腐殖质层，只留下一层贫瘠的、板结的红土。只有一些次生林能留下来，它们虽然也会被开发利用，却可以逃脱最终被砍伐的命运。对野生森林的破坏导致了一些隔离区的形成，那里如今庇护着很多动物，其中就有红毛猩猩。这些红毛猩猩被禁锢、隔离，彼此相距甚远，再没有碰面的可能性，因此也没办法进行基因交流。从长远来看，这会让红毛猩猩这个物种变得脆弱。

伊丽莎白·帕热斯－弗亚德：但是，难道人们不能开辟出一些不受破坏的森林走廊，好让动物可以从森林里的某一处去往另一处吗？

安德烈·卢卡斯：从维持某个物种的活力的角度来说，保存一些通道是切实有效的。这可以防止物种因为过度近亲繁殖而变得脆弱。如果我们能对森林进行理性管理，就能解决这些问题。

野生红毛猩猩未来的命运如何？

阿莱特·彼得：那怎么来拯救红毛猩猩呢？

安德烈·卢卡斯：最为有效的办法就是保护好它们的森林栖息地。随着偷猎行为的盛行以及森林的逐渐消失，许多已沦为孤儿的红毛猩猩幼崽被村民抓住并养在村子里。它们被当局没收并转移到第一批由不同的研究站建立的再适应中心里，如沙巴州的西必洛（Sépilok），苏门答腊岛的伯赫洛克（Bohorok），加里曼丹的丹戎普丁（Tanjung Puting）……这些以"再适应"为名的中心设立的目的是让红毛猩猩重新学会在森林里独立生存。这是一项需要长期的无私付出的工作，但是结果常常不与付出成正比。一只几个月大的红毛猩猩要拿奶瓶喂养，而且在好几年的时间里都很依赖人类。最初，它们会被放在森林边缘一个能够被监视到的平台上，这样才能让它们重新建立起在自然环境里生活的信心，并重新适应野外生活。它们要学着爬树，学着在树上自由行动及寻找食物。与此同时，它们也一直还会被饲养员喂养。所有这一切都是在工作人员细心的观察中进行着的。每天晚上日落之前，它们都会被抱回养护室里。当它们大一点的时候，其中一些就会在外面过夜。每次这种新试验开始的时候都会引发一片哀号声和不安的叫声，而且很多小红毛猩猩都会回到养护室门前，想要在那里找到庇护和安全感。当小红毛猩猩年龄大一些而且更独立时，它们就会被带到森林更深处的另外一个平台上。饲养员们每天都会给它们带去一些食物补给。甚至，如果负责放归工作的人员不足，这些再适应中心还会动员民众来参与保护森林和保卫红毛猩猩的工作。参访者可以来这里观察，还可以把他们的孩子带来：我们希望通过这样的方式让年轻一代意识到保护红毛猩猩以及它们的生存环境的重要性。

非洲大陆灵长类动物

作为人类的摇篮，非洲大陆对于那些想要追寻人类起源的人而言有着非凡的吸引力。在这片广阔的陆地上，人类学研究和灵长类动物学研究相互交织，致力于揭开人类漫长历史中错综复杂的谜团。我们在这里观察现存猴类的行为，搜寻地下，去发掘化石——我们共同历史的见证物，也是为了将一个个历史碎片重新拼凑成人类演化历史的巨大拼图。正是由于灵长类动物在这片大陆里存在的时间非常漫长，生活在这里的猴子被称为"旧世界猴"。亚洲的灵长类动物也被称为"旧世界猴"，这个称呼与"新世界猴"相对，后者指的是近几个世纪以来才到美洲大陆安家的灵长类动物。

非洲的热带草原是撒哈拉沙漠南部从塞内加尔一直延伸到坦桑尼亚的一片广阔地带，那里是赤猴的地盘。这种猴子生活在这样开放又遍布天敌的环境中是冒着很大风险的，好在它们行动非常敏捷。而目前与我们亲缘关系最近的"表亲"——黑猩猩和倭黑猩猩，则和其他无数昼行性或夜行性动物一起生活在非洲中部和西部，赤道附近潮湿的森林里。

灵长类动物和森林之间有着太漫长的故事。森林为它们提供了住处和遮蔽，与此同时，许多物种也参与了植物的传粉和种子散播过程，扮演着这片广阔丛林里的园艺师的角色。因此，森林成为灵长类动物最为重要的聚居地之一也就不足为奇了。比如，在乌干达的基巴莱国家公园里，同时生活着黑猩猩、安哥拉疣猴、夜行性婴猴、灰颊冠白睑猴以及青长尾猴等13种灵长类动物。这些灵长类动物还占据着其他类型的森林：干燥林，沿着穿越稀树草原的水流生长的走廊林，山地林，还有摩洛哥和阿尔及利亚边界的一大片雪松林。那里海拔1400～2500米，生活着巴巴利猕猴。它们会成群结队地在灌木丛中寻找果子和小型无脊椎动物。这里的雪松和橡树相间分布，这对于猴子而言是福音。它们从初秋开始就会用橡树果实把自己喂得很饱，好为摩洛哥漫长的冬季做准备。因为，如果说夏天的气温会很快让你感到呼吸不畅，那么冬天则是另一番考验，有很长一段时间，大雪会如厚厚的白色外套般覆盖住雪松林。和日本猕猴、叶猴、长尾叶猴以及金丝猴这些亚洲的猴类一样，巴巴利猕猴是非洲唯一要感受冬日艰难的灵长类动物。其他的非洲灵长类动物也要面对非常艰苦的生活条件，比如说阿拉伯狒狒的分布区域就从热带草原一直延伸到干旱的沙漠，以及索马里、沙特阿拉伯、也门和埃塞俄比亚的高原。埃塞俄比亚高原草木繁茂而且风大，海拔可达 4400 米。这里生活着另外一种不畏惧这样严酷的生活环境的灵长类动物——狮尾狒。非洲大陆灵长类动物极大的多样性，与它们生境类型的丰富性以及这片大陆令人惊叹的景观多样性是相呼应的。

下目

总科

科

懒猴型下目 LORISIFORMES

懒猴总科 LORISOIDEA

懒猴科 Lorisidae

懒猴总科中有两个科很突出：生活在亚洲和非洲的懒猴科，以及仅出现于非洲的婴猴科（也被称为丛猴科）。它们体型较小或中等，栖息于植被较为密集的森林里。都是夜行性动物，在行为上具有典型的独居性。

生活在非洲的懒猴科成员行动缓慢，沿树枝极其谨慎地攀爬，从不跳跃。短尾或无尾。第二指极短，使得手可以像钳子一样，在前进的过程中，牢牢抓紧每一个支撑处。大脚趾与其他脚趾之间呈明显的相对状。第二个脚趾还保留着钩爪。四肢肌肉可长时间保持收缩而不疲劳，这得益于其肌肉组织中能持续呼吸交换的贮血系统。

金熊猴和树熊猴

属 金熊猴属 | *Arctocebus* | 2 种 | 图版 51

金熊猴和树熊猴一样，手上第二指缩短，这使得它们能紧紧握住小树枝。它们可以攀在树枝上坚持很久而不疲乏。在受到攻击时，它们也能通过撕咬来保护自己。它们在树林的中等高度缓慢地穿行，捕食各种猎物，尤其是毛毛虫、蝗虫、蚂蚁和甲虫。

属 树熊猴属 | *Perodicticus* | 1 种 | 图版 51

树熊猴是夜行性动物，在植被茂密的次生林中潜行。在那里，它们很容易隐藏自己。取食果实、分泌物和各种小型无脊椎动物，特别是蚂蚁。当面对被捕食的威胁时，为保护自己，树熊猴会将头弓至两臂之间，并紧紧抓住用以支撑的树枝。它们会在保持这种姿势的前提下，发出响亮的咕噜声，并用其强大的犬齿撕咬对方；同时，它会用颈椎突刺形成的像盾一样的脖子将攻击者撞开。树熊猴具有领域性，它们会用尿液以及靠近生殖器官的腺体所产生的分泌物来标记家域的边界。雄性的领域相当广阔，大小不等，从 25 英亩到将近 100 英亩都有。雄性的领域与一只或多只雌性的领域有小部分重叠，每只雌性的领域不会大于 25 英亩。

怀孕期 6.5 个月，每年产仔一只或两只。最初，后代会被隐藏在树枝间的一个隐蔽地方。雄性树熊猴会在 6 个月大时开始繁殖，而雌性则在 8 个月大时开始繁殖。

图版 51

1. **金熊猴**（*Arctocebus calabarensis*）体长：23～30.5cm+ 尾长：8cm，体重：260～465g。

2. **小金熊猴**（*Arctocebus aureus*）体长：24.5cm+ 尾长：1.5cm，体重：210g。

3. **树熊猴**（*Perodicticus potto*）体长：30～39cm+ 尾长：3.7～10cm，体重：850g～1.6kg。

图版 51

图版 51

懒猴型下目 **LORISIFORMES**

懒猴总科 **LORISOIDEA**

婴猴科 Galagidae

　　婴猴科的全部成员也被称为灌丛婴猴[1]。它们名字的由来是它们中体型最大的种之一能够发出类似于人类婴儿啼哭的声音。它们的眼睛又大又圆，能适应夜间生活；此外，它们的耳朵也格外大，且灵活会动。因此，它们听力敏锐，这对于它们捕获除分泌物、果实和种子以外的小型无脊椎动物至关重要。灌丛婴猴通过沿树枝奔跑及跳跃的方式四处移动。它们善于在树间跳跃，这得益于它们明显伸长的后肢，其功能简直犹如弹簧一般；此外，还得益于它们毛茸茸的尾巴，它们的尾巴可以用来保持平衡。白天，它们经常在树洞中睡觉。怀孕期 4 个月，单胎或双胎。之后，幼崽会被母亲用嘴衔着随身携带。6 个星期后，幼崽才能在树上独立活动。

灌丛婴猴

属 尖爪丛猴属 | *Euoticus* | 2 种 | 图版 52

　　尖爪丛猴属，其通称是因为它们手上和脚上的指（趾）甲呈爪形。这种尖爪使得生活在热带雨林树冠中的它们能很好地抓握树皮和树枝。尖爪丛猴的食物，除了昆虫和果实外，还有一大部分来自于树的汁液以及其他分泌物。在觅食期间，尖爪丛猴通过嗅觉，以及通过对许多树木定期探查来寻找分泌物。有时探查的树木多达一百棵。尖爪丛猴在睡觉时会在树杈间团成一个球形。

属 大婴猴属 | *Otolemur* | 3 种 | 图版 52

　　大婴猴属是婴猴科中体型最大的。比起它们那些小体型的"亲戚"来说，它们在沿树枝奔跑和攀爬时所使用的高难度技巧就比较少了，但它们也会毫不犹豫地在树间跳跃。雄性以独居为主，尤其是在捕食无脊椎动物、小鸟、蜥蜴和哺乳动物时。雌性则与少数个体及它们的后代组成小群体。领域范围大约 25 英亩，且与其他灌丛婴猴种群共享领域。

属 婴猴属 | *Galago* | 20 种 | 图版 52

　　婴猴属的毛发柔滑而稠密。它们手指和足趾的末端都生有如吸盘一般厚厚的肉垫，这使得它们能抓住光滑的树枝。休息时，长长的耳朵折叠倒伏在脑后。它们栖息于林木繁茂的热带稀树草原，并睡在树洞中以躲避天敌的侵扰。

图版 52

1. **南方尖爪丛猴 / 西非尖爪丛猴**（*Euoticus elegantulus*）体长：19cm+ 尾长：24cm，体重：270 ~ 300g。

2. **粗尾婴猴**（*Otolemur crassicaudatus*）体长：31cm+ 尾长：42cm，体重：1.2 ~ 1.5kg。

3. **阿氏婴猴**[2]（*Galago alleni*）体长：20cm+ 尾长：20 ~ 24cm，体重：314g。

4. **蓬尾婴猴**（*Galago moholi*）体长：16cm+ 尾长：23cm，体重：200g。

5. **德米多夫倭丛猴**[3]（*Galago demidoff*）体长：13cm+ 尾长：18cm，体重：69 ~ 81g。

① 灌丛婴猴，英文为 Bushbabies，来自威廉·史蒂文生的作品 *The Bushbabies*。——译者
② 现归入松鼠婴猴属（*Sciurocheirus*）。——译者
③ 现归入丛猴属（*Galagoides*），学名为 *Galagoides demidovii*。——译者

图版 52

图版 52

下目　**类人猿下目 SIMIIFORMES**

小目　**狭鼻小目 CATARRHINI**

总科　**猴总科 CERCOPITHECOIDEA**

科　猴科 Cercopithecidae

　　　猴科是一个大科，共有 21 个属，约 100 个种。在非洲的不同地区、阿拉伯半岛南部、南亚和中亚，以及日本均有分布。根据饮食习惯的不同，它们被分为猕猴亚科和疣猴亚科。

亚科　狝猴亚科 Cercopithecinae

　　　狝猴亚科可在颊囊内储存大量食物，并在一天内将其逐渐消化完，因此，亦被称为"颊囊猴"。狝猴亚科为昼行性动物。它们主要生活在树上，但与其他灵长类动物相比，它们更容易适应地面生活。实际上，有些物种，如狒狒，它们大部分时间是在地面上度过的。它们以身体矮壮、前肢通常短于后肢为特征，手上的大拇指发育良好。不同种的尾巴长短不一，有的种尾巴缩短了或者无尾。不同于一些新世界猴，狝猴亚科的尾巴从不用来抓握。

赤猴和长尾猴

属　赤猴属 ｜ *Erythrocebus* ｜ 1 种 ｜ 图版 53

　　　赤猴，主要生活在地面上。奔跑速度可达每小时 35 英里，在灵长类动物中保持着世界纪录。它们生活在开放的栖息地上，栖息在点缀着相思树的热带稀树草原上。雌性，其体型只有雄性的一半大，带领着由 10 ～ 30 个成员组成的猴群守护着一片广阔的领域。虽然雄性不具有领域性，但作为猴群的哨兵，它们会用猛烈摇晃树枝等方式来警告入侵的捕食者。

　　　根据栖息地林木的茂密程度不同，赤猴在一天的时间内会行进 750 码[①] 至将近 6 英里来寻找食物，它们的食物包括草叶、果实、蘑菇、昆虫、小型脊椎动物和鸟卵。在一天中最热的时候，它们在大树的树荫下休息；晚上，则在安全的相思树树冠上度过，每只成年赤猴都会单独占据一棵树。虽然它们通常非常安静，但当警报来临或两个族群相遇并争夺同一领地时，它们就会厉声尖叫、闹闹哄哄。

图版 53

图版 53

1. 赤猴（*Erythrocebus patas*）体长：49cm（雌），60 ～ 87cm（雄）+ 尾长：49 ～ 61cm，体重：4 ～ 7kg（雌），7 ～ 13kg（雄）。

2. 枭面长尾猴指名亚种（*Cercopithecus hamlyni hamlyni*）体长：56cm+ 尾长：约 60cm，体重：3.7kg（雌），5.4kg（雄）。

3. 枭面长尾猴卡胡兹山亚种（*Cercopithecus hamlyni kahuziensis*）体长：56cm+ 尾长：约 60cm，体重：3.7kg（雌），5.4kg（雄）。

---

① 码，长度单位，1 码约等于 0.91 米。——译者

2

3

1♀

1♂

1♂

长尾猴

属 长尾猴属 │ *Cercopithecus* │ 25种 │ 图版 53 ~ 59

　　长尾猴栖息于森林及林木繁茂的热带稀树草原，有时也栖息于红树林。它们多数时间都待在树冠上，主要取食果实。它们对于种子的传播及森林的再生起到了重要的作用。它们与其他物种，尤其是鸟类，一起充当了园艺师的角色。长尾猴是以雌性为首的社会性动物，群居，成员之间关系密切，因为它们一生都在出生群中度过。由于不同种的皮毛，尤其是脸上的皮毛，颜色图案非常不同，这使得每一种长尾猴都很容易辨识。

图版 54

图版 54

1. 斯泰尔斯白领长尾猴（*Cercopithecus albogularis erythrarchus*）体长、尾长和体重：无数据。

2. 科尔布白领长尾猴（*Cercopithecus albogularis kolbi*）体长、尾长和体重：无数据。

3. 青长尾猴（*Cercopithecus mitis stuhlmanni*）体长、尾长和体重：无数据。

4. 金长尾猴（*Cercopithecus kandti*）体长：47 ~ 56cm+ 尾长：68 ~ 75cm，体重：4.2kg（雌），7.3kg（雄）。

4b. 青长尾猴亚种，无图和数据。

5. 东部大白鼻长尾猴（*Cercopithecus nictitans nictitans*）体长、尾长和体重：无数据。

6. 西部大白鼻长尾猴（*Cercopithecus nictitans martini*）体长：43 ~ 66cm+ 尾长：50 ~ 60cm，体重：4kg（雌），6.3kg（雄）。

下目　**类人猿下目 SIMIIFORMES**

小目　**狭鼻小目 CATARRHINI**

总科　**猴总科 CERCOPITHECOIDEA**

科　　猴科 Cercopithecidae

亚科　猕猴亚科 Cercopithecinae

长尾猴

属 长尾猴属 | *Cercopithecus* | 25 种 | 图版 53 ~ 59

图版 55

图版 55

1. 施密特红尾长尾猴（*Cercopithecus ascanius schmidti*）体长、尾长和体重：无数据。

2. 怀特塞德红尾长尾猴（*Cercopithecus ascanius whitesidei*）体长、尾长和体重：无数据。

3. 黑鼻红尾长尾猴（*Cercopithecus ascanius atrinasus*）体长：42 ~ 49cm+ 尾长：65 ~ 77cm，体重：3.3kg（雌），4.2kg（雄）。

3b. 红尾长尾猴亚种（Red-tailed Guenon），无图和数据。

4. 比特氏小白鼻长尾猴（*Cercopithecus petaurista buettikoferi*）体长、尾长和体重：无数据。

5. 小白鼻长尾猴（*Cercopithecus petaurista petaurista*）体长：41 ~ 49cm+ 尾长：65 ~ 71cm，体重：3kg（雌），3.8kg（雄）。

下目	**类人猿下目 SIMIIFORMES**
小目	**狭鼻小目 CATARRHINI**
总科	**猴总科 CERCOPITHECOIDEA**
科	猴科 Cercopithecidae
亚科	猕猴亚科 Cercopithecinae

长尾猴

属 长尾猴属 │ *Cercopithecus* │ 25 种 │ 图版 53 ~ 59

图版 56

图版 56

1. **赤腹长尾猴**（*Cercopithecus erythrogaster erythrogaster*）体长、尾长和体重：无数据。

2. **尼日利亚白喉长尾猴**（*Cercopithecus erythrogaster pococki*）体长：47cm+ 尾长：约 60cm，体重：2.4 ~ 2.8kg。

3. **阳光长尾猴**[1]（*Cercopithecus solatus*）体长：50 ~ 70cm+ 尾长：60 ~ 78cm，体重：4 ~ 6kg（雌），6 ~ 9kg（雄）。

4. **高山长尾猴**[2]（*Cercopithecus preussi*）体长：57cm+ 尾长：约 60cm，体重：可达 10kg。

5. **尔氏长尾猴**[3]（*Cercopithecus lhoesti*）体长：47 ~ 56cm+ 尾长：约 60cm，体重：3.5kg（雌），5.9kg（雄）。

---

① 现归入暗长尾猴属（*Allochrocebus*），并命名为靓尾暗长尾猴。——译者
② 现归入暗长尾猴属（*Allochrocebus*）。——译者
③ 现归入暗长尾猴属（*Allochrocebus*）。——译者

下目　**类人猿下目 SIMIIFORMES**

小目　**狭鼻小目 CATARRHINI**

总科　**猴总科 CERCOPITHECOIDEA**

科　猴科 Cercopithecidae

亚科　狝猴亚科 Cercopithecinae

长尾猴

属 **长尾猴属** ｜ *Cercopithecus* ｜ 25 种 ｜ 图版 53 ~ 59

图版 57

图版 57

1. **红尾髭长尾猴（*Cercopithecus cephus cephus*）** 体长：49 ~ 56cm + 尾长：69 ~ 78cm，体重：2.9kg（雌），4.1kg（雄）。

2. **戈托髭长尾猴（*Cercopithecus cephus ngottoensis*）** 体长：49 ~ 56cm + 尾长：69 ~ 78cm，体重：2.9kg（雌），4.1kg（雄）。

3. **红耳长尾猴（*Cercopithecus erythrotis*）** 体长：35 ~ 40cm + 尾长：60 ~ 70cm，体重：4 ~ 4.9kg。

4. **斯氏长尾猴（*Cercopithecus sclateri*）** 体长：30 ~ 50cm + 尾长：50 ~ 70cm，体重：3kg（雌），4kg（雄）。

长尾猴

属 长尾猴属 │ *Cercopithecus* │ 25 种 │ 图版 53 ~ 59

图版 58

图版 58

1. 冠毛长尾猴（*Cercopithecus pogonias*）体长：46 ~ 53cm + 尾长：73 ~ 81cm，体重：3.1kg（雌），4.5kg（雄）。

2. 邬氏长尾猴（*Cercopithecus wolfi*）体长：48cm + 尾长：78cm，体重：2.7kg（雌），3.8 ~ 4.2kg（雄）。

3. 丹氏长尾猴（*Cercopithecus denti*）体长：48cm + 尾长：78cm，体重：2.7kg（雌），3.8 ~ 4.2kg（雄）。

4. 坎氏长尾猴（*Cercopithecus campbelli*）体长：40 ~ 50cm + 尾长：64 ~ 72cm，体重：2.2kg（雌），4.3kg（雄）。

5. 白额长尾猴（*Cercopithecus mona*）体长：42 ~ 54cm + 尾长：58 ~ 76cm，体重：约 2.7kg。

下目　**类人猿下目 SIMIIFORMES**

小目　**狭鼻小目 CATARRHINI**

总科　**猴总科 CERCOPITHECOIDEA**

科　　猴科 Cercopithecidae

亚科　猕猴亚科 Cercopithecinae

长尾猴

属　长尾猴属 ｜ *Cercopithecus* ｜ 25 种 ｜ 图版 53～59

图版 59

图版 59

1. 德氏长尾猴／白臀长尾猴（*Cercopithecus neglectus*） 体长：46～56cm＋尾长：53～69cm，体重：4.4kg（雌），7～8kg（雄）。

2. 德赖斯长尾猴（*Cercopithecus dryas*） 体长：35cm＋尾长：60～70cm，体重：2.2kg（雌），3kg（雄）。

3. 狄安娜长尾猴（*Cercopithecus diana*） 体长：44～57cm＋尾长：71～86cm，体重：5～5.4kg。

4. 宽白眉长尾猴（*Cercopithecus roloway*） 体长：44～57cm＋尾长：71～86cm，体重：5～5.4kg。

下目	**类人猿下目 SIMIIFORMES**
小目	**狭鼻小目 CATARRHINI**
总科	**猴总科 CERCOPITHECOIDEA**
科	猴科 Cercopithecidae
亚科	猕猴亚科 Cercopithecinae

绿猴

属 绿猴属 | *Chlorocebus* | 6种 | 图版 60

　　绿猴是非洲大陆分布最为广泛、数量最多的灵长类动物。它们栖息在热带稀树草原、树木繁茂的地区、萨赫勒的半沙漠地区，以及山地地区。

　　绿猴是高度社会化的动物，大多生活在相对较大的群体中。群大小不一，成员数量为5～70只或者更多，占据着约100英亩大小的领域。许多研究表明，绿猴的声谱包含了20种不同类型的叫声，包括3种针对特定的捕食者发出的清晰的警报声。每种叫声都会引起族群内其他成员的不同反应。例如，当听到表示"猛禽"的警报声时，族群成员就会扫视天空；而当听到表示"捕食的蛇"的警报声时，它们就会仔细检查地面；当警报表示是一只来捕食的猫时，它们就会躲到树上去。实验表明，绿猴能够通过其他成员发出的声音辨识出自己族群中的每一名成员，它们也能对同伴做出欺骗行为。

图版 60

图版 60

1. **黑脸绿猴**（*Chlorocebus sabaeus*）体长：42～49cm + 尾长：56～63cm，体重：3.2～4.5kg。

2. **坦塔罗斯绿猴**（*Chlorocebus tantalus*）体长：42～49cm + 尾长：56～63cm，体重：3.2～4.5kg。

3. **青腹绿猴指名亚种/南非青腹绿猴**（*Chlorocebus pygerythrus pygerythrus*）体长：42～49cm + 尾长：56～63cm，体重：3.2～4.5kg。

4. **贝尔山绿猴**（*Chlorocebus djamdjamensis*）体长：42～49cm + 尾长：56～63cm，体重：3.2～4.5kg。

5. **肯尼亚黑长尾猴/肯尼亚青腹绿猴**（*Chlorocebus pygerythrus johnstoni*）体长：42～49cm + 尾长：56～63cm，体重：3.2～4.5kg。

5b. **绿猴**，无图和数据。

下目	**类人猿下目 SIMIIFORMES**
小目	**狭鼻小目 CATARRHINI**
总科	**猴总科 CERCOPITHECOIDEA**
科	猴科 Cercopithecidae
亚科	猕猴亚科 Cercopithecinae

沼泽猴和侏长尾猴

属 短肢猴属 / 沼泽猴属 | *Allenopithecus* | 1 种 | 图版 61

　　沼泽猴精力充沛，体格健壮，皮毛为棕绿色，它们只发现于安哥拉和刚果民主共和国原生林沼泽地的一小部分地区。部分沼泽猴手脚有蹼，便于游泳，从而避开天敌。它们经常把手伸到沼泽地和泥浆中探测以抓捕小鱼。此外，它们还取食果实、根茎和昆虫。它们特别喜欢舐食各种花朵的花蜜。和许多鸟类和蝙蝠一样，这种行为有助于森林中某些树木的授粉。

属 侏长尾猴属 | *Miopithecus* | 2 种 | 图版 61

　　侏长尾猴是旧世界猴中体型最小的猴。它们的身形与毛色同南美洲的松鼠猴十分相似。但是，尽管它们体型很小，但与长尾猴和绿猴亲缘关系很近。

　　侏长尾猴生活在由 40 ～ 50 个成员组成的群中。它们栖息于离河流不太远的原生林和次生林中，还栖息于沼泽地区或者红树林中。它们是游泳健将。杂食，食物以果实为主，但有时也吃树叶、花、昆虫、卵和淡水虾。它们经常劫掠人类的庄稼，并侵入临近人类居住地的洪涝区。

图版 61

1. 加蓬侏长尾猴（*Miopithecus ogouensis*）体长：25cm + 尾长：52cm，体重：750 ～ 820g（雌），1.25 ～ 1.28kg（雄）。

2. 侏长尾猴（*Miopithecus talapoin*）体长：25cm + 尾长：52cm，体重：750 ～ 820g（雌），1.25 ～ 1.28kg（雄）。

3. 短肢猴 / 沼泽猴（*Allenopithecus nigroviridis*）体长：45 ～ 46cm + 尾长：50cm，体重：3.7kg（雌），5.9kg（雄）。

图版 61

下目　**类人猿下目 SIMIIFORMES**

小目　**狭鼻小目 CATARRHINI**

总科　**猴总科 CERCOPITHECOIDEA**

科　　猴科 Cercopithecidae

亚科　狝猴亚科 Cercopithecinae

白眉猴

属 白眉猴属 | *Cercocebus* | 6 种 | 图版 62

　　白眉猴与长尾猴外形相似，但白眉猴的体型稍大些。与冠白睑猴属类似，它们是森林动物，但一般生活在灌木丛中。它们主要在地面上和森林低层的地方活动和觅食，取食果实、树叶和小型无脊椎动物。它们生活在由约 20 个成员组成的多雄多雌的群体中。雌性的肛殖区在交配时会变得红肿。平均来说，怀孕期 6 个月，每年产仔一只。白眉猴幼崽在出生几分钟后就能紧紧抓住母亲的皮毛了。

图版 62

图版 62

1. 白领白眉猴（*Cercocebus torquatus*）体长：60cm + 尾长：66cm，体重：约 10kg。

2. 阿吉利白眉猴（*Cercocebus agilis*）体长：约 60cm + 尾长：70cm，体重：4.7kg（雌），9.2kg（雄）。

3. 白枕白眉猴（*Cercocebus atys atys*）体长：约 60cm + 尾长：70cm，体重：8.5kg。

4. 白颈白眉猴[①]（*Cercocebus atys lunulatus*）体长：约 60cm + 尾长：70cm，体重：8.5kg。

5. 冠毛白眉猴（*Cercocebus galeritus*）体长：48～55cm + 尾长：57～70cm，体重：5.4kg（雌），10.2kg（雄）。

6. 金腹白眉猴（*Cercocebus chrysogaster*）体长：约 60cm + 尾长：70cm，体重：4.7kg（雌），9.2kg（雄）。

---

① 现已独立为种，学名为 *Cercocebus lunulatus*。——译者

<table>
<tr><td>下目</td><td>**类人猿下目 SIMIIFORMES**</td></tr>
<tr><td>小目</td><td>**狭鼻小目 CATARRHINI**</td></tr>
<tr><td>总科</td><td>**猴总科 CERCOPITHECOIDEA**</td></tr>
<tr><td>科</td><td>猴科 Cercopithecidae</td></tr>
<tr><td>亚科</td><td>猕猴亚科 Cercopithecinae</td></tr>
</table>

冠白睑猴

属 冠白睑猴属 | *Lophocebus* | 3 种 | 图版 63

　　冠白睑猴与白眉猴的明显区别在于，冠白睑猴树栖，占据森林的上层位置，很少会下到地面上来。它们生活在小群体中，群成员一般不超过 15 只，但群中会有几只雄性。冠白睑猴没有领域边界意识，几个群体的家域可能有很大范围的重叠。它们经常与其他种类交往，如长尾猴或者疣猴。

图版 63

图版 63

1. 黑冠白睑猴（*Lophocebus aterrimus*）体长：53cm + 尾长：75cm，体重：15kg（雌），21kg（雄）。

2. 灰颊冠白睑猴喀麦隆亚种 [①]（*Lophocebus albigena osmani*）体长：52 ~ 56cm + 尾长：74 ~ 80cm，体重：5.6kg（雌），7kg（雄）。

3. 灰颊冠白睑猴约翰斯顿亚种（*Lophocebus albigena johnstoni*）体长：52 ~ 56cm + 尾长：74 ~ 80cm，体重：5.6kg（雌），7kg（雄）。

4. 灰颊冠白睑猴指名亚种（*Lophocebus albigena albigena*）体长：52 ~ 56cm + 尾长：74 ~ 80cm，体重：5.6kg（雌），7kg（雄）。

---

① 现已独立为种，学名为 *Lophocebus osmani*，锈色披风冠白睑猴。——译者

下目	**类人猿下目 SIMIIFORMES**
小目	**狭鼻小目 CATARRHINI**
总科	**猴总科 CERCOPITHECOIDEA**
科	猴科 Cercopithecidae
亚科	猕猴亚科 Cercopithecinae

巴巴利猕猴

属 猕猴属 | *Macaca* | 22 种 | 图版 64

　　巴巴利猕猴是猕猴属唯一分布在非洲的种,其他种都在亚洲(图版 34～37)。它们生活在位于摩洛哥和阿尔及利亚的阿特拉斯山脉中上部高高的雪松林里,取食橡子、松柏的果实和针叶、树皮、蘑菇、小型无脊椎动物。冬天,当整个栖息地都被大雪覆盖时,雪松就成为这些猴子赖以生存的根本。那时,雪松几乎是它们全部的食物来源。

图版 64

1. 地中海猕猴 / 巴巴利猕猴 / 叟猴(*Macaca sylvanus*)体长:45～60cm + 尾长:几乎无尾,体重:约 10kg(雌),15～17kg(雄)。

图版 64

1♀+j

1♂

1

1

下目	**类人猿下目 SIMIIFORMES**
小目	**狭鼻小目 CATARRHINI**
总科	**猴总科 CERCOPITHECOIDEA**
科	**猴科** Cercopithecidae
亚科	**猕猴亚科** Cercopithecinae

狒狒

属 **狒狒属** | *Papio* | 5 种 | 图版 65 和 66

狒狒是颊囊猴中体型最大的动物。虽然它们能很轻松地爬树，但它们几乎完全在地面上活动。它们的栖息地类型众多：干燥的热带森林、稀树草原和干旱地区，还有高原，以及海拔 15000 英尺的高山地区。

狒狒身形粗壮，鼻子明显拉长，像狗一样。尤其是雄性，其犬齿大而醒目，尺寸是雌性的两倍，令人印象深刻。犬齿不仅可以在雄性卷入因接近雌性而发生的激烈冲突时充当防御性武器，还可以用来抵御天敌。狒狒生活在大群体中，群成员平均有 50 只，但有时会超过 100 只。阿拉伯狒狒的社会组织分为几个层次。基本单元是家庭群——一只雄性，伴有多只雌性。三或四个家庭群为一组，同单身雄性们形成一个单元，几个单元再形成一个集群；最后一级是几个集群再联合在一起，尤其是在过夜时，它们会共用庇护场地。这种重层的联合是非常不稳定的，随着时间的流逝，亚群会不断分离与重组。

狒狒的社会生活具有明显的社会等级制度。另外，无论是成年雄性与成年雌性之间，还是老幼之间，成员彼此之间都保持着友好关系。狒狒是杂食动物，基本的食物包括果实、种子、根茎和树叶。作为捕猎能手，狒狒不仅捕食小型无脊椎动物，还捕食羚羊、火烈鸟以及其他哺乳动物和鸟类作为补充性食物；此外，它们还经常劫掠人类的农作物。在古埃及，狒狒被认为是神圣的，是众神的文书、语言和文字的发明者托特神的象征。

图版 65

图版 65

1. 豚尾狒狒（*Papio ursinus*）体长：59cm + 尾长：76cm，体重：16.8kg（雌），20.5kg（雄）。

2. 几内亚狒狒（*Papio papio*）体长：69cm + 尾长：56cm，体重：17.5kg。

3. 草原狒狒 / 黄狒狒（*Papio cynocephalus*）体长：61～72cm + 尾长：50～60cm，体重：16.8kg（雌），20.5kg（雄）。

4. 东非狒狒 / 绿狒狒 / 橄榄狒狒（*Papio anubis*）体长：60～74cm + 尾长：43～50cm，体重：14.5kg（雌），28kg（雄）。

2♀ +j

1

2♂

3

4

下目 　**类人猿下目 SIMIIFORMES**

小目 　**狭鼻小目 CATARRHINI**

总科 　**猴总科 CERCOPITHECOIDEA**

科 　　**猴科** Cercopithecidae

亚科 　狝猴亚科 Cercopithecinae

狒狒和狮尾狒

属 狒狒属 ｜ *Papio* ｜ 5 种 ｜ 图版 65 和 66

属 狮尾狒属 ｜ *Theropithecus* ｜ 1 种 ｜ 图版 66

　　狮尾狒栖息在埃塞俄比亚高原草地上，那里的海拔在 4500 英尺到至少 12000 英尺之间。毛发浓密，尤其是雄性，肩披长毛，犹如鬃毛一般。这些猴子是食草动物，食入的草占总食量的 90% 以上，其余的食物主要是由种子、树叶、鳞茎和昆虫组成。一天中的大部分时间，几乎是 60% 的时间，它们都蹲在草地上，用手拔草。事实上，它们的臀部胼胝体，也即尾下为确保可以舒服蹲坐而磨厚的皮肤区，特别发达。在其他的狒狒种类中，雌性发情的信号表现为生殖器的红肿。但是，因为狮尾狒经常持续蹲坐，所以这种原始的"臀部"信号被一种胸部的信号代替了，后者更为适用和有效。所有的雄性和雌性在胸部都有一块沙漏状的裸皮。当雌性发情时，裸皮边缘就会出现许多小囊泡并呈现出艳红色。狮尾狒生活在由几十到几百个成员组成的大群中，这种大群是由小型亚群或者家庭群组成的。每一个家庭群都包含一只成年雄性，并伴有几只雌性，通常是 3 或 4 只雌性，但有时候也会多达 20 只。狮尾狒在睡醒后，及离开它们过夜时用以庇护的悬崖前，会花费几个小时进行社交，尤其是彼此热情地来回梳理毛发。这是群内一种非常有效的巩固社会关系的方式。

图版 66

图版 66

1. 阿拉伯狒狒 / 埃及狒狒（*Papio hamadryas*）体长：75cm + 尾长：55cm，体重：12kg（雌），21kg（雄）。

2. 狮尾狒（*Theropithecus gelada*）体长：50 ~ 65cm + 尾长：32 ~ 40cm，体重：11.5kg（雌），20kg（雄）。

1♀ +j

1♂

1♂

2♂

2♀

2♂

下目 **类人猿下目 SIMIIFORMES**
小目 **狭鼻小目 CATARRHINI**
总科 **猴总科 CERCOPITHECOIDEA**
科 猴科 Cercopithecidae
亚科 猕猴亚科 Cercopithecinae

鬼狒和山魈

属 山魈属 │ *Mandrillus* │ 2种 │ 图版 67

　　山魈属是森林动物，与狒狒属成员相似，鼻子很长，但其头部体积更大，形如一种面具。鬼狒的面部除了嘴唇边缘呈粉红色外，其他都是黑色。山魈的头部、臀部以及后腿则有由蓝色、红色和黄色组成的艳丽的着色。尤其是雄性，随着它们在社会阶层中的地位增高，这些颜色会变得越发鲜亮。臀部的着色被认为可以在它们穿过密集的植被时，促进群体的行动协调一致。因此，相比于狒狒和狮尾狒，鬼狒和山魈集中生活在刚果盆地西部地区茂密的热带雨林中，也即尼日利亚、喀麦隆和加蓬的交界之处。它们每天都进行远距离的活动，在2500～12400英亩的广阔领域内，每天的活动范围在1～3英里之间。食物基本上以果实和种子为主，并辅以树皮、树叶、各种无脊椎动物（主要是昆虫）和小型哺乳动物、鸟、乌龟。在家庭群中，占据统治地位的雄性面临相当激烈的竞争，所以争吵和打斗时有发生，有时还会发生暴力冲突。这两种动物，尤其是鬼狒，作为森林砍伐和野生动物贸易的受害者，被认为是最为濒危的灵长类动物。

图版 67

1. **鬼狒（*Mandrillus leucophaeus*）** 体长：66～70cm＋尾长：8～12cm，体重：约10kg（雌），17kg（雄）。

2. **山魈（*Mandrillus sphinx*）** 体长：56～81cm＋尾长：7cm，体重：11.5kg（雌），27kg（雄）。

图版 67

1♂

1♀

1j

2♂

2♀

下目　**类人猿下目 SIMIIFORMES**

小目　**狭鼻小目 CATARRHINI**

总科　**猴总科 CERCOPITHECOIDEA**

科　猴科 Cercopithecidae

亚科　疣猴亚科 Colobinae

疣猴，或者说叶猴，归属于旧世界猴两个亚科中较小的亚科疣猴亚科。体型纤瘦，身体和四肢细长，尾巴很长，尾端经常有一丛毛，在树间跳跃时，尾巴起到保持平衡的作用。它们生活在由 10 个到 100 多个成员组成的群里，群里包括一只或几只成年雄性，并伴有众多的雌性以及它们的后代。大部分时间都用于维系社会关系，尤其是以梳理毛发的形式来加强个体之间的联系。几乎只吃树叶，因纤维含量高，这些树叶很难被消化。像牛一样，它们有一种专门的胃，其内部分为几瓣，其中一些内瓣聚集着专门用于降解和消化树叶内的纤维的细菌。因为这种食物营养成分少，所以它们必须大量食用。树叶发酵会在胃内产生气体，所以它们经常腹部鼓胀。

疣猴

属　疣猴属 | *Colobus* | 5 种 | 图版 68

疣猴属的猴子可以通过它们黑白两色的皮毛来辨别。它们往往毛发蓬松，不同的种具有不同的毛色图案。与疣猴亚科的其他猴子相似，它们有一个划分为几部分的胃。这样的胃部结构可以确保它们能更好地消化所食的大量树叶。它们所在的群约有 15 个成员，栖息在原生林和次生林以及某些树木繁茂的山区。疣猴属新生幼崽的毛色是全白的。用疣猴的皮毛制成的大衣很受欢迎，所以这种灵长类动物的盗猎十分严重。

图版 68

1. 花斑疣猴（*Colobus vellerosus*）体长：61～66cm + 尾长：75～81cm，体重：8.3～19.9kg。

2. 安哥拉疣猴坦桑尼亚亚种（*Colobus angolensis palliatus*）体长：53～59cm + 尾长：70～82cm，体重：7.4kg（雌），9.6kg（雄）。

3. 黑疣猴（*Colobus satanas*）体长：63～67cm + 尾长：80cm，体重：11kg。

4. 东非黑白疣猴肯尼亚山亚种（*Colobus guereza kikuyuensis*）体长：57～61cm + 尾长：69cm，体重：8～9kg（雌），13.5kg（雄）。

5. 东非黑白疣猴刚果亚种（*Colobus guereza occidentalis*）体长：57～61cm + 尾长：69cm，体重：8～9kg（雌），13.5kg（雄）。

6. 东非黑白疣猴乞力马扎罗亚种（*Colobus guereza caudatus*）体长：57～61cm + 尾长：69cm，体重：8～9kg（雌），13.5kg（雄）。

7. 西非黑白疣猴（*Colobus polykomos*）体长：60～63cm + 尾长：87～88cm，体重：8.3～9.9kg。

图版 68

下目	类人猿下目 SIMIIFORMES
小目	狭鼻小目 CATARRHINI
总科	猴总科 CERCOPITHECOIDEA
科	猴科 Cercopithecidae
亚科	疣猴亚科 Colobinae

红疣猴和绿疣猴

属 红疣猴属 │ *Piliocolobus* │ 9种 │ 图版 69

　　红疣猴因其毛色而倍显突出，部分毛发呈橙棕色。栖息于不同类型的森林中，其在林间犹如特技表演般的跳跃令人印象深刻。它们有时也与其他物种联合，以便在某种天敌接近时，能获得更为有效的警报。例如，在非洲西部的红疣猴就把狄安娜长尾猴（*Cercopithecus diana*）当作前哨。后者占据着森林的上层位置，那里视野良好，利于观察四周环境。

属 绿疣猴属 │ *Procolobus* │ 1种 │ 图版 69

　　绿疣猴属的橄榄绿疣猴皮毛为橄榄灰色，这为其在树枝和缠绕的藤本植物间活动提供了有效的伪装，使它们免于被天敌发现。它们的天敌主要是黑猩猩、豹子和猛禽。它们是社会性动物，与其他多数疣猴一样，生活在约由 10 个成员组成的群里，群里包括几只成年雄性和成年雌性。这是旧世界猴中唯一一种母亲用嘴携带幼崽的猴类。

图版 69

1. 橄榄绿疣猴（*Procolobus verus*）体长：46.5 ~ 48cm + 尾长：56 ~ 57cm，体重：4.2 ~ 4.7kg。

2. 桑给巴尔红疣猴（*Piliocolobus kirkii*）体长：53 ~ 63cm + 尾长：60 ~ 70cm，体重：7 ~ 10.5kg。

3. 乌斯塔莱红疣猴[①]（*Piliocolobus foai oustaleti*）体长：53 ~ 57cm + 尾长：66.5cm，体重：8.2kg。

4. 彭南特红疣猴（*Piliocolobus pennantii*）体长：53 ~ 63cm + 尾长：60 ~ 70cm，体重：7 ~ 10.5kg。

5. 西方红疣猴[②]（*Piliocolobus badius badius*）体长：53 ~ 57cm + 尾长：66.5cm，体重：8.2kg。

6. 红腹红疣猴[③]（*Piliocolobus badius temminckii*）体长：53 ~ 57cm + 尾长：66.5cm，体重：8.2kg。

图版 69

图版 69

---

① 现已独立为种，学名为 *Piliocolobus oustaleti*。——译者
② 现已独立为种，学名为 *Piliocolobus badius*。——译者
③ 现已独立为种，学名为 *Piliocolobus temminckii*。——译者

下目　**类人猿下目 SIMIIFORMES**

小目　**狭鼻小目 CATARRHINI**

总科　**人猿总科 HOMINOIDEA**

科　　**人科 Hominidae**

按传统的分类方法，所有的类人猿（黑猩猩属、猩猩属、大猩猩属三个属的成员）都归到猩猩科，人属则归到人科。现在，这四个属通常合并为人科，并与亚洲的长臂猿科（Hylobatidae）构成人猿总科。所有的猿类都与其他灵长类动物存在不同，它们的体型更大，无尾，脑容量增大。

大猩猩

属 **大猩猩属** | *Gorilla* | 2 种 | 图版 70

在众多神话和电影中展示的野蛮光环背后，大猩猩其实是一种温和的食草动物。低地大猩猩和山地大猩猩属于两个物种，生境差异很大。低地大猩猩栖息于刚果盆地茂密的热带雨林，而山地大猩猩则生活在以竹子和巨型半边莲属植物为主的山地森林。这两个物种都生活在约由 10 个成员组成的家庭群中。雌性及其幼崽由一只、有时是两只成年雄性所带领。雄性以背上浅灰色的毛发为特征，因而也被称为"银背大猩猩"。雌性在进入青春期后，就会迁出本族群并加入另一个群体以避免近亲繁殖。雌性通常每 4 年产出一只幼崽，怀孕期 8.5 月。虽然母亲主要承担照顾后代的任务，但雄性首领也会在族群中与幼崽玩耍，还会照顾失去母亲的小孤儿，并在晚上与其分享自己的巢穴。

大猩猩是现存最大的灵长类动物，雌性大猩猩体重 85 千克，而雄性则达 170 千克。特别令人印象深刻的是，当面临危险时，银背大猩猩会敲打鼓起的胸部并毫不犹豫地冲上前去。相较而言，黑猩猩或者猩猩喜欢睡在高高的树上，大猩猩则每晚都在地面上筑巢。

大猩猩的食物大部分来自植物，主要包括草、巨型荨麻、半边莲和竹子，但也有果实，偶尔也有昆虫。一直以来，大猩猩被认为是最不聪明的大猿，但最近的观察表明，大猩猩能够使用工具，特别是在通过沼泽地之前，它们会用棍子探测一下水深。

图版 70

1. 东部低地大猩猩（*Gorilla beringei graueri*）体长：150～170cm，体重：80kg（雌），170kg（雄）。

2. 山地大猩猩（*Gorilla beringei beringei*）体长：150～170cm，体重：95kg（雌），160kg（雄）。

3. 西部大猩猩（*Gorilla gorilla*）体长：150～170cm，体重：70kg（雌），170kg（雄）。

图版 70

1♂

2♂

3♀ + j

3 j

3♂

黑猩猩和倭黑猩猩

属 **黑猩猩属** ｜ *Pan* ｜ 2 种 ｜ 图版 71 和 72

黑猩猩属包括普通黑猩猩和倭黑猩猩。后者也被误称为侏儒黑猩猩，但它们的体型几乎和黑猩猩一样大，只是更为修长苗条。

像人类一样，黑猩猩有自己的传统和文化。它们制造并使用工具，狩猎体型比自己小的猴子（主要是红疣猴）以及各种哺乳动物，并忙于与邻近的黑猩猩群落争斗。黑猩猩和倭黑猩猩是社会性动物，社会群体呈现出所谓的"分分合合"的结构。换言之，在寻找食物时，它们分成若干亚群各自朝向不同的方向。通常在晚上重聚，在靠近树的地方，每个成员都用树枝和树叶建造一个用于睡觉的巢穴。雄性花费相当长的时间在它们族群领域的边界巡逻。雄性的等级相当严格，它们会通过复杂的政治策略获取权力，常见的方式是与某些有影响力的雌性联姻。

长久以来，倭黑猩猩都被认为与黑猩猩没有什么不同，但德国解剖学家厄恩斯特·施瓦茨（Ernst Schwarz）发现了二者的区别。1929 年，他在研究比利时特尔菲伦的殖民地博物馆的收藏品时，被眼前的一块头骨吸引住了。这块头骨太小了，不属于黑猩猩。纤瘦的倭黑猩猩比黑猩猩更具树栖性，我们仅在刚果共和国北部的一片洪溢林中发现过它们的踪迹。鬓角突出，发型近乎时髦。倭黑猩猩生活的座右铭似乎就是"做爱不作战"。事实上，这一物种在解决冲突的方式上，是以性取代了暴力，性充当了它们的社交黏合剂。在群体中，雌性承担首领和决策者的重任，群体成员约 30 只或更多。倭黑猩猩和黑猩猩主要取食果实，但也会取食很多不同的植物、蜂蜜、蘑菇，偶尔也会吃昆虫和小型脊椎动物。此外，某些群还会狩猎。黑猩猩和倭黑猩猩都有着宽广的声谱。它们也能用面部信号相互交流。在实验室里，它们还被证明具有学习符号语言的能力，如手语。

图版 71

1. **黑猩猩指名亚种**（*Pan troglodytes troglodytes*）体长：82cm，体重：32～47kg（雌），40～60kg（雄）。

2. **黑猩猩东非亚种**（*Pan troglodytes schweinfurthi*）体长：82cm，体重：32～47kg（雌），40～60kg（雄）。

3. **黑猩猩西非亚种**（*Pan troglodytes verus*）体长：82cm，体重：32～47kg（雌），40～60kg（雄）。

图版 71

1♀ + j

2♂

3♂

1♂

下目　**类人猿下目 SIMIIFORMES**
小目　**狭鼻小目 CATARRHINI**
总科　**人猿总科 HOMINOIDEA**
科　　人科 Hominidae

黑猩猩和倭黑猩猩

属 黑猩猩属 ｜ *Pan* ｜ 2 种 ｜ 图版 71 和 72

图版 72

图版 72

1. 倭黑猩猩（*Pan paniscus*）体长：70～76cm，体重：31kg（雌），39kg（雄）。

j

♀

♂

♂

1

山地大猩猩

阿莱特·彼得和伊丽莎白·帕热斯-弗亚德对安德烈·卢卡斯的访谈

1962 年，18 岁的安德烈·卢卡斯作为一名动物饲养员进入了巴黎植物园中附设的动物园。在长达五年的时间里，他每天都和类人猿，尤其是和大猩猩亲密接触。对动物世界的兴趣使他对科学考察和野生动物搜寻产生了不可抗拒的热情。在 1970 年到 1974 年间，他好几次计划去考察大猩猩。但是疾病和旅途中的不测使他没能顺利实施这些计划。1974 年，安德烈又重新拾起了科学方面的学习。他学习非常勤奋，成功通过了大学入学专门考试，并于 1975 年 7 月踏上了完成心愿的旅程。他开着自己的卡车登上了一艘前往里斯本的邮船，然后从安哥拉上了岸。那时，安哥拉正处于严峻的内战中。在经历了好几次险些让他失去生命的波折之后，他成功穿过了纳米比亚，又接着前往南非、博茨瓦纳、罗德西亚、赞比亚、坦桑尼亚、肯尼亚和乌干达。6 个月之后，一路跋涉了 4 万公里的安德烈最终到达卢旺达，来到维龙加火山群脚下。

1976 年 1 月，他在卡里索凯的营地里遇到了美国的动物生态学家戴安·福西。为了考验他，戴安第二天就把手枪托付给安德烈，并且把他和自己的助手内梅耶（Némeyé）一起送进森林里去完成一项反偷猎任务。晚上，安德烈筋疲力竭地回来了。不过，他带回了武器和偷猎者已经抓住的猎物。戴安非常感动，于是提议他和自己一起工作，为期 8 个月。安德烈对大猩猩进行观察，并清点了它们的数量。1976 年 10 月，安德烈重新回到大学学习，并于 1978 年获得了大学普通文凭（DEUG）[①]。1978 年 6 月，他又回到大猩猩身边度过了 3 个月。这一次，他是坐飞机过去的。两个月之后，一只名为布鲁图斯（Brutus）的成年雄性大猩猩袭击了他，并把他的腿咬伤了。他的腿伤得很重，最终在鲁亨盖里的医院里结束了这次行程。从 1979 年起，在获得了理科硕士学位之后，安德烈开始了穿越世界各地、担任记者和导演的职业生涯，并于 1988 年重新回到大猩猩身边。1997 年，他回到法国国家自然博物馆工作，负责音频和视频资料的发行工作。

严酷的生活环境

阿莱特·彼得：你给我们描述一下山地大猩猩的生活环境吧。

安德烈·卢卡斯：现存的最后一批山地大猩猩生活的火山国家公园，位于中非三个国家

[①] 大学普通文凭 DEUG，是 diplôme d'études universitaires générales 的缩写，指的是法国大学第一阶段（学制两年）结束后可获得的文凭。——译者

卢旺达、刚果民主共和国和乌干达的交界处。这三个国家的边界是由卡里辛比火山、比苏奇火山、萨比尼奥火山、姆加英加火山和穆哈武拉火山这五座死火山的顶峰所形成的连线界定的。这片地区名为基伍（Kivu），靠近赤道，一年有两个雨季和两个旱季，最重要的那个雨季从3月份持续到5月份。这里白天的气温几乎不会超过20摄氏度，而在海拔超过3000米的地方，夜晚会结冰。这片地区，海拔2200米到2500米的地方覆盖着热带雨林。海拔2500米到2800米的地方有一片主要由竹子构成、很难穿越的森林。海拔2800米到3200米的地方则为山地林地区。那里生长着高大的金丝桃属植物，地上覆盖着地衣。此外，还有覆盖着苔藓的巨大的苦苏花林。由于这里常年非常潮湿，地面上的植物密度很大，还长出了像仙人掌一样花葶很长的半边莲。在海拔高于3500米的地方，森林就消失了，取而代之的是高山区，那里长满了巨大而生命力顽强的千里光属植物。

生活和观察条件
野营地

阿莱特·彼得： 你们的观察条件怎样？要去扎营吗？要睡在森林里吗？

安德烈·卢卡斯： 1976年那个时期，戴安·福西在卡里索凯有三间木板屋，一间屋子是戴安的，很大，另外两间要小得多。

我们研究的那四五只大猩猩在卡里索凯周围几公里的范围内活动。我们每天下午会离开它们，回到营地过夜。第二天很容易重新找到它们。大猩猩一般早上进食，通常只会前进一小段距离。因此，它们从来不会离我们前一天离开它们时所处的地方很远。相反地，如果我们想要和一群好几天没见到的大猩猩重新取得联系，那就得前一天派一位向导去侦察和定位。清点这片火山国家公园里的大猩猩数量的考察通常要持续好几周。在这段时间里，我们就会带上搬运工，在森林里搭帐篷睡觉。

巢窝清点

阿莱特·彼得： 大猩猩的巢窝对于你们的工作有什么重要作用吗？

安德烈·卢卡斯： 大猩猩每天晚上都会建一个新的巢窝。在考察某个大猩猩族群之前，我们会先去寻找它们前一天建的巢窝，因为这些巢窝能让我们获得很多信息。比如说，我们可以根据巢窝的情况计算出大猩猩的确切数量，这在它们分散开去觅食的时候是很难算出来的。早晨在巢窝里找到的粪便的大小还能让我们推测出它的建造者的大致年纪并辨认出这只大猩猩：白色的毛发说明这里曾住过一只银背大猩猩，大块粪便旁边有一些小块则能佐证一只大猩猩母亲和它的幼崽的存在。粪便的状态还能透露出某些大猩猩个体的健康情况。

此外，辨认巢窝的建造者以及它们所处的位置能给我们带来一些关于大猩猩族群内部的个体关系的信息。有些大猩猩会致力于建造一些漂亮的巢窝，而其他粗枝大叶的大猩猩会满足于只铺一些枝条和树叶来睡觉。每天早上，我们会画出这些巢窝的分布点，然后统计出它们之间的距离。有时候，如果有一些疑虑，我们会提取一些粪便送到鲁亨盖里的医院去做分析。

在不跟大猩猩直接接触的情况下，计算巢窝数量对于统计大猩猩的数量是不可或缺的。1976年，整个火山区里大约有260只大猩猩，这个数字就是通过巢窝计算而来的。那次，我们实际上才观察到15个大猩猩群，总数不到统计出的一半。

雄性大猩猩的恐吓和攻击行为

伊丽莎白·帕热斯－弗亚德： 那些还没有习惯与人类接触的大猩猩会做出什么反应呢？它们会很危险吗？

安德烈·卢卡斯： 当还不习惯与人类相处的大猩猩被打扰到时，成年雄性会通过某种短促却有力的吼叫声，或者通过一系列渐强的"嗷嗷嗷"的吼叫，以及吼叫过后拍击胸部的动作来警告靠近的观察者。如果观察者不理会这种警告，还执意向前靠近，他就会让自己陷于危险中。银背大猩猩首领会向他发起具有威胁性的攻击。这种攻击很有名，目的是要挡住擅闯者的路，好保护自己的家人。攻击过后，通常大猩猩会跑到密林里藏起来，一动不动，以观察它的行为是否对来访者产生了效果。几只特别胆小的大猩猩会在没有发出任何声音警告的情况下就逃走，其他的大猩猩则更有战略眼光，它们会实施真正的埋伏。一只名为南基（Nunki）的大猩猩就是这么干的。在那几个月的时间里，每次我们接近它，它都会非常狂野地发出可怕的"哇哇哇"的声音，这种声音会传到好几公里以外的地方。我通常会停住，想等它平静下来，但通常都是徒劳的。一旦我做出任何微小的举动，它就会再次冲过来，禁止我过去。这实在是太令人印象深刻了。我们花了3个月的时间才习惯了彼此。

一只受伤的大猩猩可能会退缩，而急躁易怒的雄性则有可能会反应过头：它们会推倒来访者，打他，甚至咬他。这样的情况非常少见，不过即便如此，我自己还是在一只叫作布鲁图斯的大猩猩那里栽过跟头。这只雄性大猩猩曾在一次激烈的攻击中踩踏过饲养员，之后它就被贴上了"危险"的标签。没有人愿意再回去与它相处。布鲁图斯和南基一样，也会设埋伏，它报复心更强而且更多疑，以至于它最近才引诱了另外一个猴群里的两只雌性，建立了第一个家庭。在这几周的时间里，我好几次遇到过它可怕的攻击。它会在两三米外的地方停住，站着，面对着我，开始嚎叫，还会像一个疯子那样去拉扯树枝。有一天，它没有停下来！为什么呢？我不知道。它攻击过我两次。第一次的时候，我停了下来，面对它站着。当近距离面对一只攻击性很强的大猩猩时，我们必须要用这种姿势来告诉它们，我们是不会被吓倒的。事实上，这种互相的虚张声势是一次真正的心理战。但是，这一次，它本来在慢慢走远，突然又回过头来扑向了我，刚好把我推倒了。在迅猛的冲击下，我们一起在树林里滚了十多米。处于半晕厥状态的我感觉自己像一根麦秆一样被从地面上提起来了。然后，它重重地咬了我的大腿，一直咬到骨头里，然后逃走了。真是万幸，它没有伤及我的任何动脉。

阿莱特·彼得：如果人们想要在它们面前逃生，它们会去追吗？

安德烈·卢卡斯：在一只行动比自己敏捷得多的动物面前，逃跑是毫无作用的，除非你能确定自己有足够多的时间找到藏身之地。更何况，逃跑会激起敌人的本能，会增强大猩猩身上的那种优越感。直面危险，我们反而有更多机会脱身。设想一下一只被猫追逐的老鼠吧，如果它转过身来，竖起自己的前爪直面这只猫，那只猫立马就会停下来。虽然在这种力量对比中，老鼠居于弱势，但是它的这种态度会让对方非常触动。对于猫而言，老鼠突然成了潜在的危险。这种很寻常的举动，在人类身上也会见到。年轻的银背大猩猩通常攻击性更强。年老的大猩猩就不那么敏感了，它们更有经验，容忍力也更强。它们已经证明过自己的实力了，现在要部分倚仗年轻的黑背成年雄性或者其他并非占统治地位的银背大猩猩的帮助。一个由 20 或 30 只个体组成的大猩猩族群可能包括 2～4 只成年雄性银背大猩猩。然而，它们中间只有一只，通常是年纪最大的那只，才是首领。在卡巴拉，刚果的米凯诺火山附近，一只银背大猩猩幼崽曾不断向我发起攻击，但距离较远。之后，它隐藏到了树林里。十分钟之后，我听到我背后传来了大猩猩典型的"吼吼吼"的声音，这是它们在觉得很满意的时候发出的那种厚重深长的咕哝声。我回过头，看到了那只年老的首领，它就坐在我上面 10 米的地方！它从一开始就观察到了这一幕，却没有表现出任何担忧。

必须相互适应

伊丽莎白·帕热斯－弗亚德：能够接近动物，并在它们不受你在场打扰的前提下成功观察它们，这些对考察来说都是非常必要的。要想让自己被大猩猩接纳，并成功待在它们身边，这需要很长时间吗？

安德烈·卢卡斯：当大猩猩完全没有适应与人类接触的时候，需要很多的时间和耐心才能让它们接受你的靠近。我们可以远远地观察它们，爬到一棵树上，或者利用隘谷的另一个侧面进行观察。由于植被密集，极少能看到一个大猩猩群里的所有成员。此外，它们进食的时候会分散开来，每只大猩猩都去寻找自己的那片空地。它们的足迹相互交织，数量众多。

我们每天都会去和大猩猩进行接触。平均需要两个小时才能找到它们前一天晚上的巢窝，并跟踪到大猩猩群。我们会在它们身边大约待上四个小时。观察它们的最佳时段大都是在它们午睡的时候，从正午到下午三点。通过这样的不懈努力，我们可以在几个月的时间里就让大猩猩适应我们。它们还是会有些胆怯，但是会允许我们靠近，待在离它们十多米的地方，不会逃走，也不会过来攻击我们。这个距离足够我们研究它们的行为以及辨别不同的个体了。当然，在靠近它们时，审慎总是必不可少的：动作要轻而且有节制，要以下蹲的姿势，要模仿它们心满意足时的那种咕哝的声音，目光低垂。和人类一样，灵长类动物不喜欢陌生人的目光直视它们。它们会把这种行为看作是挑衅和威胁。当被打扰到的时候，它们会收紧下颌，抬起头，抿紧嘴唇，而且会突然去扯旁每只大猩猩都可以通过鼻子来辨认，它们鼻子上的纹路方向不同，而且有深有浅。

边的草木，烦躁不安地咀嚼叶片，捶打自己的胸部。从这方面来看，幼年大猩猩的好奇心要强得多，也不那么敏感。成年大猩猩会失去青少年时期的好奇心，在达到性成熟的年纪之后就会永远停止玩耍。从来没有成年大猩猩会像幼年大猩猩那样亲近我们。

阿莱特·彼得： 我记得有一张照片是你躺在一只大猩猩的怀里，你们如此亲近了吗？

安德烈·卢卡斯： 这种亲近并不是我们所希望的，也并不妥当。我们和戴安一直认同一个观点，那就是我们不应该跟大猩猩有肢体接触，不应该干涉它们的社会生活。问题在于，第五组大猩猩已经跟我们相互适应得很好了，跟我们很熟悉，以至于大猩猩幼崽变得越来越轻率大胆。一开始，两岁的小巴勃罗（Pablo）靠近我是为了摸一摸我的鞋子。它胆怯的母亲立马就过来把它从我的脚边领走了。后来，它过来找我的时候会带上两只稍微年长一点的大猩猩帕克（Puck）和塔克（Tuck）。渐渐地，它们的母亲就不怎么干预了，大猩猩幼崽也变得更大胆，拉我们，推我们，还跳到我们的背上。它们还开始因为我们不关注它们而生气。因此，我决定参与它们想强迫我参加的游戏，因为我预料到它们终将腻烦，然后不再来纠缠我们。一开始，我稍稍往前走几步，这是为了看看贝多芬（Beethoven），群里的雄性首领的反应。它并没有动弹。于是，我继续往前走，很快就和所有大猩猩幼崽打成一片。这时，首领还是

毫无反应。当它们太过激动的时候，贝多芬就会开始干涉，发出刺耳的干咳声来表达它的恼怒，于是，所有的大猩猩幼崽就会立刻停止游戏以示服从。但首领却从来没有责备过我。最终，在好几个星期的这种接触之后（这种接触有时候特别粗暴，因为某些幼崽重达 70 千克），大猩猩幼崽逐渐不再和我们一起打闹，而是专注于研究我们背包里藏着的东西。今天，为了避免把疾病传染给它们，动物园严禁游客在少于 5 米的范围内接触大猩猩。动物园里的饲养员会严格监督，让人们保持在这段距离之外。

辨认大猩猩

阿莱特·彼得： 你们是怎样辨认不同的大猩猩呢？

安德烈·卢卡斯： 当我们可以隔着一段距离靠近大猩猩之后，我们发现了一对孪生的大猩猩。我们仔细地观察过它们的脸。每只大猩猩都可以通过鼻子来辨认，它们鼻子上的纹路方向不同，而且有深有浅。没有两只大猩猩的鼻子是长得完全一样的。鼻子有点像是它们面部中央的一个巨大指纹。因此，我们最开始就画它们的鼻子，并给每只大猩猩都取了一个名字。

大猩猩的食性与领域

阿莱特·彼得： 大猩猩吃什么为生呢？

安德烈·卢卡斯： 它们主要吃树叶、嫩枝、树皮和花朵。我从来没有看到过一只大猩猩捕食动物来吃，不过刚果蚂蚁除外。但这种现象只在低海拔地区存在，因为这种昆虫在海

拔 2800 米以上就完全消失了。它们的食谱包括五十多种植物，其中，它们大量食用、经常食用的有十多种。嫩竹笋是大猩猩最喜欢的食物之一，不过，它们的采摘期是季节性的。大猩猩还喜欢吃拉拉藤属（*Galium*）植物，这是一种会以像圣诞饰带那样的长条覆盖所有植被的蔓生植物。还有一些其他的植物也被它们大量食用，包括荨麻、野芹菜以及蓟草。蓟草的草心很受它们喜爱。它们每天会吃某一种植物，第二天会去海拔高一点的地方寻找其他植物，比如说半边莲和千里光，再之后又会退回来寻找花、树皮和斑鸠菊。植物一直都非常充足，没有任何食物供给上的问题。不过，火山群上的水果很少。在海拔 2800 米以上的地方，它们就几乎只能找到不用咀嚼就可以大量吞食的桑葚果了。

阿莱特·彼得：观察它们的最佳时刻是什么时候？

安德烈·卢卡斯：要研究大猩猩的饮食情况，就要在它们觅食的时候去观察它们。但是，大猩猩在这个活动过程中很少会有互动，每只大猩猩都专注于把自己喂饱。午休有时候会长达两个小时，这是观察大猩猩群的理想时刻。它需要很长的时间来消化它们吞咽的大量植物。我们就在那个时候记录下它们最偏好的相邻关系、清除虱子的次数，等等。幼崽会利用午休时间与同类玩耍，通常是在银背大猩猩首领旁边，首领会对它们表现出极大的耐心。雌性之间有着错综复杂的关系，并且，根据它们社会地位的不同，它们在银背大猩猩旁边的位置也有远有近。

阿莱特·彼得：它们有领域吗？它们会守卫自己的领域吗？

安德烈·卢卡斯：大猩猩温顺，安静，平和。它们浑身上下都散发着一种安静的气质。我们有可能在它们身边待上好几个小时，只听到它们在定位和心满意足时发出的那种咕哝声而听不到其他任何一点声音。雄性大猩猩主要关心的事情是维持秩序并保证它的统治地位。它们守卫领域的方式不像大部分哺乳类动物那样，在很具体的边界上留下自己的气味。它们的领域界限是模糊的，而且会随着时间而变化。但这并不妨碍雄性大猩猩不喜欢其他动物到它们占据的地方来打扰。另外一个大猩猩群的到来可能会引发一些冲突，有时候甚至会发生激烈的打斗。在火山群附近，一个大猩猩群的领域范围平均有十几平方公里，但这经常会跟其他大猩猩群的领域范围有重合。

大猩猩的社会等级以及交配情况

阿莱特·彼得：那它们的社会等级和交配情况怎样呢？

安德烈·卢卡斯：由于它们身上表现出的凛凛雄风，很长时间以来，在和交配有关的故事和幻想中，大猩猩都是主角。虽然这样说可能有些让人失望，但我还是得强调，这样的传说一点事实依据都没有。和它们的体型比起来，它们的生殖器官其实是很小的，而且藏在皮毛深处，一般是看不到的。除非大猩猩仰卧着，双腿张开，而你又刚好在离它们很近的地方观察。因此，其实很难去判定一只大猩猩的性别，搞错的情况也并不少见。有的雌性大猩猩会在好几年里都被当作雄性，反之亦然。不过，当大猩猩到了繁殖的年纪，雌性八九岁、雄性十多岁的时候，性别区分就很明显了。成年之后的雄性会明显展现出它们惊人的第二性征。两年之内，它们的体重会加倍，从80千克变成160千克。它们的眉弓会变厚，颌骨会发展出强壮的肌肉，这些肌肉大部分会附着于脑颅骨，在骨缝里形成一种骨嵴（枕骨和矢状缝里的骨嵴），这会在头脑顶部形成一种肉冠一样的东西，像某种头盔。它们的犬牙会变得很大，背部的毛也会变灰，变得或多或少带点银白色。

交配问题并不怎么会成为大猩猩的困扰。比起黑猩猩，它们的性交关系更为隐蔽，也不那么频繁。在我们一年的观察期里，我只碰到过三四次交配行为。大猩猩族群里存在等级关系，但这种等级关系并不是一成不变的，因为成年个体可以选择离开。雌性大猩猩尤其会利用和其他大猩猩的互动来转移到其他族群去，这会促进基因的交流，避免过度的近亲繁殖。年长或者有领导权的雌性具有更为有利的社会地位，这会让它们稳定地待在某个大猩猩群里，而年轻的雌性就没那么坚定了。它们的好奇心，以及对于从一个更有优势的等级中受益的渴望会让它们想要去冒险。它们会根据和新群里的首领及其他雌性的关系的好坏，选择待在那个群里，还是转而去寻找另一个群。有时候即便当时正怀着孩子，它们也会转群。这种情况对于大猩猩宝宝是非常危险的，因为雄性的目标就是要生殖，而一个已经怀着宝宝的雌性大猩猩是无法再怀孕的。为了使雌性再度受孕，有些大猩猩宝宝就会被新的首领杀死。

对于雄性而言，情况就大不相同了。银背大猩猩首领会尽力保持住自己的统治地位，并通过吸引在交锋中遇到的其他大猩猩群里的雌性来不断扩大自己的家庭规模。这就是说，选择和做决定的一直都是雌性！不过，不同的大猩猩群有时候也可以和平共处几天，尤其是当雄性间有特别的关系纽带，比如说是两兄弟的时候。

当黑背大猩猩性成熟并变成银背时，事情就变复杂多了。要么它成为助手来帮助首领，前提是它和首领之间关系很好，而且这个大猩猩群的规模足够大；要么它逐渐和首领发生各种冲突，然后被驱逐。这样的话，它就会到离这个大猩猩群很远的地方去，在那里重新筑一个巢窝。最终，它会永远地离开自己的出生群。有时候它会和其他单身雄性长期联合起来，等待着有机会去征服雌性，组建一个新的家庭。我在刚果时遇到过一个由四只银背大猩猩组成的大猩猩群，它们刚吸引了另外一个群里的一只长得很漂亮的雌性大猩猩。因此，它们的家庭组成形式非常多样化！

阿莱特·彼得：母子之间的关系怎样呢？

安德烈·卢卡斯：大猩猩的怀孕期大约持续9个月，哺乳期要持续两年多。稍做计算的话我们就会发现，雌性大猩猩每3到4年才能再度生育。它们通常在8岁的时候进入青春期，到35岁的时候还可以怀孕。在我观察某个大猩猩群的那段时期，波皮斯（Popees）生了它的第6个孩子。但是大部分雌性大猩猩一生中只会生三四个后代。考虑到幼崽的死亡率，平均只有一半大猩猩幼崽能够活到成年，我们发现，目前的出生率只能勉强保证大猩猩族群的延续。在前 6 个月里，大猩猩幼崽会一直以它在母腹中的姿势待在母大猩猩的怀里。从 6 个月到两岁，它会跑到母亲背上去，开始行走，也会吃一点树叶。将近三四岁时，它会过渡到少年期，变得独立起来。它会去建自己的巢窝，并离开母亲的保护。

免受天敌侵扰

阿莱特·彼得：它们会有天敌吗？山地大猩猩的未来如何呢？

安德烈·卢卡斯：山地大猩猩只有一种天敌——人类。在 20 世纪 70 年代，偷猎者经常贩卖大猩猩的颅骨和手，人们会用它们的颅骨装饰烟囱，用它们的手作烟灰缸；偷猎者甚至会把大猩猩幼崽卖给个人或者动物园。如今，这种因外来人员和游客的盲目购买而兴起的非法买卖几乎已经消失了。虽然山地大猩猩的领域里依旧有战争、屠杀和武装冲突，但由于大猩猩保护者们勇敢无畏的工作——他们中间有一百多位为了保护大猩猩而失去了生命——大猩猩还是存活下来了。媒体的呼吁和旅游业的发展让当局意识到这份自然遗产的价值以及它可能带来的巨大的经济效益。大猩猩未来仍旧要面临的威胁主要来自森林砍伐和人口压力。为了山地大猩猩和我们的子孙后代的利益，让我们祈祷火山国家公园里的这片美丽的森林——全人类的世界遗产能够被保护下来吧！

从刚果到乌干达：发现黑猩猩的"药典"

萨布丽娜·克里夫

1977年的雨季，我们在刚果民主共和国的孔夸提自然保护区：一只被刚果的灵长类生境与自由协会（HELP）[①]放归到自然环境中的雌性黑猩猩，在和人类一起生活了几年之后，刚刚抓住了一只乌龟。它还记得它的人类主人让它玩的那些游戏吗？事实上，我看到过一张它在自行车上的照片。我还得知在它被圈养的那些年里，它会用毛巾和脸盆来做日常的洗漱……因此，我猜想它会把这只乌龟当作一只玩具娃娃。但是，在把这只乌龟翻转了几次之后，它开始用手指去触摸乌龟，然后借助于它旁边的一只木棍，弄清楚了乌龟身上每一寸可以吃的肉。然后，它坐到一棵倒塌了的树的树干上，抓住乌龟的一只脚，对着树干摔打这只乌龟；一开始是轻轻地，然后开始很猛烈地摔打，直到乌龟甲壳上的一个裂口中有血流出来。之后，它把手指放到甲壳上，开始舔食，中途还好几次把木棍插到裂缝里。它全神贯注地，不想让任何一滴沁出的血滴浪费掉。随后，甲壳上又出现了好几个裂缝。它试了好几分钟，想要打开这个壳，但是最终因为甲壳实在太过坚硬而放弃了，转而去加入群里的其他同类，跟它们一起活动去了。

几周之后，我们注意到这个黑猩猩群里有一只雌性黑猩猩，正在它所处的那根树枝上表演危险的"柔术"。它试图去抓住一只干藤条。那根藤条上没有任何果子或者叶子了，而且似乎好几个月之前就已经死掉了。最终，它抓住了那根藤条，很容易地就把这根直径有十多厘米的藤条抽了出来。看到藤条后，更印证了我们的猜测：这根藤条已经腐烂了！这只幼年雌性黑猩猩带着那根它紧紧抓住的藤条一起下到了地面，然后开始撕扯这根枯藤条。它的热忱专注激起了另外两只黑猩猩的好奇心，它们紧张地盯着它。突然，这只雌黑猩猩变得紧张起来。它把藤条翻了个面，然后又急急忙忙地去咬它的纤维。这根似乎毫无用处的干藤条里竟然出现了好多肥胖的幼虫，它足足享受了五分钟这样的美味。在接下来的那些日子里，寻找枯死的藤条里的幼虫变成了这些被放归到大自然里的幼年黑猩猩最爱做的事情。

令人意外的进食行为

这两次观察激起了我对黑猩猩饮食行为的好奇心。这些黑猩猩很小就被从母亲身边带走，由人类家庭抚养长大，通常被人类当成孩子的替代品；它们是怎么能在森林里生活得如此自在的呢？我们还察觉到，甚至那些独自在笼子

[①] 全称为 "Habitat écologique et liberté des primates"。

里生活、没有任何社会联系、没有任何除微薄食物之外的激励的黑猩猩，它们身上也都保留着某种适应性。在我完成兽医学学习之后，我就去跟踪和观察那些几个星期前才被放生的黑猩猩。原本料想自己会发现这些动物忍饥挨饿，状态很差，向观察员乞求食物，但是后来，我每天都会观察到这些幼年黑猩猩在养活自己方面表现出了惊人的机敏和适应性。

第二年，我们和克洛德－马塞尔·赫拉迪克以及布律诺·西门（Bruno Simmen）一起分析这些黑猩猩吃的植物中的次生代谢物^①的成分。我们在里面发现了生物碱、皂草苷、丹宁等大量食用后会使人中毒的成分。不过要说明的是，被放归的黑猩猩在吃这些植物时是有所节制的。根据我们每天所做的观察，某些次生代谢物很丰富的植物，它们甚至只会尝一次。在它们被放归后的第一个月中，这些黑猩猩似乎很乐于去尝试各种植物，以挑选出那些不那么有害的植物。

基于这些观察，我们猜想孔夸提的黑猩猩已经成功完成了向在自然环境里生活的过渡，因为它们不仅知道如何避免食用有毒的植物，还知道怎么用某几种植物来战胜一些疾病。

因此，我想要检验一下这个假设。由于担心在这些已经和人类有过密切接触的黑猩猩身上会得出一些和事实有出入的结论，我决定去东非的乌干达——从 1999 年起，我就开始在那里工作了。

---

① 次生代谢物是指某些微生物生长到稳定期前后，以结构简单、代谢途径明确、产量较大的初生代谢物为前体，通过复杂的次生代谢途径所合成的各种结构复杂的化合物。抗生素、毒素、生物碱等都属于次生代谢物。——译者

乌干达的野生黑猩猩

基巴莱国家公园里栖息着大约 1500 只野生黑猩猩。一个新的惊喜正在那里等着我。

它们表现出来的"人性"

我曾在孔夸提观察到，黑猩猩时而会做出一些很奇怪的行为，原来这并不是因为它们曾经在人类身边生活过。不是的，我在乌干达也看到过类似的行为。我看到过举止温柔的母黑猩猩，一直抱着早在三天前就已死去的孩子的尸体；也观察到过它们兴高采烈的样子，它们会在结着美味可口的果子的大树下互相拥抱；它们也会为争夺权力而气急败坏、大打出手——这些比我所看到过以及所能想象到的更让人震撼。在这次考察的几个月里，让－米歇尔（Jean-Michel），我的丈夫，手上总拿着相机，他捕捉到了黑猩猩每次进食的过程，因为我们当时还并不知道植物化学分析的结果将会是怎样的……我们要把一切都记录下来，一切都拍下来，试图去抓住每个时刻，抓住最重要的那几秒钟。

当国家公园里 6 岁的雌性幼年黑猩猩基里米（Kilimi）离开它的母亲去扯掉一棵大苞片合欢木（Albizia grandibracteata）的树皮时，我们完全没想到这棵树有重要的杀虫性能。事实上，虽然哈佛的人类学家理查德·兰厄姆（Richard Wrangham），二十多年来一直在和二十多位乌干达助手一起追踪卡尼亚瓦拉（Kanyawara）一个有着五十多只个体的黑猩猩族群，记录它们的日常行为，但他们从未观察到黑猩猩吃这种树的树皮。这也是因为我们并不太容易发现那

些悄悄离群活动的黑猩猩！

医用食物

直到目前，理查德·兰厄姆的团队对全球的饮食制度尤为感兴趣，他们的研究主要关注食物的供应情况，其生态学意义，其对亚群稳定性的影响，他们甚至还关注食物中所含热量。如果我们想要证明黑猩猩确实有自主医疗行为，研究重点就大不相同了：这就得试图去发现某个黑猩猩个体的饮食与它的同伴相比确实有所不同。我在兽医学专业的学习让我很熟悉黑猩猩不同于一般状态的某些迹象。这时候我就得系统地收集黑猩猩的粪便，并对它们做寄生虫检测。尿液的分析能够告诉我们哪只黑猩猩最有可能给我们带来一些有价值的信息。

其实早在我们观察到基里米食用合欢树树皮前三天，我们就发现这只黑猩猩身上出现了与寄生虫，即蠕虫有关的腹泻和硬便交替的现象；它体内的寄生虫数量也多于黑猩猩群里面的其他雌性。第四天，我们就观察到这只雌性黑猩猩在食用合欢树的树皮。出乎我们意料的是，我们得知这种树皮在刚果盆地会被当地医生用来给森林里的居民和他们的牲畜做驱虫治疗，在乌干达也会被用来治疗腹胀。在食用这种树皮两天之后，基里米的粪便就变成正常的硬块了，粪便内寄生虫卵的数量也从每克 300 个降到了 0 个。因此，我们用以下物质作为实验对象，包括寄生原虫、蠕虫、细菌、真菌菌株、病毒（如 HIV）和癌细胞，来测试这种树皮对于这些微生物和寄生虫的生物活性。我们还以同样的方式测试了我们从基巴莱国家公园里收集的四十多种其他植物的生物特性。这些研究的目标之一是要找到日后可作药用的新的成分，来战胜一些人类疾病的致病原。

如果说黑猩猩能选择对它们有效的药用植物，我们也希望利用这些信息来帮助人类抗击疾病，因为我们和黑猩猩之间有着非常密切的亲缘关系。

研究结果验证了实地观察

在基里米的故事里，我们发现了植物的药用功效，了解了当地医生对这些植物的利用情况，继而从中提取出了新的成分——皂草苷，它可以阻止肿瘤细胞的生长。我们的这些研究现在在法国国家自然博物馆继续推进，并与天然物质化学研究所（ICSN），坎帕拉大学以及乌干达负责野生动物保护的协会合作。截止到目前，我们已经从在卡尼亚瓦拉收集到的样品中提取出了三百多种植物提取物。

某些植物提取物有非常显著的生物活性，这些活性很强的成分会被分离出来。这一类植物很少会被黑猩猩食用——别忘了一种有治疗作用的分子如果被大量摄入的话，通常都是有毒的。

这些植物成分有另外一个非常显著的特征。它们会在这些植物对黑猩猩的自我防御中起到作用，因为它们的味道通常很不好，要么很苦，要么很涩，因此一般会遭到排斥。这种味道也成为毒性的信号，这就是为什么黑猩猩会知道要避免食用某些植物。也有可能这种苦涩的味道跟缓解疼痛的功效有关系。珍·古道尔（Jane Goodall）不是也曾经报告过，生病的黑猩猩会食用添加了抗生素的香蕉，但是当症状消失之后，它们就会丢弃这种香蕉吗？

基巴莱的黑猩猩通常身体都很健康。我们对那些可清楚识别的黑猩猩个体的粪便做了一些分析，结果证明，即便所有的粪便样品中都包含寄生虫，寄生虫的数量也是非常少的：根据我们在法国国家自然博物馆的研究小组中的研究员阿兰·弗罗芒（Alain Froment）和乔治·科伯特（Georgius Koppert）对在森林里居住的人类所做的研究，黑猩猩身上的寄生虫数量要比人类身上的少得多。关于野生黑猩猩的资料很少，无论是通过尿液分析，还是通过动物观察，都没有发现它们患有严重的疾病。而且，通常情况下，小病也很快会痊愈。所有的这些观察结果都使我们猜想，黑猩猩食用的某些食物可能对细菌病原体、寄生虫等具有生物活性，当这些食物被经常食用时，黑猩猩的健康状态也会受到影响。这样的食物，生物活性要弱一点，毒性也更小，很可能是"保健食物"，有预防作用，而且还有助于黑猩猩维持身体健康，减少它们体内的寄生虫的数量。

要铭记的教训

在卡尼亚瓦拉的五十多只黑猩猩中，有四分之一曾被偷猎者设置的陷阱所伤。在被金属丝或者细绳深深勒进皮肉、束缚好几个星期后，趾骨、手指、前臂，有些部位会坏死并且脱落。毋庸置疑，那些有抗菌性甚至是消炎作用的植物肯定能够帮助黑猩猩挺过这些伤害。

卡尼亚瓦拉的黑猩猩之所以身体那么健康，可能很大程度上是因为它们的饮食十分丰富多样，而且，由于它们生活的自然环境被保护起来了，它们也很容易找到那些有生物活性的植物。

我们当然很想知道，黑猩猩是怎样学会利用这些药用植物的，这种"科学"又是在怎样的传统中传承下来的。这就是我们今后要研究的问题。最近四十年的社会进步让我们期待将来的某一天，人类能懂得去维持动植物之间这种脆弱的却至关重要的平衡。到那时候，类人猿会教会我们更多关于它们的东西，这同样也是关于我们人类自身的东西。

黑猩猩间的依恋关系

克洛德－马塞尔·赫拉迪克

当我和让－雅克·彼得一起身处加蓬的密林深处一个小型的黑猩猩族群之中时，我们有了观察黑猩猩行为的绝佳机会，这让我们得以了解亲密关系在灵长类动物族群中的重要性。在那个已经很久远的年代（20 世纪 70 年代），专业期刊和国际会议中展示的那些关于灵长目动物学的知识，与基于统治关系而非个体间的依恋关系所描述出的黑猩猩社会结构是吻合的。我们很少在科学著作中看到我将在下面回顾的那些有点特殊的事实。

加蓬的黑猩猩

我们在加蓬的森林里观察那群黑猩猩时，它们正在林间空地上午睡。在午后的潮热里，每只黑猩猩都伸展着四肢躺在地上。我们偷偷地坐在林间空地的一个角落里，这时候我们也能稍微休息一会儿。因为我们从凌晨就开始观察这个黑猩猩群了，跟踪它们穿过了一片非常茂密的森林，这耗费了我们很多的体力。我们常常四肢着地在藤蔓丛中艰难地行走，而黑猩猩简直毫不费力。随后，黑猩猩的午休结束了，它们一只接着一只起来了，钻进低矮的林木中，悄悄地离开了这片林间空地；我们准备追踪它们，好继续这一天的观察。

危险的午休

有一只幼年雄性黑猩猩被留在了林间空地上。它睡得特别沉，没有注意到它的同伴们已经起来，而且开始离开，很快就毫无声息地消失了。我们面面相觑：这只年幼的黑猩猩醒来之后对于其他同伴的离开会有什么反应呢？我们是不可能介入的，因为我们想着，它们之间应该会通过"应和声"来取得联系。野生黑猩猩群里如果有个体与其他伙伴分开了，它们通常都会用这样的方式来沟通。

但实际上，这种情况没有发生。最后离开这片林间空地的是一只相对年老的雌性黑猩猩，它和群里的其他成员之间都维持着很友好的关系，甚至有将最年幼的几只黑猩猩置于它的保护之下的趋势。在钻入密林去跟上黑猩猩群之前，它稍微转过头往回看了一眼。当发现那只幼年黑猩猩还在睡觉之后，它迅速做出了反应。它立刻回到幼年黑猩猩身边，用手去摇醒它。那只幼年黑猩猩立马就惊醒了，而且在意识到黑猩猩群已经离开这片地方之后，很快就跟上了那只雌黑猩猩。后者成功地帮助那只幼年黑猩猩避免了与群体脱离的危险，毕竟这个群体对幼年黑猩猩而言是既熟悉又不可或缺的社会环境。

冲突一旦结束，它们就会恢复和平关系。

一种非常类似人性的情感

几十年前，这种只针对黑猩猩群的生活所做的短时间的观察，还没有成为科学研究的重点。今天，人们对灵长类动物和它们的社会类型的兴趣让我们很幸运地可以去做那些在以前看来显得无关紧要、不值得被发表的研究。因为这只雌性黑猩猩主动去叫醒幼年黑猩猩的行为，毋庸置疑地证明了它们之间也有在我们人类的社会关系中被称为"共情"的情感。科学家用表示人类情感的词来解释这种现象是否显得很幼稚呢？又或者，类人猿和人类心理状态上的这种相似性会妨碍到我们，以至于我们要把人类这种和黑猩猩特别相近的情感倾向看作是"动物性"的呢？

随着我们对类人猿的观察逐渐深入，事实证明，从我们观察动物世界的方式看，类人猿确实具有"人性"。

一场抢夺蚁穴的"战役"

不过，在一个灵长类动物族群内部，以及在全球各大地区所有猴群的成员里，这些非常特殊的个体性行为还会出现吗？后来，我们又在加蓬的森林里做了一次短暂的观察，这让我们了解到这种个体性的情感偏好的的确确存在，是黑猩猩社群间维持凝聚力的重要保证。那一次的事情发生在让－雅克·彼得过来访问几个

月之后，那时我在自然保护区里观察重新引进伊温多河流域的一个岛上的黑猩猩，想要在这样一个生物多样性极为丰富、有着成千上万种动植物的地方，确定它们的食物选择和偏好。一只幼年雄性黑猩猩——就是前文提到的那只——刚从树顶"摘下"一团和羽毛球差不多大的叶簇。那其实是一个红蚂蚁的蚁穴。这种蚁穴由新鲜嫩绿的叶子筑成，成年蚂蚁还用从昆虫幼体蜕变前结的茧中抽取出来的丝线"缝合"过整个蚁穴。因此，蚁穴很隐蔽，而且被叶簇保护得特别好。对于一只黑猩猩而言，发现一个这样的蚁穴简直是意外的重大收获，因为成年昆虫、幼虫以及蚁卵加起来有 5 克动物性物质。这种动物性物质富含蛋白质和油脂，是黑猩猩们非常喜爱的食物。用人类的话来说，这是一顿美味大餐。由于被这种红蚂蚁咬到会相当痛苦，这只幼年黑猩猩很敏捷地把它们赶到旁边去。它用一只手紧紧握着这个蚁穴，随后拨开了保护着幼蚁和蚁卵的那层叶子。现在，这些食物就只等着它来舔舐和咀嚼了。但是，要这么做的话，它就得在树杈间一个隐蔽又安静的地方安顿下来，还要远离群里的其他黑猩猩，不然它们可能会觊觎它的美食。

这只黑猩猩正是在寻找这样一个隐蔽的位置的时候被一只比它强壮得多的雌性黑猩猩盯住了。很显然，这只雌性黑猩猩发现了这份大餐，并且想要占为己有。当幼年黑猩猩试图通过快速爬上一棵树并发出一些尖锐的叫嚷声来躲开这个"小偷"时，另外一只雌性黑猩猩介入了。于是，这只幼年黑猩猩就有机会逃到一个相对隐蔽的树顶上。追捕结束之后，幼年黑

猩猩推开那些正要去咬它手腕的红蚂蚁，慢慢地撕开蚁穴的叶簇，将里头舔了一遍，然后开开心心地享用藏在里面的红蚂蚁幼虫和蚁卵。

"请求原谅"

故事后续的发展更为有趣，甚至有些特殊，因为抢夺食物的行为，无论是否成功，在一个黑猩猩群内部都是相当常见的。通常，当两只黑猩猩以一种很粗暴的方式激烈对抗时，即便没有咬伤，即便面对面的激烈冲突只持续了几秒钟，在接下来的几分钟内，它们之间都会进行和解。这时候，双方会各往前一点靠近对方，伸出胳膊，重新建立肢体上的联系，甚至还可能进行一次真诚的拥抱。我把这种行为称作"请求原谅"，因为当某只黑猩猩成功抢走其他黑猩猩最喜欢的食物之后，它们之间也会这样做。"和解"（réconciliation）这个词是荷兰动物行为学家弗朗斯·德瓦尔（Frans De Waal）提出来的，指的是这种想要尽快重新获得联系的倾向，正是这种倾向显示了一个灵长类动物族群内部的依恋强度。不同种类的灵长类动物，其内部成员间的依恋关系的强度可以由两只动物从冲突到和解的时间间隔来判断。如果大多数情况下从冲突到和解间隔的时间非常短，那么可以说这个群体内部的依恋关系特别强。

我们观察到的这次事件说明，在场的几只黑猩猩性格非常不同：一只雌性爱好和平（用 B 指代），另一只雌性脾气暴躁而且也是群里面是最强壮的（用 A 指代）。在这次介入行动几分钟之后，群里的黑猩猩都在地上聚集起来了，雌性黑猩猩 B 靠近 A，并向它伸出了手。

即便 B 所做的事情只是保护了一只年幼的黑猩猩，并没有真正地侵犯 A，但它毕竟还是让后者没能吃到即将得手的美味佳肴——要知道，红蚂蚁的巢窝可是所有黑猩猩都酷爱的美食啊！我们预期的结果是它们会达成和解。然而，A 却重重地打了一下 B 伸出的手。

于是转瞬之间，一场真正的骚乱开始了。在通常情况下都非常平和的雌性黑猩猩 B 叫喊着扑向了 A。所有看到这一幕的黑猩猩也都开始发出可怕的叫喊声并冲向 A。A 逃走了，却被这群暴怒的黑猩猩紧紧追赶着。然而，群里的大部分黑猩猩一直都是很害怕 A 生气的，从来不敢单独与它对抗。这天却非常奇怪，它们集体"声讨"这只不遵守和解传统的雌性黑猩猩。

一种确定的情感

当黑猩猩见证了这种拒绝和解的行为之后，它们立刻就产生了一种非常强烈的情感。正是这种情感使得这个短暂的插曲变得有意思起来。这种强烈的情感——以及它所引发的集体愤怒——对于维持某种传统来说，难道不是一种非常有效的机制吗？难道不是刚好也说明，黑猩猩族群内部个体间的这种在短暂冲突后破裂又能尽快修复的关系非常重要吗？

在上面写到的那两次观察中，我们可以说，黑猩猩族群内部的成员对于什么是正确的行为处事方式是有某种意识的。这种有意识的认知在大部分群居的灵长类动物中都存在，但是有很多例子表明，这种"意识化"在类人猿中更为普遍和显著。我们对第二个事例做进一步阐释：所有的黑猩猩都自发地参与了对母首领的追击，就像第二只雌性黑猩猩主动介入来保护幼年黑猩猩的食物不被掠夺走一样。作为人类观察者，我能够理解雌性黑猩猩 A 在 B 靠近它想与它和解时的愤怒。但是，在这个黑猩猩群（也很可能是绝大多数黑猩猩群）中，追击和撕咬的报复行为都只能在冲突发生后的几分钟里发生，过了这段时间，就不能再有后续的攻击性行为了（这次是例外），这就像为报复性行为设定"时限"一样，因此，和解才是最正常的反应。黑猩猩对于母首领没有按照它们的预期接受和解做出了非常激烈的反应，这种反应说明，对黑猩猩而言，不遵守规则在情感上是不被容忍的。似乎在群里的黑猩猩（包括母首领）的意识中，存在着一套正确对待其他同伴的行为规范。

趣闻轶事重获认可

因此，正是那些很少被观察到的特殊事件让我们弄清楚了黑猩猩族群的结构以及维持结构稳定的系统是怎样的。从十多年前开始，做实地观察的灵长类动物学家，比如在珍·古道尔之后的德国学者克里斯托夫·伯施（Christophe Boesch），英国学者理查德·兰厄姆，他们的观察习惯就已经发生了很大的改变。他们在发表那些从前被看作是趣闻轶事的观察结果时不再犹疑了。这些观察对于我们从一个新的角度来深入了解动物世界里的个体间的关系和感知能力至关重要，能够让我们穿越每只黑猩猩的生命历程，认识到它们的独特个性。

灵长类动物的未来何在？

埃马纽埃尔·格伦德曼

在马约河边，秘鲁东北部一个曾经被繁茂的森林覆盖着的地区，好奇心强的漫步者会看到一个奇怪的小屋。这座小屋坐落在一株叫作"chulla-chaqui"的无花果树上，这种树因其庞大的根系而被称为"行走的树"。小屋庇护着被爱秘鲁协会（Ikamaperu）重新引进原本栖息地里的绒毛猴和蜘蛛猴。这些猴子每天都会来到这里重新学习在树冠上行走的技能。

这片地区从前是热带森林，50 年前还树木繁茂，如今，这些树却消失了，这片土地变成了牧场，或者变成了来自山上和旁边城市的移民的耕地。树木被用来供给家具产业，野生动物被捕获，年幼的猴子被卖去当宠物或者被杀掉供人们食用。这片广阔的热带森林的悲剧，在尤里马瓜斯，这座处在亚马逊盆地边缘的港口小城的市场上被揭露了出来。那里的肉铺里在出售熏制的肉。再靠近一点，人们可以看出绒毛猴非常典型的手或者螺旋状的尾巴。在某些季节，当这些猴子储存脂肪来抵御低一点的气温时，涌向市场的就是这些真正来自山上的肉了。

在尤里马瓜斯的街道和海滨，或者在利马，遇到一些被装扮成生动玩偶的小绒毛猴或者蜘蛛猴的情况并不少见。这是它们在最终因缺乏营养和关爱而死亡前的几周或者最长几个月的时间里通常会扮演的角色。

被破坏的栖息地

很不幸的是，这种遭遇并不仅限于某几个物种。在婆罗洲、马达加斯加、秘鲁、哥伦比亚、刚果、越南、法属圭亚那和科特迪瓦，相似的威胁也存在着。这些物种，大部分都生活在一个世纪以来被人类破坏和改造的热带雨林深处，最先遭受了栖息地被毁的灾难。这些森林有三分之二的部分都已经在挖掘机和人为火灾的破坏下消失了。放火的目的是在种植大豆、棕榈、橡胶及其他速生作物前"清空"地面。人们为了木材，为了地下的矿产，为了得到可耕作的土地，尤其是为了绿色燃料或者为了发展供出口富裕地区的牧牛业而推平、焚烧及毁灭森林。在亚马逊河流域，辽阔的林木区就这样被改造成了牧场。巴西有一亿九千万居民[1]，却有不少于一亿六千四百万头牲畜。怎样来养活这么多主要供出口的牛呢？怎样才能进入全世界的快餐连锁店，使剁碎后的牛肉夹在两片圆面包中间呢？这需要不断地将森林夷为平地，好在那里种植成片的单作大豆。这一切都是有代价的，巨大的代价都是由植物、动

---

[1] 截至 2019 年，据估计，巴西的人口数量约为两亿一千万。——译者

物，尤其是由众多的灵长类物种，如柳狨、狨、绒毛猴以及吼猴来承担的。对它们的栖息地的这种破坏也涉及红树林、灌木林、稀树草原以及阿特拉斯山脉上遍布的雪松，这使得灵长类动物失去了生存空间，也失去了足够的食物。由于它们的自然栖息地变成了一块"驴皮"[①]，大部分猴子不得不去稻田、木薯地、麦地、果园里偷盗一切它们可以吃的东西。这种偷盗行为又制造和激化了亚洲、非洲和拉丁美洲地区人类与灵长类动物之间的冲突。

野生动物的非法买卖

对森林的砍伐，与偷猎和非法买卖野生动物行为的大规模增加几乎是并行的。后两种行为对于众多幸存的灵长类物种而言，是另一个莫大的威胁。因为森林开发，不管是合法的还是非法的，都打开了新的缺口，也就是说开辟出了通往森林深处从前无法抵达的地方的小道。来自灌木丛里的动物肉，通常是偏远村庄唯一的蛋白质来源，如今已在非洲中部城市的市场里成为市场经济下的奢侈品。刚果盆地每年有超过五百万吨的这种动物肉被食用。哺乳类、鸟类、爬行类，所有的物种都有涉及，其中就有很多灵长类动物：大猩猩、黑猩猩、倭黑猩猩、疣猴、白眉猴，甚至是长尾猴。科学家们说这是"空林现象"。灌木林里消失的簌簌声、蛙鸣声、啁啾声诠释了这一悲惨的现实。众多的灵长类动物最终变成了炖肉，而那些最

年幼的通常都还活着，并被作为宠物出售——这是一种在热带地区大量存在的非法买卖。在亚洲，年幼的红毛猩猩、长臂猿、猕猴被当作活体玩具卖给个人，或者沦落到肮脏不堪的公园里用以吸引游客。而像白臀叶猴、长尾叶猴、吉婆岛金头叶猴等物种，因为它们的肉和传统的药用价值而被捕猎。其他的猴子，比如猕猴，如今还被研究制药和美容的实验室从野外抓来，用于测试新的疫苗、口红和洗发水等。

2008 年，国际自然保护联盟（IUCN）曾指出，全世界将近一半的灵长类物种都面临着灭绝的危险。在亚洲，这个数字平均高达 71%，而在越南和柬埔寨，比率甚至达到 90%，那里的森林破坏相当严重，偷猎行为相当猖獗。在非洲大陆，有 37% 的灵长类物种遭受着灭绝的威胁。这个数字在马达加斯加为 43%，在拉丁美洲为 40%。对于某些物种而言，比如瓦顿小姐红疣猴——西方红疣猴（*Piliocolobus badus*）的一个亚种——这显然为时已晚。其他为数众多的物种，包括白臀叶猴、锡奥岛眼镜猴、越南金丝猴、苏门答腊的蜂猴和红毛猩猩，今天也濒临灭绝。面对这一悲惨的形势，很多个人和组织已经在积极采取创造性的行动，根据这些濒危动物的需求和所面临的威胁来采取不同的保护形式。

爱秘鲁协会

让我们回到马约河边，法国人埃莱娜·科隆格（Hélène Collongues）和秘鲁人卡洛斯·帕洛米诺（Carlos Palomino）在秘鲁创办了爱秘鲁协会。他们首先购买了他们想要维护的一小片

---

① 在 19 世纪法国著名作家巴尔扎克的小说《驴皮记》中，驴皮被用来象征人的欲望和生命的矛盾。这块驴皮可以使主人公的一切愿望都实现，但随着愿望的实现，驴皮会缩小，主人公的生命也会缩短。——译者

森林，森林面积为 70 公顷。那里有好几个物种共存，其中就有安第斯山区非常珍稀的伶猴。在阿瓜鲁纳族妇女的帮助下，这个协会在这片森林里重新种上了野生树种，其叶子和果实可供猴子和其他动物食用。他们还开辟了"绿色长廊"，好将分散、孤立的小灌木丛联结起来，并在那些原本准备用来牧牛的草原里种植了一些速生的树木。在这片树木丛生的庇护所的深处，三十多只在非法买卖中幸免于难的绒毛猴和蜘蛛猴重新寻找到了生活和自由的乐趣。爱秘鲁协会同时还在这一地区进行一些增强保护意识和加强环保教育的行动，比如说制作一些简短的电视节目来谴责偷猎行为和非法买卖野生动物肉的行为。节目在亚马逊地区的电视上反复播放之后，这些信息开始被人们关注到。在学校里，孩子们已经在高呼爱秘鲁协会的口号，并向大家解释说明野生动物既不是玩具，也不是可食用的肉类。

交叉行动

除了那些在国家乃至国际层面、通常难以落实的项目之外，这些具有创新性的小项目在拉丁美洲、马达加斯加、亚洲和非洲大陆的各个地方繁荣发展着。它们的结果通常是鼓舞人心的。然而，虽然这些灵长类动物"孤儿院"吸引了媒体和大众的注意，但我们不能忘记这仅仅是保护这些动物的众多方法中的一小部分。这些项目之所以会实施，通常是因为那里的人们已经表决通过了一些打击野生动物非法买卖的法案，之后还应伴随大型的教育项目，促进当地人民和普通大众的意识提升。而且，

这些计划只有伴随着对灵长类动物生存环境的保护和对偷猎行为的打击才能有效果。然而，鉴于很多国家的重度腐败，很不幸地，这些关于物种和环境保护的法案通常很难被遵守和实施。这就是非政府组织在许多国家和地区开展反偷猎巡逻的原因，这是为了弥补政府在动物保护方面所存在的不足。

另一类项目在对物种和它们的生存环境进行持久保护方面卓有成效，那就是生态旅游。这种新型的旅游方式反映出很多人越来越渴望参与物种保护及面对面了解灵长类动物。因此，那些生活在卢旺达、乌干达和刚果民主共和国交界的山地大猩猩，确实在生态旅游中最大限度地维持了野生状态。如今，通常每个人平均只需要花 500 美元就可以和这些食草的巨兽一起相处一个小时。在卢旺达的布温迪国家公园，仅这项旅游每年就可以产生两百万美元的收入，且能提供 95 个全日制的工作岗位。此外，公园旁边的学校、诊所以及其他基础设施也得以建设起来。一开始是人类在帮助黑猩猩，现在是黑猩猩在帮助人类。这是在动物保护方面很值得汲取的经验。如果说在卢旺达和乌干达，这种模式卓有成效，那么在刚果民主共和国和其他非洲中部国家，以及一些美洲和亚洲国家，政治形势的不稳定和极端的不安全还不允许在不远的将来开展生态旅游。此外，生态旅游不应当损害野生动物的健康。不幸的是，想拍照留念的游客经常会投喂一些食物。通常情况下，灵长类动物都会被吸引。这个灾难性的行为带来了许许多多的问题，也让这些物种的健康受到了威胁。

总之，如果说生态旅游是有益的，那么大众旅游则相反，它会对生态环境产生或多或少的破坏。无论是在森林、稀树草原，还是在半沙漠半山地的地区，都是如此。因此，游客到灵长类动物的自然栖息地去参观时需要被很细心地看管——甚至要把这样的参观变成小部分人才能享受的特权，就像卢旺达对山地大猩猩所做的那样。这样，这些物种和它们的栖息地才能延续下去。

今天，灵长类动物和许多其他物种的生存都前所未有地危在旦夕。它们的未来不仅和它们的栖息地所在国家的政策密切相关，还与国际政策乃至整个市场经济密切相连。正是后者催生了毁林行为及其众多后果。

参考书目

通识类

- DE WAAL F., *Primates et philosophes*, Le Pommier, Paris, 2008.
- DE WAAL F. et LANTING F., *Le Singe en nous*, Fayard, Paris, 2006.
- GRUNDMANN E., *L'homme est un singe comme les autres*, Hachette Pratique, Paris, 2008.
- JOLLY A., *Lucy's Legacy: Sex and Intelligence in Human Evolution*, Harvard University Press, 3e éd., 2001.
- KINGDON J., *Guide des mammifères d'Afrique*, Delachaux et Niestlé, Paris, 2006.
- LANGANEY A., *La Philosophie biologique*, Belin, Paris, 1998.
- PETTER J.-J., *Le Propre du singe*, Fayard, coll. « Le temps des sciences», Paris, 1984.
- PRAT D., RAYNAL-ROQUES A. et ROGUESSANT A., *Peut-on classer le vivant ?*, Belin, Paris, 2008.

灵长类相关

- DUNBAR R. et BARRETT L., *Planète singes*, Bordas, Paris, 2001.
- GAUTIER-HION A., COLYN M. et GAUTIER J.-P., *Histoire naturelle des primates d'Afrique centrale*, Ecofac, Gabon, 1999.
- GROVES C., *Primate Taxonomy*, Smithsonian Institution Press, Washington, DC, 2001.
- MATSUZAWA T., *Primate Origins of Human Cognition and Behavior*, Springer, 2001.
- ROWE N., *The Pictural Guide of the Living Primates*, Pogonias Press, East Hampton, NY, 1996.
- STRUM S. et FEDIGAN L. M., *Primate Encounters: Models of Science, Gender and Society*, University of Chicago Press, 2002.

狐猴和眼镜猴相关

- GARBUTT N., *Mammals of Madagascar*, A&C Black, Londres, 2007.
- MITTERMEIER R. A., TATERSALL I., KONSTANT W. R. *et al.*, *Lemurs of Madagascar*, Conservation International, Arlington, 2e éd., 2006.
- PETTER J.-J., ALBIGNAC R. et RUMPLER Y., *Faune de Madagascar*, t. XLIV, *Mammifères, lémuriens*, Orstom, CNRS, Paris, 1977.

猴类相关

- Pocket Identification Guides Series: *Marmosets and Tamarins, South Asian Primates, Lemurs of Madagascar Diurnal, Lemurs of Madagascar Nocturnal, Monkeys of the Atlantic Forest of Eastern Brazil*, illustrations de Sephen Nash *et al.*, Conservation international, Arlington.
- STRUM S., *Voyage chez les babouins*, Seuil, Paris, 1995.

类人猿相关

- BONIS L. (de), *La Famille de l'homme*, Belin, coll. « Bibliothèque pour la science », Paris, 1999.
- CALDECOTT J. et MILES L. (dir.), *Atlas mondial des grands singes et de leur conservation*, Unesco Éditions, Paris, 2009.
- DE WAAL F. et LANTING F., *Bonobos. Le bonheur d'être singe*, Fayard, Paris, 2006.
- FOSSEY D., *Gorillas in the Mist*, Houghton Mifflin, New York, 1983.
- GOODALL J., *The Chimpanzees of Gombe, Patterns of Behavior*, Harvard University Press, Cambridge, MA, 1986.
- PICQ P. (dir), *Les Grands Singes. L'humanité au fond des yeux*, Odile Jacob, Paris, 2005.
- RUOSO C. et GRUNDMANN E., *Grands singes*, Empreintes et Territoires, Paris, 2008.
- SENUT B. et DEVILLIERS M., *Et le singe se mit debout*, Albin Michel, Paris, 2008.
- THOMAS H. et SENUT B., *Les Primates, ancêtres de l'homme*, Éditions Artcom, Paris, 1998.
- VAN SCHAIK C., *Among Orangutans: Red Apes and the Rise of Human Culture*, Belknap Press of Harvard University Press, 2004.

网站

http://www.grands-singes.com
http://pin.primate.wisc.edu
http://www.primate-sg.org
http://www.primate.org
http://www.sabrina-jm-krief.com
http://www.ruoso-grundmann.com

*网址访问时间：2019年9月

索　引

图版的页码加粗表示

致 谢

我要在这里衷心感谢我们的研究者朋友们，正是他们的故事让这本书变得生动起来。这个计划得到米谢勒·勒比（Michèle Reby）以及接替他工作的纳塔莉·皮卡尔（Nathalie Piquart）的大力赞助，这本书的最终完成也得益于塞利娜·沙尔韦（Céline Charvet）和伊莎贝尔·阿内比克（Isabelle Hannebicque）的坚持。

阿莱特·彼得

如果没有来自大家的倾情相助，我将不可能完成这些图片。这些人员有：灵长类动物保护处处长诺埃尔·罗韦（Noël Rowe），让－马克·莱尔努，让·弗米尔，圣马丁－拉普莱讷镇动物园园长皮埃尔·西维隆（Pierre Thivillon），斯特凡娜·奥里吉娜（Stéphane Origine），妮科尔·西维隆（Nicole Thivillon），豪特利动物园园长埃尔尼·赛特福德（Erny Thetford），弗雷德里克·德博尔德（Frédéric Desbordes）以及米雷耶·达坦（Mireille Datin）。

我还要感谢马克·克勒马德（Marc Cremades）、菲利普·巴拉泽（Philippe Barazer）、科兰·格罗夫斯（Colin Groves）、若纳唐·金登（Jonathan Kingdon）、卡蒂·迪泰（Cathy Diter）、让－吕克·贝蒂埃（Jean-Luc Bethier）、安·加拉特－卢翁（Anh Galat-Luong）、蒂埃里·珀蒂（Thierry Petit）、埃马纽埃尔·格伦德曼以及斯蒂芬·纳什（Stephen Nash）。

我要向阿莱特·彼得、阿兰·彼得（Alain Petter）以及格扎维埃·彼得（Xavier Petter）致以衷心的感谢。他们坚定不移地支持我，并且在让－雅克·彼得过世前后多次在家里接待我。还要感谢西尔维亚娜（Sylviane）、朱丽叶（Juliette）、路易（Louis）、康坦（Quentin）和若阿娜（Joanna）的耐心。

最后，感谢帕特里克·叙罗（Patrick Suiro）在我15岁的时候将我介绍给皮埃尔·当德洛，并让我发现了威廉·库珀的书。

弗朗索瓦·德博尔德

附 录

灵长类：人类失联太久的表亲

龙勇诚

最引人注目的是嘴唇，最体现特征的是指甲

宇宙浩瀚无垠，地球在其中犹如沧海一粟，简直可以忽略不计。然地球史迄今已有 46 亿年，其上生命史也长达 36 亿年。漫长的历史长河和各种机缘巧合，使地球上的生命世界缤纷灿烂、景象万千。

距今约 5500 万年前，地球上终于孕育出最聪明的生命类群——灵长类。它们是地球亿万年的进化结晶，是世间万千生命的灵长。

灵长类最引人注目的重要特征首先是嘴唇，虽然人们多以为嘴唇的主要作用是两性相互吸引，然其真实功能却是婴儿用来吃奶的。所以，嘴唇是所有哺乳动物的共同特征。也就是说，

白头叶猴

第一种由中国人命名的灵长类动物。中国特有种，20 世纪 50 年代由中国学者谭邦杰命名，仅分布在中国广西壮族自治区崇左左江和十万大山之间的狭小区域。是生活在喀斯特石山上的绝壁精灵，与石山下耕作的当地人民唇齿相依。图中的这只公猴为了保护幼崽，驱逐入侵的外来公猴，从绝壁上飞跃而下。

摄影 影像生物调查所（IBE）郭亮

所有的哺乳动物，中国人常称之为兽类，都长着嘴唇。哺乳就是喂奶，所谓哺乳动物就是会给孩子喂奶的动物。不过，灵长类动物的嘴唇与我们人类的特别相像，而且它们的口腔形状和牙齿排列看上去也和我们人类的几乎一模一样，连换牙的方式都完全相同。幼体和我们人类孩子的乳齿长全后都是 20 颗，换牙后的恒齿也都是 28 颗 +4 颗智齿。所以，这一特征分外吸引人们眼球，多数人都以为这是灵长类最主要的特征。

其实，真正属于灵长类的特征应该是指甲。因为灵长类是树冠上进化的产物，它们数千万年来一直在树梢枝头间拈花摘果、食叶捉虫，因而手指变得十分灵巧，原来指尖的爪逐渐变得越来越薄，形成我们今天看到的指甲。人类也是灵长类中的一员，出现于约 600 万年到 700 万年前。正是由于指甲这一获得性遗传，人类的手指才如此灵活，什么精细活计都能胜任，所以创造出了世间千姿百态、鬼斧神工的精品，让各种"神话"都梦想成真。

因此，灵长类动物，包括世间的所有猴类和猿类，都是我们人类的表亲。我们和它们在身体结构、生理、代谢、思维、智慧、活动行为、社会制度等方面有着千丝万缕的联系。人类及人类社会的很多文化现象和生态行为都能在它们中找到痕迹和印证。

共有灵长类动物 28 种，北半球中国灵长类最多

迄今为止，世界已经发现的现生灵长类共有 509 种（如算上亚种，则共 704 种）。其中

白头叶猴

摄影 影像生物调查所 郭亮

一种就是我们人类，其余均为灵长类动物，或猿或猴，分属 17 科，76 属。它们的踪迹分散于亚洲、非洲、南美洲的 92 个国家和地区。

中国现生灵长类动物有完整科学记载的共有 28 种，包括 2 种蜂猴（蜂猴、倭蜂猴）、8 种猕猴（恒河猴、藏酋猴、红面猴、熊猴、北豚尾猴、白颊猕猴、藏南猕猴、台湾猕猴）、7 种叶猴（喜山长尾叶猴、东戴帽叶猴、西戴帽叶猴、印支灰叶猴、菲氏叶猴、黑叶猴、白头叶猴）、4 种金丝猴（川金丝猴、滇金丝猴、黔金丝猴、怒江金丝猴）和 7 种长臂猿（西黑冠长臂猿、东黑冠长臂猿、海南长臂猿、北白颊长臂猿、天行长臂猿、藏南白眉长臂猿、白掌长臂猿）。连亚种一起，中国现生灵长类动物有效分类单元达 48 个，在全球灵长类动物物种多样性最丰富的国家和地区之中排名第七，仅次于巴西（139）、马达加斯加（105）、印尼（70）、刚果（66）、哥伦比亚（52）和秘鲁（50）。而这些地方都位于南半球或赤道上，因此，中

喜山长尾叶猴
即喜马拉雅山长尾叶猴。这只生活在西藏樟木镇树林中的喜山长尾叶猴一点儿也不怕人，时而看看同伴，时而看看摄影师。
摄影 影像生物调查所 左凌仁

国是北半球现生灵长类动物物种最多的国家。

其实，中国的灵长类动物种类可能还不止这些。比如说，中国境内也许还有越南金丝猴的分布，因为在云南麻栗坡县的老山一带，村民常说当地有一种花脸猴，花脸这一特征很符合越南金丝猴的相貌特征，而越南就在其境内离老山不远的地方发现了越南金丝猴群。还有，1993 年，中国林业出版社出版发行的《西藏珍稀野生动物与保护》一书中记载了西藏东南部珞隅的西白眉长臂猿。这两个灵长类物种在中国存在与否还需进一步的科学考察才能证实。

众所周知，目前，非洲人类起源学说非常流行，并已经得到了大多数学者的认同。但最新研究进展表明：灵长类起源于中国。地球上最早的灵长类化石于 2013 年 6 月在湖北荆州发现，距今约 5500 万年，被命名为阿喀琉斯基猴，据估计其体重不到 1 盎司（约 28 克）。该发现找到了灵长类进化过程中的重要一环。此外，2004 年发表的科学文章证实，在湖南衡东地区过去也曾发现了 5000 多万年前的灵长类化石，文章称之为亚洲德氏猴，属于始镜猴类。21 世纪的这些新发现说明，中国是灵长类的起源中心和物种分化中心，中国对于全球灵长类和人类进化的科学研究意义极为重大。

中国古人早就熟悉灵长类，欧美人一知晓便立刻倾倒

中国有着悠久的灵长类动物研究史，这可能是因为中国古代猿猴分布甚广，古人很早就熟悉猿猴。辽宁东港市后洼遗址出土的人猴头像两面雕，距今有 5000 ~ 6000 年。河南安阳殷墟（公元前 14 世纪—前 11 世纪）出土的甲骨文中有表示猴子的象形文字，在殷商遗址中发现猕猴骨近十副，河南济源市汉墓中发现在釉陶艺术品上有关于猴的画。

中国有关灵长类动物的最早文字记载见于屈原的《楚辞·九章·涉江》中的描述："深林杳以冥冥兮，乃猿狖之所居。"古籍《山海经》《吕氏春秋》《礼记·乐记》及汉朝王延寿的《王孙赋》、北魏郦道元的《水经注·三峡》、唐代柳宗元的《憎王孙文》、明朝李时珍的《本草纲目》等也都有对它们的细致描述。

此外，历代文人墨客也都留下了涉及中国猿猴的脍炙人口的诗句。如李白的"两岸猿声啼不住，轻舟已过万重山"，杜甫的"哀猿啼一声，客泪迸林薮"，王昌龄的"别意猿鸟外，天寒桂水长"，苏轼的"柏家渡西日欲落，青山上下猿鸟乐"，等等，不胜枚举。

2009 年，在重庆市举行的中国动物学会第十六届会员代表大会暨学术讨论会上，中国科学院动物研究所老所长王祖旺先生列出"猴""虎""鹿"这 3 个甲骨文字，指出：中国古人最关注的三类动物中首屈一指的就是灵长类动物，因为我们人类也是灵长类，关注灵长类也就是关注我们人类自身。而人类是地球上唯一会思考"我从哪儿来？"这一问题的生

川金丝猴

拥有金色的毛发，最早发现于四川，所以被命名为川金丝猴。实际上，在甘肃、陕西和湖北也有分布。

摄影 向定乾

白颊猕猴

第二种由中国人命名的灵长类动物，生活在西藏墨脱县人迹罕至的森林中。影像生物调查所的研究人员在进行多样性调查时用红外触发相机拍摄的照片，让我们看到了这个新的物种，为新种发现提供了重要的依据。2015年由中国学者范朋飞、赵超和李成命名。

摄影 影像生物调查所 李成

怒江金丝猴

又名缅甸金丝猴，影像生物调查所在怒江影像生物多样性调查中，首次拍摄到了这个物种在中国云南泸水片马地区的原始森林中活动的清晰图像，这也是该物种在中国有分布的首次清晰记录。这只雄性怒江金丝猴发现了摄影师，正警惕地注视着摄影师的一举一动。

摄影 影像生物调查所 左凌仁

天行长臂猿

第三种由中国人命名的灵长类动物，又名高黎贡白眉长臂猿，在中国仅分布于云南高黎贡山，全国仅剩不到150只。2017年由中国学者范朋飞和何锴命名。

摄影 范朋飞

印支灰叶猴
摄于云南无量山国家级自然保护区。

摄影 影像生物调查所 张兴伟

滇金丝猴
白色的脸部皮肤，配上红红的嘴唇，滇金丝猴
拥有最像人脸的面孔。

摄影 影像生物调查所 郭亮

命类型。

西方文化则因欧洲和北美洲没有现生灵长类动物，直到 17 世纪才开始正式关注到它们。然而欧美学者们一旦关注，便立刻为之倾倒，随即开始投入大量人力物力对猿猴进行研究，短短一个多世纪之后，欧美人就成了灵长类学研究的主力军。

中国灵长类均为濒危种，生态位与人类并不相同

中国是世界上灵长类数量最多的国家，却也是世界上灵长类动物最濒危的国家。中国人口多，各种生物资源消耗极为巨大，且不说灵长类动物们赖以生存的栖息地破碎化长期以来不断加剧，多年来其生命安全也从无保障，它们一直是人类的食物、药物、宠物以及毛皮的主要来源之一。虽然近些年来，相关部门也相继采取了一些野生动物保护措施，但整体来看，灵长类动物的保护管理仍为"雷声大，雨点小"的局面，相关人力和财力投入严重不足。中国所有的灵长类动物都已成为濒危物种了，全部列入世界自然保护联盟（IUCN）红色名录、中国哺乳类红色名录和中国国家重点保护野生动物名录。如何拯救这些森林精灵已成燃眉之急，亟待国人幡然醒悟，并采取行动。我们人类和灵长类动物的生态位是不同的。绝大部分人类都生活在各种大大小小的冲积扇上，这是因为那里土地肥沃，用水方便，出行容易，经济发达。无论是纽约、上海、广州这些大都市，还是各小县城或乡镇，不都是建在各类不同的冲积扇之上吗？而灵长类动物现在都住在远离人类聚集区的流域上端的高山之巅，那里还有神州大地上留存的原始森林或荒野，鸟语花香，风景优美。

君不见，普天之下凡能听到猴鸣猿啸的地方，都无旱无涝，风调雨顺，生态安全无忧？这是因为灵长类动物的存在本身就表明，生态系统仍保持健康。故凡仍有灵长类动物存在的地方都是中国最重要的清洁水源区，那里的生态弹性极高，那里根本没有水多、水少、水脏的问题，是我们中华民族生存和实现可持续发展的最终依靠。

2010 年春天，我在云南哀牢山上，当时正值中国西南五省市（四川、云南、贵州、广西、重庆）遭遇世纪大旱，数百条河流断流，干涸的水库和池塘数以千计，几千万同胞受灾。但哀牢山上却是另一番景象：山间流水潺潺，林中猿声回荡，莺歌燕舞，百花争艳，处处生机盎然。当时中国生态系统研究网络哀牢山生态站监测的地下水位变化状况表明：在持续没有降雨的 200 天里，地下水位共下降了 1500 多毫米，平均每天约 7 毫米。原来原始森林像一片巨大的海绵，每天的涓涓细流为其周边匀速提供数百万立方米的清洁水源。所以，猿猴家园都是中国最重要的天然水塔。

灵长类需求和人类一致，保护森林同为发展关键

我们可从东北到藏东南画一条线，将中国大致分为两半，东部这一半以森林生态系统为主，是灵长类动物数千万年来的进化大舞台，而西部那一半则以草原荒漠生态系统为主，是

有蹄动物们的天堂，两半各自大约为500万平方公里。我们发现：中国的人口大部分都分布在东部这一半土地之上，西部那一半的总人口数估计还不到1亿。这说明，猿猴与森林的保护需求是一致的，猿猴与人类的生态需求也是一致的，猿猴不喜欢居住的地方，我们人类也很不情愿去。因此，保护猿猴就必须保护好整个森林生态系统，而猿猴的存在正是森林生态系统健康的标志。

而令人担忧的是，人类和我们的灵长类表亲共同赖以生存的森林在大面积减少，重要栖息地破碎化加剧正在使越来越多的生物类群遭受前所未有的灭顶之灾，灵长类动物更是首当其冲，数量在急剧下降，尤其是森林家园被毁会让它们无地容身。

我们应当谨记，世间其他所有生命形式都和我们人类一样，也有数十亿年的进化历程。作为人类，我们应当庆幸和赞叹自己的好运，更要珍爱和善待上苍馈赠给我们的生存环境和各种生命形式，尊重大自然岁月历程的造化之物，自觉维护好地球这一宇宙"诺亚方舟"的各种现代功能。

衷心希望看到：更多的人关心这片热土上的其他生命形式，特别是我们人类的近亲——灵长类动物的喜怒哀乐，并为它们送去真爱。其实，珍爱猿猴就是珍爱我们人类自己。

菲氏叶猴
摄于云南高黎贡山国家级自然保护区。
摄影 影像生物调查所 吴秀山

中国灵长类动物一览表

科 / 亚科	属	种 / 亚种		分布
懒猴科 Lorisidae				
	蜂猴属 *Nycticebus*	蜂猴 *Nycticebus bengalensis*		云南（南部、西部）
		倭蜂猴 *Nycticebus pygmaeus*		云南（东部、南部）
猴科 Cercopithecidae				
猕猴亚科 Cercopithecinae	猕猴属 *Macaca*	猕猴（恒河猴、黄猴） *Macaca mulatta*	藏东南亚种 *Macaca mulatta vestitus*	藏南和藏东南
			毛耳亚种 *Macaca mulatta lasiotus*	云南北部、川西、甘肃南部、青海东南
			印支亚种 *Macaca mulatta siamica*	云南（珠江以南）
			华南亚种 *Macaca mulatta littoralis*	长江以南及珠江以北的安徽、浙江、江西、福建、湖南、湖北、贵州
			河北亚种 *Macaca mulatta tcheliensis*	河北、山西、河南（黄河以北）
			香港亚种 *Macaca mulatta sanctijohannis*	广东万山群岛
			海南亚种 *Macaca mulatta brachyurus*	海南
		藏酋猴（藏猕猴、短尾猴） *Macaca thibetana*	指名亚种 *Macaca thibetana thibetana*	四川（西部、北部）、陕西（南部）
			贵州亚种 *Macaca thibetana quizhouensis*	贵州（东北部）、湖南（西部）、云南（东北部）
			黄山亚种 *Macaca thibetana huangshanensis*	安徽（南部）
			湖北亚种 *Macaca thibetana hubeiensis*	湖北（西部）
			福建亚种 *Macaca thibetana pullus*	福建（西部）
		红面猴（短尾猴、大青猴） *Macaca arctoides*	华南亚种 *Macaca arctoides melli*	贵州、广西、广东、福建
			滇西亚种 *Macaca arctoides brunneus*	云南（西北部）
			滇中亚种 *Macaca arctoides ailaoensis*	云南（南部、中部）
		熊猴（阿萨姆猴） *Macaca assamensis*	指名亚种 *Macaca assamensis assamensis*	云南（西北部）、西藏（东南部）
			华南亚种 *Macaca assamensis coolidgei*	云南（西部、南部）、广西（西南部）
			藏南亚种 *Macaca assamensis pelops*	西藏（南部）
		北豚尾猴（豚属猴、平顶猴） *Macaca leonina*		云南（西南部、南部和中部）、西藏（东南部）
		白颊猕猴 *Macaca leucogenys*		西藏（南部）

（续表）

科/亚科	属		种/亚种	分布
猕猴亚科 Cercopithecinae	猕猴属 Macaca		台湾猕猴 Macaca cyclopis	台湾
			藏南猕猴（达旺猕猴）Macaca munzala	西藏（南部）
疣猴亚科 Colobinae	长尾叶猴属 Semnopithecus	喜山长尾叶猴 Semnopithecus schistaceus	指名亚种 Semnopithecus schistaceus schistaceus	西藏（南部的墨脱县和察隅县）
			锡金亚种 Semnopithecus schistaceus lania	西藏（南部的亚东县）
	乌叶猴属 Trachypithecus	东戴帽叶猴 Trachypithecus shortridgei		云南（西北部）、西藏（南部）
		西戴帽叶猴 Trachypithecus pileatus		云南（西北部）
		印支灰叶猴 Trachypithecus crepusculus		云南（南部）
		菲氏叶猴 Trachypithecus phayrei		云南（西部）
		黑叶猴 Trachypithecus francoisi		贵州、广西（西部）、重庆（南部）
		白头叶猴 Trachypithecus leucocephalus		广西（西南部）
	金丝猴属 Rhinopithecus	川金丝猴 Rhinopithecus roxellana	指名亚种 Rhinopithecus roxellana roxellana	四川（西部）、甘肃（南部）
			凉山亚种 Rhinopithecus roxellana liangshanensis	四川（西南部）
			秦岭亚种 Rhinopithecus roxellana qinlingensis	陕西（南部）
			湖北亚种 Rhinopithecus roxellana hubeiensis	湖北（西部）
		滇金丝猴 Rhinopithecus bieti		云南（西北部）、西藏（东南部）
		黔金丝猴 Rhinopithecus brelichi		贵州（东北部）
		怒江金丝猴 Rhinopithecus strykeri		云南（西北部）
长臂猿科 Hylobatidae				
	冠长臂猿属 Nomascus	西黑冠长臂猿 Nomascus concolor	指名亚种 Nomascus concolor concolor	云南（南部、中部）
			无量山亚种 Nomascus concolor jingdongensis	云南（中部）
			滇西亚种 Nomascus concolor furvogaster	云南（西南部）
		东黑冠长臂猿 Nomascus nasutus		广西（西南部）
		海南长臂猿 Nomascus hainanus		海南
		北白颊长臂猿 Nomascus leucogenys		云南（南部）

（续表）

科 / 亚科	属		种 / 亚种	分布
	白眉长臂猿属 *Hoolock*	天行长臂猿 *Hoolock tianxing*		云南（西部）
		藏南白眉长臂猿 *Hoolock mishmiensis*		西藏（东南部）
	长臂猿属 *Hylobates*	白掌长臂猿 *Hylobates lar*		云南（南部）